HRSG. JÖRG HAJT

LEGENDÄRE EISENBAHNEN

DIE ERFOLGREICHSTEN UND BEKANNTESTEN TRIEBFAHRZEUGE AUS DEUTSCHLAND UND ALLER WELT

Impressum

HEEL Verlag GmbH
Gut Pottscheidt
53639 Königswinter
Tel.: 02223 9230-0
Fax: 02223 923026
E-Mail: info@heel-verlag.de
Internet: www.heel-verlag.de

Verantwortlich für den Inhalt: Jörg Hajt

Lektorat und Bildredaktion: Tim O. Saathoff

Satz und Layout: F5 Mediengestaltung, Ralf Kolmsee, Bonn

Adobe Stock (Titelbild, Vor- und Nachsatz, S. 185), Alstom (S. 153), Archiv DB Museum (S. 11), Archiv Udo Paulitz (S. 6-8, 15, 16, 18-20, 22-34, 39, 42, 43, 45-47, 154-156, 162-168, 170-173, 175, 177), Jörg Hajt (S. 49-51, 58-61, 63-81,84, 85, 86, 88, 89, 92-95, 97, 98, 101-103, 108-110, 115, 116, 120, 121, 127-130, 135-145, 148, 151, 152), Picture Alliance (S. 122, 131), Roger Puta (S. 169), Santa Fe Railway (S. 169) Wikimedia Commons (S. 11, 11 (Alf van Beem), S. 12 (Smiley.toerist), S. 13 oben (Falk2), S. 13 unten, S. 14 (MPW57), S. 17 oben, S. 17 unten (Internet Archive Book Images), S. 21, S. 35 (Llez), S. 37, S. 38 (Werner Hubert/Eisenbahnstiftung), S. 40,41 (Hessendampf), S. 44 (Urmelbeauftragter), S. 48 (Joschi71), S. 53 (Hugh Llewelyn), S. 54 (Manfred Kopka), S. 55 (Rainer Haufe), S. 56, 57 (Hugh Llewelyn), S. 62 (Wassen), S. 82 (Alex Noble), S. 83 (Johannes Maximilian), S. 87 (MPW57), S. 90 (Mef.ellingen), S. 91 (Joschi71), S. 96 (Herbert Ortner), S. 99 (Johannes Maximilian), S. 104 (Periphrastika), S. 105 (Michel Huhardeaux), S. 106 (Periphrastika), S. 107 (Falk2), S. 112 (Mike Peel), S. 113 (Rainer Haufe), S. 117 (Zonk43), S. 118 (Tobias B Köhler), S. 119 (Reinemer), S. 123 (Cherubino), S. 124, 125, S. 126 (Rainer Haufe), S. 132 (Raizy), S. 133 (Frank Nowotny), S. 134 (Periphrastika), S. 141 (Gregor Rom), S. 146, 157 (Hreinecke), S. 150 (Roehrensee), S. 158 (Andschel), S. 159, 160 (Fabien Perissinotto), S. 161 (Rainer Haufe), S. 174 oben (Alf van Beem), S. 174 unten (X2426), S. 176 oben (Alf van Beem), S. 176 unten (Jean-Pierre Vergez-Larrouy), S. 178 (SBB Historic), S. 180, 181 (David Gubler), S. 182 (SBB Historic), S. 183 (Marty Bernard), S. 184 oben (Saruno Hirobano), S. 184 unten (MaedaAkihiko), S. 186 (Allain Lloyd), S. 187 oben (An Errant Knight), S. 187 unten (Mackensen), S. 188 (David Gubler), S. 189 (Mike Peel))

Printed in Czech Republic
ISBN: 978-3-96664-781-6

HRSG. JÖRG HAJT

LEGENDÄRE EISENBAHNEN

DIE ERFOLGREICHSTEN UND BEKANNTESTEN TRIEBFAHRZEUGE AUS DEUTSCHLAND UND ALLER WELT

HEEL

INHALT

4. DEUTSCHE TRIEBWAGEN

5. TRIEBFAHRZEIGE AUS ALLER WELT

VORWORT

Alltäglich und legendär zugleich, das ist die Welt der Eisenbahn. Umso mehr gilt dies für die eingesetzten Lokomotiven, Triebwagen und Triebzüge, die seit jeher das technisch Machbare ihrer Zeit repräsentieren und sich im Laufe der Jahrzehnte zu regelrechten Hightech-Maschinen entwickelt haben. Höchstgeschwindigkeiten weit jenseits von 250 km/h sowie Wasserstoff- und Hybridantriebe stehen heute im krassen Gegensatz zum Bahnalltag vergangener Tage, als die Bedienung der Triebfahrzeuge noch Schwerstarbeit und ihre Unterhaltung echtes Handwerk statt computerunterstützte Diagnostik war.

Jede Epoche brachte in aller Welt Eisenbahnfahrzeuge hervor, die bis heute als legendär gelten; sei dies durch ihre technischen Innovationen oder ihr wegweisendes Erscheinungsbild. Während einige Baureihen allein wegen ihrer Optik zu Legenden wurden, blieben andere wegen ihrer großen Verbreitung oder ihres Einflusses auf die wirtschaftliche oder verkehrspolitische Entwicklung in Erinnerung.

Das vorliegende Buch gibt daher nicht nur einen Überblick über die (subjektiv) legendärsten Lokomotiven, Triebwagen und Triebzüge in der über 200-jährigen Geschichte der Eisenbahn, sondern stellt auch die erfolgreichsten und bekanntesten Triebfahrzeuge aus Deutschland und aller Welt vor.

Ein Dank gilt an dieser Stelle allen Institutionen, Fahrzeugherstellern und Eisenbahnfreunden, die durch die Überlassung von Textbeiträgen, Bildern und Informationsmaterial zur Entstehung des Buches beigetragen haben.

Königswinter und Wattenscheid, im Januar 2025
Tim O. Saathoff (Redaktion und Lektorat) & Jörg Hajt (Herausgeber)

Deutsche Dampflokomotiven

Am 26. Oktober 1977 markierte die letzte Fahrt der 044 508 zwischen Emden und Rheine das Ende des Dampfbetriebs bei der DB, während es auf den Regelspurstrecken in der DDR noch bis zum 29. Oktober 1988 planmäßig dampfte. Hier verabschiedete sich 52 8131 auf der Strecke von Stendal nach Rangsdorf vom geschichtsträchtigen ersten Kapitel der deutschen Triebfahrzeuggeschichte, das eng mit der industriellen Revolution und dem Aufstieg des Schienenverkehrs verbunden war. Auf den ehemaligen DR-Schmalspurbahnen lebt „König Dampf" dagegen bis heute uneingeschränkt weiter und auch im Westen endete der planmäßige Einsatz von Dampflokomotiven erst am 31. Dezember 1992 mit Stilllegung der Kokerei Anna in Alsdorf bei Aachen.

Die Ursprünge der Dampftraktion reichen bis in die erste Hälfte des 19. Jahrhunderts zurück, als 1835 mit der legendären „Adler" die erste Dampflokomotive auf deutschem Boden zwischen Nürnberg und Fürth verkehrte. Dieses Ereignis markierte den Beginn eines neuen Zeitalters, das die Mobilität von Menschen und Waren revolutionierte und die wirtschaftliche Entwicklung Deutschlands maßgeblich vorantrieb.

Im Laufe der Jahrzehnte entstanden immer neue Lokomotivtypen, die zunehmend leistungsfähiger und vielfältiger wurden. Die deutschen Dampflokomotiven wurden zum Sinnbild von Ingenieurskunst und Innovation. Expandierende Unternehmen wie die Lokomotivfabrik Borsig oder die Maschinenfabrik Esslingen prägten den Bau von Dampflokomotiven und exportierten ihre Technik in die ganze Welt.

Besonders die Einführung der Einheitsdampflokomotiven setzte in den 1920er Jahren neue Standards in Sachen Effizienz und Einheitlichkeit. Baureihen wie 01, 41, 44 oder 50 sind bis heute im Einsatz und werden von Eisenbahnfans weltweit bewundert.

Mit der zunehmenden Elektrifizierung der Strecken und dem Aufkommen von Diesel- und Elektrolokomotiven begann dann ab Mitte des 20. Jahrhunderts das schrittweise Ende der Dampflokomotiven.

Heute sind deutsche Dampflokomotiven vor allem als Museumsexponate und bei nostalgischen Sonderfahrten präsent. Sie erinnern an die Pionierzeit der Eisenbahn und faszinieren mit ihrem historischen Charme und ihrer beeindruckenden Technik noch immer Generationen von Menschen.

503696-7

Der Adler – Aufbruch in die Moderne

Als am 7. Dezember 1835 die erste deutsche Eisenbahn von Nürnberg nach Fürth eröffnet wurde, steckte die Industrialisierung in Deutschland noch in den Kinderschuhen. Die industriell führende Nation war England, wo auch der kommerziell erfolgreiche Lokomotivbau seinen Anfang nahm. Somit lag es auf der Hand, dass die Königlich privilegierte Ludwigs-Eisenbahn-Gesellschaft als zukünftiger Betreiber der Strecke auch dort zwei Lokomotiven in Auftrag geben wollte. Das Wagenmaterial sollte dagegen bei Kutschenbauern vor Ort gefertigt werden.

Die Gesellschaft richtete ihr Kaufgesuch an die Lokomotivfabriken Stephenson & Company sowie Braithwaite & Ericcson. Die Loks sollten einen Zug von 10 t Gewicht ziehen und die 6 km lange Strecke zwischen Nürnberg und Fürth in acht bis zehn Minuten bewältigen können. Außerdem sollten sie zur Einsparung teurer Importsteinkohle mit Holzkohle beheizbar sein. Stephenson ließ den Gesellschaftern mitteilen, dass er nur einen Lokomotivtyp derselben Bauart wie die der Liverpool and Manchester Railway anbieten könnte: mit vier Rädern und einem Gewicht von 7,5 bis 8 Tonnen. Eine leichtere Bauart wäre nicht in der Lage, bei jeder Witterung eingesetzt werden zu können, da ihr die erforderliche Reibungskraft fehlen würde. Der Kostenvoranschlag von Stephenson belief sich auf 1800 Pfund Sterling. Auch die deutsche Firma Holmes und Rolandson in Unterkochen gab ein Angebot für einen sogenannten Dampfwagen mit zwei bis sechs PS für 4500 Gulden ab, obwohl sie noch über keinerlei Erfahrungen im Lokomotivbau verfügte. Ein weiteres Angebot kam zudem von der Firma Reaullaux aus Eschweiler, doch auch hier fehlte, wie bei der ebenfalls angefragten Maschinenfabrik Cockerill in Belgien, die entsprechende Expertise für den Lokomotivbau. Am 3. Mai 1835 kam es daher zum Abschluss eines Vorvertrages mit Stephenson, der eine Lok mit sechs Rädern und einem Gewicht von 6 t für 750 bis 800 Pfund Sterling liefern sollte. Am 15. Mai 1835 wurde die Lok zu diesen Bedingungen bestellt. Außerdem wurden ein Schlepptender und je ein Rahmen für einen Personen- und einen Güterwagen geordert. Erst später trieb Stephenson den Lokomotivpreis auf 900 Pfund Sterling hoch. Am 26. Oktober 1835 traf der Adler in Einzelteilen zerlegt in Nürnberg ein. Die Montage erfolgte unter der Leitung des mitgereisten Ingenieurs und Lokomotivführers William Wilson sowie des Fachlehrers Bauer mit Hilfe ortsansässiger Handwerker. Beim Adler handelte es sich um eine Dampflokomotive der Bauart Patentee mit der Achsfolge 1A1, die mit einem Schlepptender der Bauart 2T2 gekoppelt war.

Der Adler war die erste Lokomotive, die kommerziell erfolgreich im Personenverkehr und später auch im Güterverkehr in Deutschland eingesetzt

TECHNISCHE DATEN

Lok:	Adler	Adler (Nachbau)
Verwendungszweck:	Dampfwagen	Dampfwagen
Treibraddurchmesser (mm):	1372	1372
Erstes Baujahr:	1835	1935
Achsfolge:	1A1	1A1
Spurweite (mm):	1435	1435
Dienstgewicht (t):	11,4	14,3
Vmax (km/h):	66	35
Leistung (PSi):	40	40

wurde. Er und seine 1836 gelieferte Schwestermaschine Pfeil wurden offiziell als Dampfwagen geführt. Der Adler wurde bis 1857 eingesetzt. Ungeachtet seiner eisenbahngeschichtlichen Bedeutung wurde er zum Schrottpreis an eine Maschinenfabrik verkauft, die ihn als stationäre Dampfmaschine einsetzte. Über seinen weiteren Verbleib ist nichts bekannt. Zum 100. Geburtstag 1935 baute die Deutsche Reichsbahn den Adler nach alten Plänen als betriebsfähige Kopie nach. Im Jahr 2005 wurde diese zusammen mit anderen Exponaten des DB-Museums beim Brand des Lokschuppens des Bw Nürnberg West schwer beschädigt. 2007 konnte der betriebsfähige Wiederaufbau im Dampflokwerk Meiningen erfolgreich abgeschlossen werden.

Saxonia – die erste Dampflok „Made in Germany"

Die 1838 von der Leipzig-Dresdner Eisenbahn-Compagnie in Dienst gestellte Saxonia, war die erste in Deutschland konstruierte und gebaute funktionstüchtige Dampflokomotive. Für Entwicklung und Fertigung zeichnete sich die ein Jahr zuvor gegründete Maschinenbauanstalt Übigau bei Dresden unter Leitung ihres technischen Direktors Johann Andreas Schubert verantwortlich. Der Bau der Lok war für das neugeründete Unternehmen ein wirtschaftliches Wagnis, denn zum einen lag für die Fertigung keine Bestellung vor; zum anderen konnte niemand auf Erfahrungen im Lokomotivbau zurückgreifen. Schubert ließ sich bei der Entwicklung von der englischen Lok „COMET" des Herstellers Rothwell & Comp. leiten, die im November 1836 zerlegt und in 15 Kisten verpackt in Leipzig eingetroffen war. Die „COMET" wurde nach dem Zusammenbau ab dem 28. März 1837 erprobt und anschließend beim Bau der Strecke eingesetzt. Dies war für Schubert die Gelegenheit, die Lok zu vermessen und bereits auf dem Zeichenbrett technische Verbesserungen vorzunehmen. Im Dezember 1838 führte die Saxonia bereits erste Versuchsfahrten auf dem fertiggestellten Teilstück der Leipzig-Dresdner Eisenbahn durch. Dabei zeigte sich, dass die zwei gekuppelten Achsen für eine hohe Zugkraft und die Laufachse für ein ruhiges Fahrverhalten sorgten. Dennoch blieb es der Saxonia verwehrt, den Eröffnungszug am 7. April 1839 zu bespannen. Die Bahngesellschaft vertraute lieber der englischen Technik und ließ Schubert in seiner Saxonia lediglich dem Eröffnungszug hinterher fahren. Da die Zuverlässigkeit der englischen Maschinen zu wünschen übrig ließ, übernahm die Saxonia wenig später den Planbetrieb. Ab 12. April 1840 wurde sie dabei von der ebenfalls in Übigau gebauten B1n2-Lok „PHOENIX" unterstützt. Für das Betriebsjahr 1843 ist eine Laufleistung von 8666 km überliefert. Noch im selben Jahr wurde die Saxonia zur Reservelok degradiert und schließlich 1849 verschrottet.

Zum 150. Jubiläum der ersten deutschen Ferneisenbahn von Leipzig nach Dresden 1989 entstand in Zusammenarbeit verschiedener Dienststellen der Deutschen Reichsbahn ein betriebsfähiger Nachbau, der heute im Verkehrsmuseum Dresden erhalten wird.

TECHNISCHE DATEN

Lok:	Saxonia
Verwendungszweck:	Personenzuglokomotive
Treibraddurchmesser (mm):	1524
Erstes Baujahr:	1838
Achsfolge:	B1
Spurweite (mm):	1435
Dienstgewicht (t):	15
Vmax (km/h):	50
Leistung (PSi):	55

Sächsische IV K – Deutschlands meistgebaute Schmalspurlok

Mit Zunahme des Transportaufkommens auf den sächsischen Schmalspurstrecken, zeigten sich gegen Ende des 19. Jahrhunderts die dort eingesetzten Baureihen I K und III K mehr und mehr überfordert. Die Sächsische Maschinenfabrik Hartmann entwickelte daher eine Lokomotive mit einem größeren Kessel und einer größeren Reibungsmasse, die aus der ab 1890 gebauten normalspurigen sächsischen M I TV der Bauart Meyer abgeleitet wurde. Wie diese, verfügte auch die Schmalspurvariante über zwei bewegliche Triebdrehgestelle, die das Befahren auch engster Gleisradien ermöglichten. Anders als bei der bekannteren Bauart Mallet, mussten allerdings hierfür die Hochdruckdampfleitungen ebenfalls beweglich ausgeführt werden, was in der Praxis häufig zu Undichtigkeiten führte.

Von 1892 bis 1921 wurden insgesamt 96 Maschinen mit den Betriebsnummern 103 bis 198 in Dienst gestellt. Ihre Gattungsbezeichnung lautete zunächst H M T K V, was sie als Lokomotive des Herstellers Hartmann (H) in der Bauart Meyer (M) als Tenderlok (T) mit 750 mm Spurweite (K) und Verbundtriebwerk (V) auswies. Erst 1896 erfolgte die Umzeichnung in K IV, der 1900 die bis heute gängige Bezeichnung IV K folgte. Die IV K bewährte sich sowohl im Personen- als auch im Güterzugdienst und verdrängte schon bald ihre leistungsschwächeren Vorgängerinnen aus dem Plandienst. Im Ersten Weltkrieg wurden fünf IV K irreparabel beschädigt, drei Maschinen gingen als Reparationsleistung nach Polen und zwei kehrten nach ihrem Kriegseinsatz nicht mehr aus Ungarn zurück. Die Deutsche Reichsbahn konnte noch 91 Maschinen in ihren Bestand übernehmen, die sie als 99 511 bis 546, 99 551 bis 558, 99 561 bis 579 und 99 581 bis 608 einreihte. Mit Auslieferung der Nachfolgebaureihe 99.73–76 wurden ab 1928 die ersten IV K der frühen Baujahre ausgemustert. Bis zum Zweiten Weltkrieg sank der Bestand dadurch um 18 Maschinen. Im Krieg selbst gingen noch einmal zwölf Exemplare verloren.

Nach 1945 blieben zwei IV K in der ČSSR und vier wurden von den Sowjets als Reparationsleistung konfisziert. Für den weiteren Einsatz standen der DR damit noch 57 Maschinen zur Verfügung. Neun davon wurden später zur Rügenschen Kleinbahn sowie zu den Prignitzer Kreiskleinbahnen versetzt, wo sie unter anderem mit einer Knorr-Drucklufbremse nachgerüstet wurden.

Da Versuche mit den beiden Vorserienlokomotiven der Diesel-Baureihe V 36.48 wenig ermutigend verlaufen waren, wurden von 1962 bis 1967 insgesamt 30 IV K einer Generalreparatur unterzogen. Diese umfasste zunächst nur neue, geschweißte Kessel; später wurden auch die genieteten Rahmen durch solche in geschweißter Ausführung ersetzt. Bis 1973 wurden alle nicht modernisierten IV K außer Dienst gestellt. Nur zwei Jahre später traf es auch die modernisierten Maschinen mit Altbaurahmen. Die noch original erhaltenen 99 535, 579 und 604 blieben dank der Weitsicht einiger Reichsbahner als Traditionslokomotiven erhalten. 1991 verfügte die DR noch über 13 Exemplare. Ab Januar 1992 erhielten diese die neuen DB-konformen Betriebsnummern 099 701 bis 713. Einige Maschinen gelangten noch zur Deutschen Bahn AG, wo allerdings kein planmäßiger Einsatz mehr erfolgte.

TECHNISCHE DATEN

Baureihe: sä IV K (ab 1926 BR 99.151, ab 1992 DB-099.14)

Verwendungszweck:	Schmalspurlokomotive
Treibraddurchmesser (mm):	760
Erstes Baujahr:	1892
Achsfolge:	B'B'
Spurweite (mm):	750
Dienstgewicht (t):	26,8/29,3
Vmax (km/h):	30
Leistung (PSi):	210

Lok 88 7401 – die Kleinste der Reichsbahn

Lange bevor an Rangiergeräte wie Kö und Köf zu denken war, gaben die Königlich Württembergischen Staats-Eisenbahnen (K.W.St.E.) bei der Maschinenbau-Gesellschaft Heilbronn insgesamt zehn Kleinlokomotiven in Auftrag, die für eine Optimierung des leichten Verschubdienstes sorgen sollten. Während die anderen deutschen Bahnverwaltungen im Rangierbetrieb schon immer auf kompakte Tenderloks setzten, kamen in Württemberg dafür zunächst fast ausnahmslos ältere Schlepptenderloks zum Einsatz. Diese erwiesen sich jedoch für viele Einsatzzwecke als ungeeignet, sodass man zahlreiche Maschinen mit Schlepptender umbauen ließ.

Die ersten „richtigen" Rangierlokomotiven waren die zehn Zweikuppler T 1001 bis 1010, die zwischen 1896 und 1904 in Dienst gestellt wurden. Obwohl sich die Maschinen als sehr zuverlässig erwiesen, sorgte ihre geringe Leistung von nur 100 PSi für ein stark limitiertes Betätigungsfeld, sodass bereits 1910 mit T 1008 die erste Lok an ein Gaswerk verkauft wurde. T 1001 wurde noch vor Ausbruch des Ersten Weltkriegs ausgemustert. 1917 wurden, bis auf T 1003 und T 1005, sämtliche Maschinen an Industriebetriebe veräußert. 1921 ereilte auch T 1005 dasselbe Schicksal. Die 1899 gebaute Lok ging an das Hüttenwerk Laucherthal, wo sie noch bis Mitte der 1970er Jahre als letzte betriebsfähige ehemalige württembergische Staatsbahnlok ihren Dienst versah. Heute kann die Maschine im Deutschen Technik-Museum Berlin bestaunt werden. Somit schaffte es nur die in Friedrichshafen beheimatete T 1003 zur Deutschen Reichsbahn. Die dort als 88 7401 geführte Lok war mit einer Länge von lediglich 6,38 m die mit Abstand kleinste Normalspurlok im Bestand der DR. Die am 10. Mai 1889 gelieferte Maschine wurde allerdings bereits 1928 abgestellt. Über einen Verkauf ist in der Fachliteratur nichts bekannt, sodass davon auszugehen ist, dass sie kurz danach verschrottet wurde.

TECHNISCHE DATEN

Lok:	wü T 1003 (ab 1926 88 7401)
Verwendungszweck:	Rangierlokomotive
Treibraddurchmesser (mm):	800
Erstes Baujahr:	1899
Achsfolge:	B
Spurweite (mm):	1435
Dienstgewicht (t):	115,3
Vmax (km/h):	30
Leistung (PSi):	100

Die preußische P 8 – das Mädchen für alles

Die preußische P 8 gilt bis heute als eine der gelungensten deutschen Lokomotiventwicklungen. Sie wurde von der Berliner Maschinenbau-AG (BMAG) nach Vorgaben des preußischen Lokomotiv-Dezernenten Robert Garbe konstruiert. Garbe galt als Befürworter einer unkomplizierten, aber zuverlässigen Technik und so wurde auch die P 8 mit einem einfachen Heißdampf-Zwillingstriebwerk ausgestattet. Dieses sollte nicht nur für eine hohe Wirtschaftlichkeit sorgen, sondern auch das Fahr- und Wartungspersonal vor nicht allzu große Probleme stellen. Konzipiert wurde die P 8 zunächst als Schnellzuglok, weshalb für die ersten Maschinen ein Führerhaus mit Windschneiden vorgesehen war. Hiermit erhoffte sich Garbe eine Höchstgeschwindigkeit von 110 km/h erreichen zu können.

Die Königlich Preußische Eisenbahn-Verwaltung (K.P.E.V.) gab bei der BMAG zunächst zehn Maschinen in Auftrag, von denen 1906 mit der P 8 Coeln 2401 die erste Baumusterlokomotive ausgeliefert wurde. Nur wenig später folgten weitere drei Vorserienmaschinen. Die sofort aufgenommenen Versuchsfahrten zwischen Güsten und Sangerhausen bzw. Grunewald und Königsberg verliefen äußerst zufriedenstellend, wenngleich sich sehr schnell abzeichnete, dass weder das Triebwerk, noch der Rahmen für den Schnellzugdienst ausreichend dimensioniert waren. Hinzu kam, dass durch den unbefriedigenden Masseausgleich die von Garbe veranschlagte Höchstgeschwindigkeit nicht erreicht werden konnte. Mehr als 90 km/h (nach späteren Konstruktionsänderungen 100 km/h) waren der Lok nicht zuzumuten, die bereits ab Tempo 80 km/h ein unharmonisches Ruckeln zeigte. Da Preußen jedoch auch Bedarf für eine neue Personenzugtenderlokomotive hatte, hielt man am eingeschlagenen Weg fest und entwickelte die P 8 zur Serienreife. Zwischen 1906 und 1918 wurden insgesamt 1887 Maschinen für die preußischen, badischen, oldenburgischen und mecklenburgischen Länderbahnen gebaut. Darin enthalten sind auch die während des Ersten Weltkrieges von den Militäreisenbahndirektionen Brüssel und Warschau beschafften P 8. Als Folge des Versailler Vertrages mussten 627 Maschinen als Reparationsleistung an die Siegermächte abgetreten werden. Da sich die P 8 als sogenanntes „Mädchen für alles" bestens bewährt hatte, beschaffte die Deutsche Reichsbahn bis 1923 noch einmal 1669 Maschinen nach. Damit summierten sich die für deutsche Dienststellen gebauten P 8 – bei der Reichsbahn als Baureihe 38.10-40 eingereiht – auf insgesamt 3556 Exemplare. Hinzu kamen weitere von den Staatsbahnen in Litauen, Polen und Rumänien bestellte Maschinen, sodass einschließlich des ab 1930 in Rumänien erfolgten Lizenznachbaus, insgesamt 3946 P 8 die Werkshallen verließen.

Wie bei den anderen über einen längeren Zeitraum gebauten Lokomotiven, wurde auch die P 8 während der laufenden Produktion kontinuierlich verbessert. So ersetzte man beispielsweise ab 1909 die Windschneiden-Führerhäuser durch „preußisch-normale" mit Tonnendach. Zwei Jahre später wurde das Führerhaus bei unveränderter Dachlänge verkürzt und ab 1913 ein konisch zulaufender Kamin montiert. Die Verwendung eines Knorr-Abdampf-Oberflächenwärmers brachte zudem einen Leistungszuwachs. Ab der 251. gebauten Maschine wurde die bis dahin hängend ausgeführte Steuerung durch eine Kuhnsche Schleife ersetzt. Für ein verbessertes Laufverhalten wurden die Treibräder mit größeren Kontergewichten versehen und für eine ausgewogenere Gewichtsverteilung der Dampfdom weiter nach hinten verlegt. Ab 1925 ließ die DRG schließlich alle P 8 mit Windleitblechen ausrüsten.

TECHNISCHE DATEN

Baureihe: pr P 8, (ab 1926 BR 38.10-40, ab 1968 BR 038 (DB))

Verwendungszweck:	Personenzuglokomotive
Treibraddurchmesser (mm):	1590
Erstes Baujahr:	1906
Achsfolge:	2'C
Spurweite (mm):	1435
Dienstgewicht (t):	73,3
Vmax (km/h):	90
Leistung (PSi):	1320

Als eine der wichtigsten Stützen des Betriebsmaschinendienstes war die P 8 vor nahezu jeder Zuggattung im gesamten Reichsgebiet anzutreffen. Um sie noch lange einsatzbereit zu halten, begannen um 1930 Überlegungen, die Wirtschaftlichkeit der ohnehin schon sparsamen Maschinen noch weiter zu optimieren. 1931 wurde Lok 38 3255 versuchsweise mit einem Abdampf-Turbinen-Tender ausgerüstet, der allerdings ebenso wie die Caprotti-Steuerung an 38 2698 und die Lenz-Ventilsteuerung an 38 2687 und 4010, keinen Mehrgewinn brachten und wieder entfernt wurden.

1945 waren in Westdeutschland 1253 P 8 vorhanden; in Ostdeutschland rund 700. Aufgrund ihrer universellen Verwendbarkeit blieben sie auch im geteilten Deutschland weiterhin unverzichtbar. Ab 1954 rüstete die DB 41 Maschinen mit einer Wendezugsteuerung aus. Dabei handelte es sich um ein indirektes System der Hersteller Fabeg und Hagenuk, bei dem lediglich die Kommandos aus dem Wendezugbefehlswagen in den Führerstand übermittelt wurden. Um mehr Vorräte mitführen zu können und eine weniger zugige Rückwärtsfahrt zu ermöglichen, wurden die Wendezugloks mit Wannentender ausgemusterter Kriegslokomotiven gekuppelt. Später erhielten auch nichtwendezugsfähige Maschinen entsprechende Tender. Da sich der Wendezugbetrieb nicht sonderlich bewährte, wurde er 1965 wieder eingestellt. Zu diesem Zeitpunkt hatte die P 8 bereits etliche Zugleistungen an die Elektro- und Diesellokfraktion verloren. Dennoch erreichten über 500 Maschinen eine Einsatzzeit von mehr als 50 Jahren. 1963 führte die DB noch 712 Maschinen in ihrem Bestand. Bei der 1968 erfolgten Umzeichnung in Baureihe 038 waren es nur noch 73. Diese konnten sich allerdings noch einige Jahre gegen ihre moderne Konkurrenz behaupten, sodass erst 1974 mit 038 772 die letzte Bundesbahn-P 8 aus dem aktiven Dienst ausschied.

In der DDR wurde 38 3276 im Jahr 1964 sogar noch einmal auf Testfahrt geschickt, um die Auswirkungen des versuchsweise eingebauten Giesl-Flachejektor zu erproben. Da das Ergebnis ein um 14 bis 24 Prozent niedrigerer Brennstoffverbrauch und ein um bis zu 20 Prozent höherer Kesselwirkungsgrad war, wurden 1966/67 insgesamt 85 DR-P8 mit einem solchen Ejektor nachgerüstet. Doch auch hier verlief der Traktionswandel schneller als erwartet, sodass bei der DR die Ausmusterung sogar drei Jahre früher als im Westen abgeschlossen war.

Bayerische S 2/6 3201 – der Edelrenner

Inspiriert durch die zwei Jahre zuvor in Preußen erfolgreich durchgeführten Schnellfahrversuche, gaben auch die Königlich Bayerischen Staats-Eisenbahnen im Dezember 1905 bei J.A. Maffei eine Schnellfahrlokomotive in Auftrag, die bereits am 30. April 1906 auf dem Werksgelände angeheizt werden konnte. Die von J.A. Maffei-Chefkonstrukteur Anton Hammel in Rekordzeit entwickelte S 2/6 wurde am 3. Mai 1906 nach Nürnberg überführt, um auf der dortigen Landesausstellung die Leistungsfähigkeit der bayerischen Lokomotivindustrie unter Beweis zu stellen.

Tatsächlich wies die nicht zuletzt durch ihre 2200 mm hohen Treibräder äußerst elegant wirkende Maschine alle Merkmale des modernen Lokomotivbaus auf. Der zum ersten Mal in Deutschland verwendete Barrenrahmen, der einen freien Kesseldurchblick erlaubte, beeindruckte die Fachwelt ebenso, wie die windschnittige Gestaltung von Rauchkammertür, Kamin, Dom und Führerhaus. Auch das Vierzylinder-Verbundtriebwerk und der Rauchröhrenüberhitzer waren ihrer Zeit voraus. Hier spielte auch die von Hammel gewählte Achsfolge 2'B2' einen wichtigen Trumpf aus, die für die erforderliche große Feuerbüchse ausreichend Platz zwischen der Kuppelachse und dem Nachlaufdrehgestell ließ. Um den Achsdruck von 16 t einhalten zu können, berücksichtige der Ingenieur in vielen Bereichen die damals noch weitgehend unbekannte Leichtbauweise. So bestand zum Beispiel das Kesselblech aus einer nur 16,5 mm statt 20 mm starken Außenhaut. Zudem wurde der Tender weitgehend selbsttragend ausgeführt, sodass auf den sonst üblichen schweren Rahmen verzichtet werden konnte.

Die Übergabe der als S 2/6 3201 bezeichneten Maschine erfolgte am 21. Oktober 1906. Die umgehend aufgenommenen Test- und Indizierfahrten konnten zur vollsten Zufriedenheit der Prüfer abgeschlossen werden, sodass die Lok am 6. Mai 1907 ihre offizielle Zulassung erhielt. Nur einen Monat später wurde mit den ersten Schnellfahrversuchen begonnen. Am 2. Juli 1907 übertraf die S 2/6 mit einem 150 t schweren Zug zwischen München und Augsburg die von J.A. Maffei garantierte „Schallmauer" von 150 km/h. Mit 154,5 km/h stellte die Lok einen neuen deutschen Geschwindigkeitsrekord für Dampflokomotiven auf, der erst 29 Jahre später von der Baureihe 05 übertroffen werden sollte.

Nach der Rekordfahrt wechselte die Lok in den regulären Plandienst, wo sie ab München Schnellzüge nach Augsburg und Ulm bespannte. Die immer schwerer werdenden Reisezugwagen stellten die S 2/6 allerdings schon bald vor große Probleme. Die Leichtbauweise, gepaart mit der Achsfolge, ließen die Maschine das eine oder andere Mal ins Schlingern kommen, sodass die inzwischen auf die S 3/6 abgestimmten Fahrzeiten nicht eingehalten werden konnten. 1909 wurde die S 2/6 daher nur noch als Reservelok vorgehalten, bevor sie ein Jahr später an die Pfalzbahn nach Ludwigshafen ging. Diese setzte auf ihren Flachlandstrecken ebenfalls noch Zweikuppler ein, sodass die S 2/6 eine willkommene Ergänzung für den Schnellzugdienst nach Bingerbrück und Straßburg darstellte.

Mit dem Verlust von Elsass-Lothringen wurde der Aktionsradius nach 1918 allerdings stark beschnitten, sodass die Lok zwar weiterhin in Ludwigshafen verblieb, dort aber wiederum nur noch als Reservelok diente. Im Jahr 1921 kehrte sie schließlich nach München zurück. Doch auch hier gab es kaum noch ein Betätigungsfeld für die in die Jahre gekommene Maschine. Längst gaben hier die C-gekuppelten Schnellzuglokomotiven den Ton an, denen die S 2/6 kaum etwas entgegen zu setzen hatte. Darüber hinaus zeigte sich ein dem Leichtbau geschuldeter übermäßig hoher Verschleiß. Nachdem Kessel und Tender mehrfach instand gesetzt werden mussten, kündigte sich 1925 das endgültige Aus an. Zwar wurde die einstige Starlokomotive noch in den Bestand der Deutschen Reichsbahn-Gesellschaft überführt und dort als Baureihe 15 001 eingereiht, doch erfolgte dieser Schritt nur noch buchmäßig. Mit der im Frühjahr 1925 erlassenen Verfügung, alle zweigekuppelten Maschinen umgehend außer Dienst zu stellen, war auch das Ende der S 2/6 besiegelt. Dennoch blieb sie von der Verschrottung verschont, da sie als Ausstellungsstück für die im gleichen Jahr in München stattfindende Verkehrsausstellung ausgewählt wurde. Nach einer optischen Aufarbeitung im Herstellerwerk, fand sie schließlich über die Verkehrsausstellung den Weg ins Verkehrsmuseum Nürnberg, wo sie auch heute noch zu den meist bestaunten Exponaten gehört.

TECHNISCHE DATEN

Lok:	S 2/6 3201
Verwendungszweck:	Schnellfahrlokomotive
Treibraddurchmesser (mm):	2200
Erstes Baujahr:	1906
Achsfolge:	2'B2'
Spurweite (mm):	1435
Dienstgewicht (t):	83,4
Vmax (km/h):	154,5
Leistung (PSi):	2200

Bayerische S 3/6 – Eleganz auf Schienen

Die zu Beginn des 20. Jahrhunderts immer schwerer werdenden Schnellzüge ließen auch bei den Königlich Bayerischen Staats-Eisenbahnen den Wunsch nach einer neuen dreifachgekuppelten Schnellzuglokomotive laut werden. Die Bahnverwaltung beauftragte die Lokomotivfabrik J.A. Maffei mit der Ausarbeitung eines Vorentwurfs, der sich an der badischen IV f orientieren und die mit S 2/5, S 2/6 und S 3/5 gemachten Erfahrungen berücksichtigen sollte. Die gesamte Entwicklungsarbeit wurde in die Hände von J.A. Maffei-Chefkonstrukteur Anton Hammel gelegt, der bereits zuvor sein Können bei der Rekordlok S 2/6 unter Beweis gestellt hatte. Das Pflichtenheft der 2'C1'h4v-Pacificlok sah die Beförderung eines 400 t schweren Schnellzuges auf einer Steigung von zwei Promille mit 95 km/h und auf einer 10-Promille-Steigung mit 65 km/h vor.Blindtext Affen kreischen, Löwen brüllen, von weit her sind Vogelstimmen und das Insekt 600 Zeichen Blindtext Affen kreischen, Löwen brüllen, von weit her sind Vogelstimmen und das Insekt 700 Zeichen Blindtext Affen kreischen, Löwen brüllen, von weit her sind Vogelstimmen und das Insekt 800 Zeichen Blindtext Affen kreischen, Löwen brüllen, von weit her sind Vogelstimmen und das Insekt 900 Zeichen Blindtext Affen kreischen, Löwen brüllen, von weit her sind Vogelstimmen und das Insekt 1000 Zeichen. Blindtext Affen kreischen, Löwen brüllen, von weit her sind Vogelstimmen und das Insekt 1100 Zeichen Blindtext Affen kreischen, Löwen brüllen von weit her sind Vogelstimmen und das Insekt 1200 Zeichen Blindtext

Am 16. Juli 1908 präsentierten die Münchener auf ihrem Werksgelände die erste S 3/6 3601 unter Dampf. Nur vier Tage später folgte mit 3602 die zweite Maschine. Um diese auf der Ausstellung „München 1908" besser fotografieren zu können, behielt sie zunächst ihre ockerfarbene Grundierung bei. Andere Quellen sprechen auch von einem speziell aufgetragenen ockerfarbenen Fotografieranstrich. Da es sich bei der S 3/6 quasi um eine vergrößerte Weiterentwicklung der IV f gehandelt hat, wies sie eine große Ähnlichkeit mit der badischen Schwestermaschine auf.

Bis November 1908 wurden fünf weitere Vorserienmaschinen (3603 bis 3607) ausgeliefert. Die sofort aufgenommenen Test- und Einstellfahrten verliefen sehr vielversprechend, sodass bis November 1909 die ersten zehn Serienlokomotiven der Serie a (3608 bis 3617) in Dienst gestellt werden konnten. Ihnen folgte die speziell für Weltausstellung 1910 gebaute Lok 3618 der Serie b, die technisch unverändert, mit einer dunkelblauen Glanzblechlackierung und Messingzierrat aufwartete. Im Mai und Juni 1911 wurden schließlich mit 3619 bis 3623 fünf Maschinen als Serie c in Dienst gestellt. Technische Unterschiede bestanden zwischen den einzelnen Serien nicht. Dieses änderte sich jedoch 1912 und 1913 mit der Auslieferung der 18 Maschinen umfassenden Serien d und e. Da mit Beginn des Sommerfahrplans 1912 zwischen München und Würzburg eine Erhöhung der Höchstgeschwindigkeit auf 115 km/h vorgesehen war, erhielten diese 2000 mm statt 1870 mm große Treibräder. Hierdurch ergaben sich ein veränderter Radstand, eine andere Kesselhöhe sowie ein neu berechneter Kolbenhub. Für einen größeren Betriebsmittelvorrat sorgte zudem ein neuer Tender der Bauart bay 2'2' T 32,5 anstelle des Standardtenders bay 2'2' T 26,4.

Mit der im Januar 1914 beschafften acht Exemplare umfassenden Serie f kehrte man wieder zu den technischen Daten der Serien a bis c zurück. Noch im gleichen Jahr folgten 10 Maschinen für die Pfalzbahn, die als Serie g bezeichnet wurden. Noch vor Ausbruch des Ersten Weltkriegs gingen fünf S 3/6 als Serie h an das bayerische Stammnetz. Zwischen 1915 und 1918 komplettierten schließlich 30 weitere Maschinen der Serie i den Fuhrpark. Diese waren erstmals für 17 statt 16 t Achslast ausgelegt und für ein noch besseres Laufverhalten mit Ballastelementen beschwert worden.

Die S 3/6 dominierten den Schnellzugdienst im gesamten süddeutschen Raum. Und selbst Langläufe nach Halle an der Saale oder Basel waren an der Tagesordnung. Als Reparationsleistungen mussten 1919 drei Maschinen nach Belgien und 16 nach Frankreich abgegeben werden. Dieses und der allgemein vorherrschende Lokomotivmangel, führten schließlich bei der Deutschen Reichsbahn zu dem Entschluss, kurzfristig weitere der jetzt als Baureihe 18.4-5 bezeichneten S 3/6 zu beschaffen. 1923 und 1924 lieferte J.A. Maffei 30 Lokomotiven der Serie k, die nun über Führerhäuser mit geraden Stirnwänden und abgeschrägten Seitenwänden verfügten. Außerdem wurde die Überhitzerheizfläche um 12 qm vergrößert und die Reibungsmasse auf 53,8 t erhöht.

TECHNISCHE DATEN

Baureihe:	bay S 3/6 (ab 1926 BR 18.4-5)	18.6
Verwendungszweck:	Schnellzuglokomotive	
Treibraddurchmesser (mm):	1870/2000	1870
Erstes Baujahr:	1908	1953 (Umbau)
Achsfolge:	2'C1'	2'C1'
Spurweite (mm):	1435	1435
Dienstgewicht (t):	86,5/88/94	100,3
Vmax (km/h):	120	120
Leistung (PSi):	1770/1840	2250

Da der Ausbau der Hauptstrecken für 20 t Achsdruck nur sehr langsam vorankam und die Beschaffung von Einheitslokomotiven für weniger Achslast nicht vorgesehen war, kam es schließlich zur Bestellung weiterer Maschinen. Im Jahre 1927 wurden 12 Lokomotiven der Serie l ausgeliefert (509 bis 520), der bis 1928 acht der Serie m (521 bis 528) folgten. Gegenüber der Serie k war der Überhitzer erneut vergrößert worden. Außerdem hatte man den Durchmesser der Hochdruckzylinder von 425 mm auf 440 mm erweitert. Von den 20 Maschinen des Folgeauftrags (Serie n) konnte die Lokomotivfabrik J.A. Maffei nur noch 18 529 und 530 fertigstellen, da sie als Folge der Wirtschaftskrise in Konkurs ging. Die weitere Fertigung wurde von Henschel übernommen, sodass bis 1931 die als Serie o bezeichneten restlichen Maschinen 18 531 bis 548 an die Reichsbahn übergeben werden konnten. Die letzten 11 Maschinen wurden mit einem neu konstruierten Tender der Bauart 2'2' T 31,7 gekuppelt. Zudem wurde bei allen von Henschel gebauten Exemplaren die bis dahin verwendete Sechspunktabstützung durch eine Vierpunktlagerung und andere Federn ersetzt, was für eine deutlich verbesserte Gleislage sorgte.

Obwohl die Einheitsschnellzuglokomotiven längst auf dem Vormarsch waren, blieb die S 3/6 im Express- und Schnellzugdienst noch lange eine feste Größe. Legendär sind vor allem ihre Einsätze vor dem 1928 eingeführten FFD Rheingold oder dem Wien-Ostende-Express. Auch nach dem Zweiten Weltkrieg konnte die DB noch nicht auf die eleganten C-Kuppler verzichten. Zwar standen nicht mehr ausschließlich höherwertige Schnellzüge auf ihrem Tagesprogramm, doch erbrachten sie noch immer stattliche Leistungen. Vor diesem Hintergrund reifte bei der DB schon früh der Entschluss, insgesamt 30 S 3/6 zu modernisieren. Zwischen 1953 und 1957 erhielten die nun als 18 601 bis 630 bezeichneten Lokomotiven neue, geschweißte Kessel und eine der DB-Norm entsprechende Führerhausausstattung. Mit der Auslieferung der Umbauloks wanderten die ersten nicht umgebauten Maschinen bis zur Betriebsnummer 458 aufs Abstellgleis. Die restlichen Altbauloks verabschiedeten sich mit Ausnahme der 18 505 bis 1962 aus dem aktiven Dienst. Letztere wurde noch bis 1967 als Versuchslok in Minden eingesetzt und erst 1969 als 018 505 ausgemustert. Die 2100 PS starken Umbaulokomotiven wurden auf die Dienststellen Darmstadt Hbf, Hof, Nürnberg Hbf und Regensburg verteilt. Etwas später kamen noch Ulm und Lindau hinzu. Bereits im Herbst 1957 mussten die 18.6 in Hof der Baureihe 01 Platz machen und auch im Rhein-Main-Gebiet verdrängte die voranschreitende Elektrifizierung die Maschinen aus ihrem angestammten Betätigungsfeld. Nachdem der Fahrdraht bis auf Lindau alle anderen Dienststellen erreicht hatte, wurden alle 18 verbliebenen 18.6 dort konzentriert. Da jedoch hier die Baureihen V 100 und V 200 immer mehr die Oberhand gewannen, standen zum Sommerfahrplan 1964 nur noch sechs betriebsfähige Maschinen zur Verfügung, die sich im Eil- und Personenzugdienst ihr Gnadenbrot verdienten. Am 1. September 1965 wurde schließlich mit 18 622 die letzte S 3/6 der DB abgestellt.

Erfreulicherweise sind mit 18 451, 478, 528 und 612 gleich vier S 3/6 der Nachwelt erhalten geblieben; 18 478 des Bayerischen Eisenbahnmuseum in Nördlingen sogar betriebsfähig.Die einzig erhalten gebliebene Umbaulok befindet sich heute mit 18 612 im Deutschen Dampflokomotiv-Museum in Neuenmarkt-Wirsberg.

Baureihe 98.3 – der Glaskasten

Um den Betrieb ihrer Lokalbahnen wirtschaftlicher zu gestalten, gaben die Königlich Bayerischen Staatseisenbahnen zu Beginn des 20. Jahrhunderts eine neue zweiachsige Lokomotive für Einmannbedienung in Auftrag. 1905 und 1906 lieferte Krauss je drei Bh2t-Kastenlokomotiven, die als PtL 2/2 4501 bis 4506 (Personenzugtender-Lokomotive mit zwei angetriebenen Achsen) eingereiht wurden. Die wegen ihres rundum verglasten Führerhauses im Volksmund „Glaskasten" genannten Maschinen waren die ersten Heißdampflokomotiven in Bayern. Sie verfügten über einen einschüssigen, genieteten Langkessel und eine halbselbsttätige Schüttfeuerung. Da zwischen dem Stehkessel und der Feuerbüchse kein Platz für einen Wasserraum vorhanden war, griffen die Ingenieure auf einen im deutschen Lokomotivbau einmaligen Lösungsansatz zurück und ließen die Kesselrückseite mit Schamottesteinen auskleiden. Eine weitere Besonderheit war das Innentriebwerk mit außenliegenden Treibstangen und Blindwellenantrieb. Die drei Maschinen von 1906 besaßen zudem einen von 285 mm auf 305 mm vergrößerten Zylinderdurchmesser. Aufgrund des für Wartungsarbeiten schlecht zugänglichen Innentriebwerks, wurden alle sechs PtL 2/2 der ersten Lieferserie bereits 1923 ausgemustert.

1908 und 1909 lieferte Krauss 29 weitere PtL 2/2, die allerdings über ein konventionelles Außentriebwerk verfügten, das auf eine zwischen den Achsen angeordnete Blindwelle wirkte. Die Loks erhielten die Betriebsnummern 4507 bis 4535. Die geänderte Anordnung des Triebwerks ermöglichte nun, den Wasserkasten unterhalb des Kessels in den Rahmen zu verlegen, was für eine bessere Zugänglichkeit des Umlaufs sorgte.

Drei weitere Maschinen dieser Bauart wurden 1910 auch von Preußen in Dienst gestellt und als T 2 Altona 6081 und 6082 sowie Elberfeld 6041 bezeichnet. Die beiden Altona wurden für den Nebenbahndienst rund um das damals noch deutsche Tondern beschafft; die Elberfeld war für das Bw Erndtebrück im Siegerland bestimmt. Die Deutsche Reichsbahn übernahm später neun Loks der zweiten Lieferserie und reihte sie als Baureihe 98 301 bis 98 309 ein.

In den Jahren 1911 und 1914 fertigte Krauss zwei weitere Lieferserien von neun bzw. vier PtL 2/2 (4536 bis 4548) für die Bayerischen Staatseisenbahnen. Bei diesen Maschinen ersetzten die Konstrukteure den zu übermäßiger Wärmeentwicklung neigenden Blindwellenantrieb zugunsten eines Antriebs der zweiten Kuppelachse, was für eine spürbare Steigerung der Zuverlässigkeit sorgte. Gleichzeitig verkürzten sie den Achsstand, wodurch die beiden letzten Lieferserien etwas kompakter und leichter waren. Alle 13 Loks fanden mit den Betriebsnummern 98 310 bis 322 den Weg zur Deutschen Reichsbahn.

Im Zweiten Weltkrieg wurden zwei Maschinen an Industriebetriebe verkauft und 98 321 nach Kampfhandlungen irreparabel beschädigt. 98 304 verblieb nach Kriegsende in Österreich, wo sie bis 1959 als ÖBB-688.01 im Einsatz stand. Alle anderen PtL 2/2 wurden von der DB übernommen. Als letzter Glaskasten verdiente sich 98 307 des Bw Nürnberg Hbf auf dem „Spalter Bockerl" Spalt – Georgensmünd sein Gnadenbrot. Seine Ausmusterung erfolgte am 8. Oktober 1962. Die Lok kann heute als Dauerleihgabe des DB-Museums im Deutschen Dampflokomotiv-Museum in Neuenmarkt-Wirsberg besichtigt werden.

TECHNISCHE DATEN

Baureihe:	bay PtL 2/2 (ab 1926 BR 98.3)
Verwendungszweck:	Lokalbahnlokomotive
Treibraddurchmesser (mm):	1006
Erstes Baujahr:	1908
Achsfolge:	B
Spurweite (mm):	1435
Dienstgewicht (t):	22,7
Vmax (km/h):	50
Leistung (PSi):	210

Baureihe 96 – Gelenkig über die Berge

Die schwere Güterzugbaureihe 96 zählt bis heute zu den beeindruckendsten deutschen Dampflokomotiven. Die von der K.Bay.Sts.B. speziell für den Einsatz auf den Steilstrecken Spessartrampe, Schiefe Ebene und Eger – Asch beschafften Maschinen, wurden vom damaligen J.A. Maffei-Chefkonstrukteur Anton Hammel entwickelt, der sich bereits mit der legendären Bayerischen S 3/6 einen Namen gemacht hatte. Für eine optimale Traktion und Kurvengängigkeit entschied sich Hammel für die Mallet-Bauweise mit zwei im Verbund arbeitenden vierfach gekuppelten Fahrwerken. Das vordere beweglich aufgehängte Fahrwerk verfügte über Niederdruckzylinder, das hintere starr gelagerte über kleinere Hochdruckzylinder. Die erste der als Gt 2x4/4 bezeichneten Maschinen stand ab November 1913 für Probefahrten im Großraum München zur Verfügung. Ab 1914 folgten umfangreiche Test- und Einstellfahrten zwischen Lichtenfels und Pressig-Rothenkirchen. Parallel dazu erfolgte die Auslieferung der 15 Maschinen umfassenden ersten Lieferserie (Gt 2x4/4 5751 bis 5765).

Bereits bei den ersten Einsätzen zeigte sich, dass Hammel mit der Baureihe ein ganz großer Wurf gelungen war. Die 1470 PSi starken Tenderloks beförderten 465 t schwere Zuglasten fast mühelos mit 25 km/h eine 25 Promille-Steigung hinauf und verkürzten die Fahrzeiten im Güter- und Personenverkehr dort um bis zu 40 Prozent. Haupteinsatzgebiet war jedoch der Schiebedienst, den die Loks über fast drei Jahrzehnte mit Bravour bewältigten.

Aufgrund der guten Erfahrungen beschaffte die Gruppenverwaltung Bayern nach dem Ersten Weltkrieg eine 10 Lokomotiven umfassende zweite Serie, die zwischen 1922 und 1923 in Dienst gestellt wurde. Da die neu entwickelte preußische T 20 im direkten Vergleich die besseren Leistungswerte aufwies, sah sich J.A. Maffei genötigt, auch die Gt 2x4/4 zu optimieren. Gegenüber der ersten Lieferserie erhielten die als Gt 2x4/4 5766 bis 5775 eingereihten Maschinen eine größere Überhitzerfläche, eine um eine Tonne höhere Achslast, einen größeren Kohlebunker sowie einen Kamin ohne Aufsatz.

Beheimatet waren die bei der Deutschen Reichsbahn in Baureihe 96 001 bis 015 bzw. 96 016 bis 025 umgezeichneten Mallets in Aschaffenburg, Eger, Hof, München, Neuenmarkt-Wirsberg und Pressig-Rothenkirchen. Von 1929 bis 1936 verschlug es 96 001, 003 und 005 ins Sauerland, wo sie bis zur ihrer Ausmusterung im Bw Brügge/Westf. stationiert waren. Bereits zuvor hatte die Deutsche Reichsbahn ein Modernierungsprogramm aufgelegt, das unter anderem umfangreiche Kesselmodifikationen (größere Blasrohre, Einbau eines Oberflächenvorwärmers, neuer Dampfdom) und größere Hochdruckzylinder beinhaltete. Die indizierte Leistung stieg auf 1630 PS. Unklar ist in der Fachliteratur, ob diese Änderungen nur die zweite Serie betrafen oder ob tatsächlich alle Maschinen umgerüstet wurden.

Nach dem Zweiten Weltkrieg waren in München und Nürnberg mit 96 004, 006, 008 bis 012, 016 bis 023 und 025 noch insgesamt 16 Maschinen vorhanden. Da sie mit unter 20 Exemplaren als Splittergattung galten, wurden sie bereits 1948 ausgemustert. 96 002 und 96 024 befanden sich bei Kriegsende in der sowjetischen Zone und wurden noch bis 1954 im Bestand der Deutschen Reichsbahn geführt. Leider blieb keine der wohl imposantesten deutschen Tenderlokomotiven der Nachwelt erhalten.

TECHNISCHE DATEN

Baureihe:	bay Gt 2x4/4 (ab 1926 BR 96)
Verwendungszweck:	Güterzuglokomotive
Treibraddurchmesser (mm):	1216
Erstes Baujahr:	1913
Achsfolge:	D'D'
Spurweite (mm):	1435
Dienstgewicht (t):	123,2
Vmax (km/h):	50
Leistung (PSi):	1470

Baureihe 58 – der erste Schritt zur Einheitslok

Obwohl sich im Gründungsvertrag des Staatsbahnwagenverbandes 1908 alle deutschen Länderbahnen dazu verpflichtet hatten, zukünftig nur noch Güterwagen nach einheitlichen Plänen zu bestellen, war dies bei der Beschaffung von Lokomotiven (vorerst) noch nicht durchsetzbar. Erst mit dem Ausbruch des Ersten Weltkriegs zeigte sich, dass die fast unüberschaubare Vielfalt an Baureihen mit unterschiedlichen Bedienelementen zu ernsthaften Problemen führen konnte. Hinzu kam die erschwerte Ersatzteilversorgung in den Frontgebieten, die zudem speziell geschultes Personal für die Unterhaltung bestimmter Baureihen erforderlich machte. Aus diesen Erfahrungen heraus forderte das Kriegsministerium bereits 1915 die Entwicklung einer leistungsfähigen Einheitslokomotive, die von allen Länderbahnen beschafft und den Heeresfeldeisenbahnen für die Dauer des Krieges überlassen werden sollte. Da die Industrie nicht sofort auf diesen Wunsch reagieren konnte, regte sie gemeinsam mit den Länderbahnen eine Neuauflage der preußischen Gattungen G 7.1 und G 7.3 an, die sich im harten Betriebsalltag bereits seit Jahren bewährt hatten. Dies wurde jedoch vom Kriegsministerium entschieden abgelehnt und stattdessen eine moderne Heißdampflokomotive gefordert, die auf einer 10 Promille-Rampe 750 t schwere Züge noch mit einer Geschwindigkeit von 20 km/h befördern konnte. Um eine solche Lok schnellstmöglich auf die Räder zu stellen, wurde eine Kommission ins Leben gerufen, die sich aus Vertretern der Länderbahnen, der Militär-Generaldirektion sowie den Heeresfeldeisenbahnen zusammensetzte. Lediglich die Staatsbahnen Bayerns, Mecklenburgs und Oldenburgs zeigten kein Interesse an der Entwicklung einer gesamtdeutschen Güterzuglok und blieben der Kommission von vornherein fern.

Mit Ausnahme der preußischen Delegation, sprachen sich alle Länderbahnvertreter gegen eine Heißdampfmaschine aus, die zwar deutlich leistungsfähiger, dafür aber ungleich aufwendiger zu unterhalten war. Mit dem Argument, auch nach dem Krieg eine fortschrittliche Baureihe zur Verfügung zu haben, setzten sich die Preußen jedoch durch, sodass es zur Entwicklung der von ihnen favorisierten 1'E-Heißdampfmaschine kam. In diesem Zusammenhang fiel auch erstmals der Begriff „Einheitslokomotive", mit dem allerdings zunächst nur die universelle Verwendbarkeit im Kriegsdienst gemeint war. Erst bei der finalen Konstruktion verständigten sich die Länderbahnen darauf, einheitliche Anschlussmaße einzuhalten und für spezielle Baugruppen eine Art Baukastensystem einzuführen. Nicht stark verschleißanfällige Bauteile durften dagegen weiterhin länderbahnspezifisch beibehalten werden. Anfang 1917 erhielt Henschel den Auftrag zur Entwicklung der ersten deutschen Gemeinschaftslok, die aus der ebenfalls in Kassel gebauten preußischen G 12.1 und der im Bau befindlichen 1'E-Drillingsmaschine für das osmanische Militär abgeleitet wurde. Von 1917 bis 1924 wurden insgesamt 1371 Maschinen beschafft. Die meisten Loks konnten von der Deutschen Reichsbahn übernommen werden. Dort wurden sie wie folgt eingereiht:

Badische G 12: 58 201 bis 225, 231 bis 272, 281 bis 303, 311 bis 318
Sächsische XIII H: 58 401 bis 462
Württembergische G 12: 58 501 bis 54
Preußische G 12: 58 1002 bis 2148

Bevorzugte Einsatzgebiete waren steigungsreiche Strecken in fast allen Reichsbahndirektionen. Zwischen 1928 und 1930 wurden sechs Maschinen versuchsweise auf Kohlenstaubfeuerung der Systeme STUG und AEG umgerüstet, die sich allerdings wegen ihrer Probleme mit der mechanischen Staubförderung nicht bewährte. Auch in der DDR wurden ab 1953 insgesamt 55 G 12 auf die neue Kohlenstaubfeuerung der Bauart Wendler umgerüstet. Dort bildete die Baureihe 58 ohnehin noch viele Jahre das Rückgrat des schweren Güterzugdienstes. Zum Stichtag 1. April 1950 waren in der DDR noch 423 Maschinen vorhanden. Und selbst 1968 zählte die DR noch 300 Maschinen. Doch mit der Ablieferung neuer Dieselloks endete 1976 auch hier die Ära der wuchtigen Drillingsmaschinen, die bei der DB bereits 1953 zu Ende gegangen war.

Baureihe 58.30 – das Kraftpaket mit Preußengenen

Vor dem Hintergrund fehlender Güterzuglokomotiven rekonstruierte die Deutsche Reichsbahn zwischen 1958 und 1962 insgesamt 56 G12, die unter anderem mit neuen Hochleistungskesseln mit Verbrennungskammern, Mischvorwärmern, neuen Mittelzylindern sowie geschweißten Führerhäusern und Witte-Windleitblechen modernisiert wurden. Zudem machten die baulichen Änderungen eine Verlängerung des Rahmens erforderlich. Die mit 1800 PSi deutlich leistungsfähigeren Maschinen erhielten teilweise einen neuen, geschweißten Tender der Bauart 2'2'T28 und wurden fortan als Baureihe 58.30 eingereiht. Die Rekoloks waren im Vergleich mit den G12 deutlich leistungsfähiger, sparsamer und schneller. Verbrauchten die G12 bei Volllast rund 2,7 t Kohle pro Stunde, reduzierte sich der Kohleverbrauch nach der Modernisierung auf 2,2 t bei gleichzeitig erhöhter Traktionsleistung. Während die Länderbahnmaschinen in der Ebene mit einer Geschwindigkeit von 50 km/h lediglich 1810 t bewältigten, schafften die 58.30 die gleiche Geschwindigkeit mit 2400 t Zughakenlast. Damit erreichten sie zumindest im Flachland das Leistungsniveau der Baureihe 44. Allerdings erwies sich die Modernisierung der 58.30 als die teuerste des gesamten Rekoprogramms. Inklusive des Neubautenders kalkulierte die DR 434.000 Mark pro Lokomotive, dem 466.000 Mark für die Beschaffung einer Neubaulok der Baureihe 50.40 gegenüber standen. Dennoch hielt die DR an ihrem Plan fest, insgesamt 225 G12 einer Rekonstruktion unterziehen zu wollen. Aufgrund der Mangelwirtschaft konnte die DDR-Industrie allerdings nur Material für die Umrüstung der besagten 56 Stück bereitstellen. Am 12. Februar 1981 wurden im Bw Glauchau mit 58 3028 und 3032 die beiden letzten Maschinen abgestellt.

TECHNISCHE DATEN

Baureihe: G 12, sä XIII H (ab 1926 BR 58, ab 1970 DR-58.10-12)

Verwendungszweck:	Güterzuglokomotive
Treibraddurchmesser (mm):	1400
Erstes Baujahr:	1917
Achsfolge:	1'E
Spurweite (mm):	1435
Dienstgewicht (t):	95,7
Vmax (km/h):	65
Leistung (PSi):	1540

TECHNISCHE DATEN

Baureihe:	58.30
Verwendungszweck:	Güterzuglokomotive
Treibraddurchmesser (mm):	1400
Erstes Baujahr:	1958 (Rekonstruktion)
Achsfolge:	1'E
Spurweite (mm):	1435
Dienstgewicht (t):	97,2
Vmax (km/h):	70
Leistung (PSi):	1615

Baureihe 95 – die Bergkönigin

Die Baureihe 95 gehört sicherlich zu den imposantesten Erscheinungen auf deutschen Gleisen. Ihre Entwicklung geht auf die Pionierleistung der Halberstadt-Blankenburger Eisenbahn (H.B.E.) zurück, die im Großraum Blankenburg ein dichtes Netz aus topografisch anspruchsvollen Haupt- und Nebenbahnen betrieb. Das gestiegene Frachtaufkommen im Ersten Weltkrieg ließ die Privatbahn nach einem Ersatz für ihre betagten Zahnradlokomotiven suchen. Borsig bot dem Unternehmen eine neue 1'D1'-Zahnrad- oder eine 1'E1'-Lokomotive für den Adhäsionsbetrieb an. Da die H.B.E. schon seit längerem mit dem Gedanken spielte, den wartungsintensiven Zahnradbetrieb aufzugeben, entschied man sich für die Adhäsionsmaschine mit dynamischer Gegendruckbremse und gab zwei Lokomotiven der sogenannten „Tierklasse" in Auftrag. Da befürchtet wurde, dass auf den Steilstrecken die Reibungswerte bei Talfahrten nicht ausreichen könnten, wurden die beiden „Mammut" und „Wiesent" genannten Maschinen mit Bremszahnrädern geordert, die ein Rutschen des Zuges verhindern sollten. Da die Ablösung des Zahnradbetriebes auch das Interesse des Reichseisenbahnamts geweckt hatte, wurde das Projekt nicht nur vom Fahrzeugausschuss des Kriegsministeriums sehr schnell genehmigt, sondern die Entwicklung der Maschinen durch das Lokomotiv-Versuchsamt Grunewald engmaschig begleitet.

Bereits am 4. Februar 1920 konnte die erste Werksprobefahrt durchgeführt und einen Monat später die ersten Planzüge bespannt werden. Dabei zeigte sich, dass die Bremszahnräder nicht benötigt wurden und sogar einer möglichen Geschwindigkeit von 30 km/h bei Talfahrt nicht dauerhaft standhielten. Aus diesem Grund wurde bei den nachgeorderten Maschinen „Elch" und „Büffel" von vorherein auf den Einbau des Zahnradbremsgestells verzichtet und dieses bei den beiden Vorauslokomotiven wieder ausgebaut.

Die Lokomotiven wussten vollends zu überzeugen und bewältigten die 60 Promille-Rampen der H.B.E. bei 260 t Zuglast mit immerhin 12 km/h. Auch das Lokomotiv-Versuchsamt Grunewald zeigte sich von den Leistungen der schweren E-Kuppler überzeugt und gab grünes Licht für die Beschaffung einer bauartgleichen Maschine durch die inzwischen neu entstandene Deutsche Reichsbahn. Allerdings sah das Lastenheft einen gegenüber den H.B.E.-Maschinen verstärkten Rahmen und mehr Antriebsleistung vor.

Zwischen 1922 und 1924 lieferten Borsig und Hanomag insgesamt 45 Maschinen. Die ersten zehn wurden noch als preußische T 20 Magdeburg 9201 bis 9210 bestellt und bei der DR als Baureihe 77 001 bis 010 eingereiht, doch schon bald in 95 001 bis 010 umgezeichnet. Haupteinsatzgebiete der bulligen Maschinen waren unter anderem die steigungsreichen Strecken Coburg – Ernstthal am Rennsteig, Probstzella – Neuhaus am Rennweg, Hochstadt – Probstzella, die Geislinger Steige, die Schiefe Ebene sowie die Rübelandbahn, was ihnen den Spitznamen „Bergköniginnen" einbrachte.

Nach dem Zweiten Weltkrieg kamen 14 Loks zur DB, die drei Exemplare bereits 1953 zur Ersatzteilgewinnung ausmusterte. Alle Loks waren im Bw Aschaffenburg beheimatet, wo sie vorrangig für den Schiebedienst auf der Spessartrampe eingesetzt wurden. Nach der Elektrifizierung der Steilstrecke wurden alle 11 Maschinen bis 1958 außer Dienst gestellt.

31 Loks verblieben in der DDR. Zwischen 1966 und 1972 ließ die DR 24 Loks auf Ölhauptfeuerung umbauen; zudem erhielten zehn Maschinen einen neuen Kessel. Die Ölloks wurden ab 1970 als Baureihe 95.00 umgezeichnet, während die Kohleloks fortan als Baureihe 95.10 geführt wurden. Die letzten Planeinsätze erfolgten 1981 zwischen Eisfeld und Sonneberg. 95 1016 wurde danach noch als Heizlok im Bw Kamenz eingesetzt und 95 1027 in den Bestand der DR-Traditionsloks aufgenommen.

TECHNISCHE DATEN

Baureihe:	pr T 20 (ab 1926 BR 95.0)
Verwendungszweck:	Güterzuglokomotive
Treibraddurchmesser (mm):	1400
Erstes Baujahr:	1922
Achsfolge:	1'Eh1'
Spurweite (mm):	1435
Dienstgewicht (t):	127,4
Vmax (km/h):	70
Leistung (PSi):	1620

Baureihe 97.5 – Deutschlands stärkste Zahnradlok

Weil sich die bislang auf der Zahnradstrecke Honau – Lichtenstein eingesetzten württembergischen Fz als zu leistungsschwach und störanfällig erwiesen hatten, gaben die Württembergischen Staatseisenbahnen bei der Maschinenfabrik Esslingen vier deutlich leistungsstärkere Maschinen der Gattung Hz in Auftrag. Die Maschinen waren mit ihren 850 PSi Leistung die stärksten deutschen Zahnradlokomotiven. Ihre Indienststellung erfolgte allerdings erst nach der Verstaatlichung der Länderbahnen zwischen 1923 und 1925 direkt an die Deutsche Reichsbahn. Alle vier als 97 501 bis 504 bezeichneten Maschinen verblieben Zeit ihres Einsatzlebens auf ihrer Stammstrecke Honau – Lichtenstein. Ab 1952 wurde bei 97 502 und 504 zur Erhöhung der zulässigen Höchstgeschwindigkeit der Zahnstangenantrieb modernisiert. Die seitenverschiebbaren Endachsen erhielten zur Verminderung des Schlingerns Rückstellfedern. Zudem wurde der Rahmen verstärkt und die Kessel auf Stahlfeuerbüchsen umgerüstet. 97 501, 502 und 504 bekamen einen größeren Tenderaufsatz, der den Aktionsradius deutlich erweiterte. 1956 wurde mit 97 503 die erste Maschine ausgemustert. Ab September 1961 übernahmen in Tübingen stationierte Zahnrad-Schienenbusse der Baureihe VT 97 den Betrieb. Nach Anpassungsarbeiten an den Bahnübergängen und Weichen konnten die vom VT 98 abgeleiteten Triebwagen von Reutlingen bis Ulm durchfahren. Damit wurden die verbliebenen drei Zahnradloks arbeitslos und im darauffolgenden Jahr abgestellt. Alle drei blieben der Nachwelt erhalten; 97 501 seit 2012 sogar betriebsfähig.

TECHNISCHE DATEN

Baureihe:	BR 97.5
Verwendungszweck:	Zahnradlokomotive
Treibraddurchmesser (mm):	1150
Erstes Baujahr:	1923
Achsfolge:	E
Spurweite (mm):	1435
Dienstgewicht (t):	74,9
Vmax (km/h):	50
Leistung (PSi):	850

Baureihe 44 – Kraftpaket im Dreizylindertakt

Der erste Typisierungsplan der Deutschen Reichsbahn beinhaltete eine schwere fünffachgekuppelte Güterzuglokomotive mit 20 t Achslast. Unklar war dagegen, ob diese mit Zwillings- oder Drillingstriebwerk ausgeführt werden sollte. Zu Vergleichszwecken wurden daher 1926/27 von jeder Ausführung zehn Exemplare beschafft, die die Baureihenbezeichnung 43 (Zweizylinder) und 44 (Dreizylinder) erhielten. Die Höchstgeschwindigkeit wurde bei beiden Versionen zunächst auf 70 km/h begrenzt. Später zeigte sich, dass die 44 auch bei 80 km/h eine hohe Laufgüte aufwiesen, sodass ihre Vmax entsprechend erhöht werden konnte.

Bei den Vergleichsfahrten erwiesen sich beide Kontrahenten als nahezu ebenbürtig. Allerdings ließ sich die Baureihe 43 im öfter genutzten Teillastbereich deutlich wirtschaftlicher betreiben, während die Baureihe 44 eine höhere Wirtschaftlichkeit und ein besseres Laufverhalten im oberen Geschwindigkeitsbereich an den Tag legte. 1928 fiel die Entscheidung daher zugunsten der Zweizylindermaschinen, von denen noch einmal 25 Stück in Dienst gestellt wurden. Das Projekt 44 wurde vorerst auf unbestimmte Zeit zurückgestellt, zumal die DRG keinen finanziellen Spielraum für die Beschaffung weiterer schwerer Güterzuglokomotiven sah. Erst mit der um 1935 forcierten Anhebung der Güterzuggeschwindigkeiten, rückte die Baureihe 44 wieder in den Fokus der Bahnverwaltung. Testfahrten bestätigten noch einmal die Vorteile speziell bei hohem Tempo, die vor allem der besseren Gewichtsverteilung des Dreizylindertriebwerks geschuldet waren. Da der wirtschaftliche Aufschwung dringend nach neuen schweren Güterzuglokomotiven verlangte, wurde ab 1937 die Fertigung der Baureihe 44 wieder aufgenommen. Die Baureihe 43 wurde dagegen nicht mehr beschafft. Insgesamt waren an der 44-Produktion 14 deutsche und ausländische Hersteller beteiligt. Bis zum Produktionsende 1949 entstanden insgesamt 1989 Maschinen.

Nach Kriegsende verblieben 1242 bei der DB, 335 konnte die DR übernehmen. 101 Exemplare gingen als Reparationsleistung bzw. Beuteloks an die Siegermächte. Weitere 226 in Frankreich gebaute Maschinen wurden fabrikneu von der SNCF übernommen; zehn Maschinen konnten 1948 im Lokomotivwerk „Hans Beimler" Hennigsdorf komplettiert und ebenfalls fabrikneu an die DR übergeben werden.

TECHNISCHE DATEN

Baureihe:	44 001-010, (ab 1970 BR 44.10 (DR) 44 012 ff ab 1968 Db-044, ab 1970 DR-44.10)
Verwendungszweck:	Güterzuglokomotive
Treibraddurchmesser (mm):	1400
Erstes Baujahr:	1926
Achsfolge:	1'E
Spurweite (mm):	1435
Dienstgewicht (t):	109,8
Vmax (km/h):	80 (70, Vorserie)
Leistung (PSi):	1910

TECHNISCHE DATEN

Baureihe:	44 Öl, (ab 1968 BR 043 DB)	44 Öl, (ab 1970 BR 44.0 (DR))
Verwendungszweck:	Güterzuglokomotive	
Treibraddurchmesser (mm):	1958 (Umbau)	1963 (Umbau)
Erstes Baujahr:	1926	1926
Achsfolge:	1'E	1'E
Spurweite (mm):	1435	1435
Dienstgewicht (t):	109,6	109,8
Vmax (km/h):	80	80
Leistung (PSi):	2100	2100

In den Zeiten des Wiederaufbaus entwickelte sich die in Eisenbahnerkreisen „Jumbo" genannte Baureihe 44 zur Stütze des schweren Güterverkehrs. Ob Kohle- oder Erzverkehr, vor fast jedem Zug mit hoher Tonnage machten sich die Dreizylindermaschinen nützlich. Im Bestreben, die Wirtschaftlichkeit der bulligen E-Kuppler zu erhöhen sowie die körperliche Belastung der Heizer zu minimieren, rüsteten sowohl DB als auch DR mehrere Maschinen mit einer Ölhauptfeuerung aus. Nachdem die Erprobung der 1955 bei Henschel umgebauten 44 474 zur vollsten Zufriedenheit verlaufen war, ließ die DB zwischen 1958 und 1960 insgesamt 32 Loks umrüsten. Bevor das für die Unterhaltung der letzten DB-Dampflokomotiven zuständige AW Braunschweig geschlossen wurde, baute man 1974 noch einmal vier weitere Maschinen auf Ölverbrennung um. Die 44-Öl wurden zunächst auf die Bahnbetriebswerke Bebra und Kassel verteilt; ab 1968 gingen die jetzt als Baureihe 043 bezeichneten Maschinen zum Bw Rheine, wo sie noch bis Oktober 1977 im schweren Erzverkehr zwischen Emden und Rheine eingesetzt wurden. Die letzte kohlegefeuerte 44, seit 1968 als Baureihe 044 bezeichnet, wurde im Mai 1977 im Bw Gelsenkirchen-Bismarck ausgemustert.

Bei der DR begann der Umbau auf Ölhauptfeuerung 1963 und betraf insgesamt 97 Maschinen. Darüber hinaus rüstete man 22 Loks auf Kohlenstaubfeuerung System Wendler um, das sich durch seine feine Dosiermöglichkeit vor allem auf den steigungsreichen Strecken des Thüringer Waldes bewährte. Da der Umbau weiterer Loks ein dichteres Netz an Versorgungsstationen erforderlich gemacht hätte, wurde die Kohlenstaubfeuerung nicht weiter verfolgt. Zur besseren Unterscheidbarkeit erhielten ab 1970 auch bei der DR die einzelnen Befeuerungsarten unterschiedliche Baureihenunternummern. Öllloks hießen nun 44.0, Kohleloks 44.1 und Kohlestaubloks 44.9. Zu diesem Zeitpunkt waren die Kohleloks allerdings bereits weitgehend durch neugelieferte Dieselloks verdrängt worden. Als letzte Kohle-44 schied im August 1974 die in Altenburg stationierte 44 2082 aus dem Bestand aus. Im November des gleichen Jahres folgten auch die letzten Kohlenstaubmaschinen. Als sich 1981 die Versorgungslage mit Rohöl infolge der zweiten Ölkrise immer weiter zuspitzte, mussten schließlich auch die Ölloks abgestellt werden. Zwar wurden einige Maschinen noch auf Rostfeuerung umgebaut, doch kehrten diese nicht wieder in den Planbetrieb zurück, sondern übernahmen Aufgaben als Heizlokomotiven.

Baureihe 01 – Legende auf Schienen

Die ab 1925 in Dienst gestellte Baureihe 01 ist nicht nur die erste in Serie gebaute deutsche Einheitsschnellzuglokomotive, sondern auch die bekannteste. Auch ihre Entwicklung geht auf den 1923 aufgestellten Typisierungsplan der Deutschen Reichsbahn zurück, der die Beschaffung von zwei Schnellzugbaureihen der Bauart 2'C1' vorsah: eine mit Zwillingstriebwerk und eine mit Vierzylinder-Verbundtriebwerk. Für die Zweizylinderlok war die Baureihenbezeichnung 01 vorgesehen, für die Vierzylinderlok die Baureihenbezeichnung 02. Allerdings stieß die Verbundausführung im preußisch dominierten Lokomotiv-Ausschuss von vornherein auf große Ablehnung und war eher als Zugeständnis an die süddeutschen Delegierten zu sehen. Vor allem die zu erwartenden höheren Betriebskosten sprachen gegen die 02. Die im Januar 1926 durchgeführten Vergleichsfahrten mit den im Vorjahr fertiggestellten 01 001 und 02 002 bestätigten die wirtschaftliche Überlegenheit des Zwillingstriebwerks. Somit blieb es bei nur zehn gebauten 02, denen bis 1938 insgesamt 231 Maschinen der Baureihe 01 gegenüber standen. Weitere zehn 01 entstanden zwischen 1938 und 1942 durch den Umbau der Baureihe 02 in eine Zweizylinderlok.

Über den gesamten Beschaffungszeitraum der 01 wurden sowohl technische, als auch betrieblich erforderliche Änderungen berücksichtigt. So verfügten beispielsweise die ersten zehn 01 noch über Gasbeleuchtung, während die anderen bereits ab Werk elektrisches Licht erhielten. Zudem wurden die Kessel ab 01 077 mit verlängerten Rauchrohren bestückt, was eine kürzere Rauchkammer erforderlich machte. 1930 erhielten alle Loks die größeren Windleitbleche der Bauart Wagner. Ab 01 102 wurde für die Feuerbüchse Stahl anstelle von Kupfer verwendet. Außerdem wurde die Bremsanlage verstärkt und die bisher 850 mm hohen Vorlaufräder auf 1000 mm Durchmesser vergrößert, sodass die Höchstgeschwindigkeit von 120 auf 130 km/h erhöht werden konnte.

TECHNISCHE DATEN

Baureihe: 01, (ab 1968 BR 001 (DB), ab 1970 BR 01.20-22 (DR))

Verwendungszweck:	Schnellzuglokomotive
Treibraddurchmesser (mm):	2000
Erstes Baujahr:	1926
Achsfolge:	2'C1'
Spurweite (mm):	1435
Dienstgewicht (t):	108,9/111,3
Vmax (km/h):	120/130
Leistung (PSi):	2240

Durch die zügige Auslieferung dominierten die 01 schon bald den Schnellzugverkehr im gesamten Reichsgebiet. Allerdings verlief die Streckenertüchtigung auf 20 t Achslast wesentlich langsamer als erwartet, was schließlich zur Entwicklung der leichteren Baureihe 03 führte. Für die 01-Unterhaltung waren die Raw Braunschweig, Frankfurt-Nied, Meiningen, Offenburg und Stargard zuständig.

Nach dem Krieg übernahm die Deutsche Bundesbahn 165 Maschinen, die Tagesleistungen von bis zu 800 km erbrachten. Vor allem die Langläufe zwischen Aachen und Hamburg-Altona sowie Mannheim und Arnheim sind bis heute legendär. Da die DB noch lange nicht auf die hochbeinigen Renner verzichten konnte, wurden bereits 1950 fünf Exemplare (01 042, 046, 112, 154 und 192) modifiziert und mit Mischvorwärmern und Verbrennungskammer-Hinterkesseln zur Steigerung des thermischen Wirkungsgrades aufgerüstet. Außerdem stattete die DB alle 01 mit den wesentlich kleineren Witte-Windleitblechen aus und verlegte die Speisepumpen für eine verbesserte Zugänglichkeit in die seitlichen Umlaufbleche. Ab 1958 erfolgte die Neubekesselung der für 130 km/h zugelassenen 01 102 bis 232, die den vollständig geschweißten Hochleistungskessel der modernisierten 01.10 erhielten. Durch den Verzicht auf die Frontschürze und Änderungen am Zylinderblock, wurden die Umbaumaschinen optisch den DB-Neubaulokomotiven angeglichen. Ab 1957 begann die DB damit, verunfallte 01 sofort auszumustern. Ab 1959 schieden auch die ersten nicht schadhaft gewordenen Maschinen aus. Mitte der 1960er Jahre waren auch die Langläufe vor Schnellzügen Geschichte. Stattdessen übernahmen die 01 immer mehr Aufgaben ausgemusterter Länderbahnlokomotiven wie P 8 und P 10. Die Umzeichnung in Baureihe 001 erlebten 1968 lediglich 36 Altbau-01. Hinzu kamen 32 Umbaulokomotiven. Seit 1967 durften auch diese nicht mehr ohne Zustimmung der Oberbetriebsleitung hauptuntersucht werden. 1972 war der gesamte 01-Bestand auf nur noch 15 Maschinen geschrumpft, die alle dem Bw Hof zugeteilt wurden. Mit 001 131 und 180 wurden im Mai 1973 die beiden letzten Umbau-01 abgestellt. Im März 1974 wurde schließlich mit 001 111 auch die letzte DB-Altbau-01 ausgemustert.

Auf dem Gebiet der späteren DDR verblieben nach 1945 insgesamt 65 Maschinen, von denen jedoch etliche zunächst aufgearbeitet werden

TECHNISCHE DATEN

Baureihe: 01 mit Neubaukessel, (ab 1968 BR 001 (DB))

Verwendungszweck:	Schnellzuglokomotive
Treibraddurchmesser (mm):	2000
Erstes Baujahr:	1958 (Umbau)
Achsfolge:	2'C1'
Spurweite (mm):	1435
Dienstgewicht (t):	108,1/111,1
Vmax (km/h):	120/130
Leistung (PSi):	2330

TECHNISCHE DATEN

Baureihe: 01.5, (ab 1970 BR 01.15/01.05 (DR))

Verwendungszweck:	Schnellzuglokomotive
Treibraddurchmesser (mm):	2000
Erstes Baujahr:	1962 (Rekonstruktion)
Achsfolge:	2'C1'
Spurweite (mm):	1435
Dienstgewicht (t):	111
Vmax (km/h):	130
Leistung (PSi):	25000

mussten. Insgesamt 23 wurden von der Roten Armee als „Kolonnenloks“ beschlagnahmt, um damit eigene Züge zwischen Berlin und der polnisch-sowjetischen Grenzregion zu bespannen. Erst 1955 wurden diese 01 der DR wieder für allgemeine Aufgaben überlassen. 01-Beheimatungsschwerpunkte waren bis 1960 Erfurt, Magdeburg und Wittenberge. 1961 wurden einige Maschinen dem Bw Berlin Ostbahnhof zugeteilt, das gemeinsam mit dem Bw Magdeburg auch Interzonenzüge mit den nach wie vor „großohrigen“ DR-Loks beförderte. 1962 begann der Umbau von 35 Maschinen zur Baureihe 01.5, die die alten 01 in Erfurt und Wittenberge ersetzten. 1967 wurde die Baureihe 01 auch in Dresden heimisch, wo sie so klangvolle internationale Schnellzüge wie Istropolitan, Meridian und Pannonia bespannte. 1970 wurden mit Einführung der EDV-Nummern die letzten 26 Altbau-01 in Baureihe 01.20 umgezeichnet. 1974 war der Bestand bereits auf 14 gesunken. Der Plandienst zwischen Berlin und Dresden wurde im September 1977 eingestellt. Ab März 1980 teilte die DR die letzten vier 01.20 (01 2114, 2118, 2204 und 2137) dem Bw Saalfeld zu, das damit zur Auslauf-Dienststelle wurde. Im März 1981 wurde dort die letzte Planleistung erbracht. Dennoch ging die Ära der DR-01 rund 500 km weiter nördlich zu Ende. Als Dieselersatz wurde 01 2204 im November 1981 überraschend zum Bw Wismar beordert, das sie bis Mai 1982 vor Personenzügen nach Güstrow, Rostock und Stralsund einsetzte. Zu diesem Zeitpunkt waren bereits die letzten Reko-01.5 aus dem Fahrdienst ausgeschieden.

Die ab 1962 im Raw Meiningen rekonstruierten 01.5 waren ursprünglich für den Städte-Schnellverkehr gedacht, der es „Werktätigen“ ermöglichen sollte, den Ausgangsbahnhof auch bei weiter entfernt liegenden Fahrzielen noch am selben Tag wieder zu erreichen. Versuchsfahrten mit den Baureihen 01, 03 und 22 hatten gezeigt, dass nur die 01 dafür geeignet war. Da viele 01 bereits umfangreichen Verschleiß zeigten und damit ein zuverlässiger Schnellverkehr nicht gewährleistet war, entschied sich die DR zu ihrer Rekonstruktion. Wie bei der DB kamen dafür nur Lokomotiven (ab 01 102) mit großen Laufrädern und verstärkter Bremse infrage. Aufgrund der sozialistischen Mangelwirtschaftet musste jedoch vom Plan Abstand genommen werden, alle 01 zu modernisieren. So fehlte es nicht nur an den benötigten Roh- und Werkstoffen, sondern auch an geeigneten Zulieferbetrieben.

Die Rekonstruktion erstreckte sich nicht allein auf den Einbau eines neuen Kessels, sondern betraf die Modernisierung der gesamten Lok. Auffälligstes Detail war die durchgehende Domverkleidung, die den Reko-01 ein sehr dynamisches Aussehen verlieh. Auch die neuen, kleineren Windleitbleche trugen zum stimmigen Gesamtbild bei. Da sich bei acht 01 Risse an den Kuppelradsätzen gezeigt hatten, erhielten diese als einzige deutsche Lokomotiven überhaupt Boxpok-Räder. Dank Neubaukessel mit Verbrennungskammer und Mischvorwärmer, entwickelten die Reko-01 eine Leistung von 2500 PSi. Ab 1964 (01 519 bis 535) schloss die Rekonstruktion auch den Umbau auf Ölhauptfeuerung ein. Bis auf die sieben im Bw Berlin Ostbahnhof beheimateten Kohleloks, wurden später auch die restlichen Maschinen auf Ölbetrieb umgestellt. Die Kohleloks wurden daraufhin als Baureihe 01.15 umgezeichnet. Am 27. November 1977 erlitt die mit dem D 567 verkehrende 01 1516 in Bitterfeld infolge eines Kommunikationsfehlers einen Kesselzerknall, bei dem insgesamt neun Menschen starben. Es war die bisher letzte Explosion eines Dampflokkessels in Deutschland. Vier Jahre später endete die Karriere der 01.5 Im Zuge der Ölkrise 1979/80 mussten bis 1981 die letzten 01.5 aufgrund ihrer Ölhauptfeuerung abgestellt werden.

Baureihe 80 – die erste deutsche Einheitsrangierlok

Mit der ab 1927 beschafften Baureihe 80 läutete die Deutsche Reichsbahn die Rationalisierung des Rangierbetriebs in den größeren Bahnhöfen ein. Die neuen Heißdampfloks sollten die noch aus der Länderbahnzeit stammenden Nassdampfmaschinen ersetzten, die nicht selten noch mit Flachschiebern oder Allan-Steuerung ausgestattet waren.

Vor diesem Hintergrund hatte der Lokomotivausschuss schon früh die Entwicklung einer dreifachgekuppelten Rangierlok angeregt, die mit einer Höchstgeschwindigkeit von 45 km/h auch im Übergabeverkehr eingesetzt werden konnte. Um Gewicht zu sparen und ein gutes Beschleunigungsverhalten zu erzielen, erhielten die als Baureihe 80 bezeichneten Rangierloks lediglich 1100 mm große Räder, die sich bereits bei der preußischen T3 bewährt hatten. Das Lastenheft sah die Beförderung von 865 t Zuglast in der Ebene mit Höchstgeschwindigkeit vor. 385 t Zuglast sollten auf einer 10-Promille-Steigung noch mit 25 km/h bewältigt werden. Anforderungen, denen die Maschinen im harten Betriebsalltag mühelos gerecht wurden. Bis 1929 verließen insgesamt 39 Loks die Werkshallen von Hohenzollern, Jung, Union und Wolf. Beheimatungsschwerpunkte waren zunächst Köln und Leipzig. Nach dem Krieg verblieben 21 Loks im Bereich der DR, wo sie auf Halle und Leipzig konzentriert wurden. Im Westen konnten 17 von der DB übernommen werden, die allesamt in Bayern stationiert waren. Bedingt durch die verstärkte Beschaffung der Baureihe V 60, sank der Stern bei der DB jedoch schon sehr früh. Nachdem bereits 1960 mit 80 016, 028, 030 und 031 nur noch vier Maschinen in Schweinfurt im Einsatz waren, erfolgte Ende Dezember 1964 das Aus. Die DB verkaufte einige Exemplare an deutsche Werksbahnen. Während 80 032 bereits im Mai 1961 zur Ilseder Schlackenverwertung kam, gelangten gleich acht Loks zum Klöckner-Konzern, der sie auf der Georgsmarienhütte sowie den (ab 1970 zur Ruhrkohle AG gehörenden) Zechen Heinrich-Robert, Königsborn, Werne und Victor einsetzte. Als letzte betriebsfähige Dampflok der Ruhrkohle AG wurde 1977 die als D-727 bezeichnete ehemalige 80 039 der Zeche Werne abgestellt. Sie gehört heute zum Bestand der Hammer Eisenbahnfreunde. Bei der DR wurde die Baureihe ab 1961 von den dieselelektrischen Rangierloks der Baureihe V 75 verdrängt. Viele der nicht mehr benötigten Maschinen wurden daraufhin an Ausbesserungswerke weitergereicht, die sie oft noch mehrere Jahrzehnte als Werksloks einsetzten. Als letzte DR-Maschinen schieden 80 009 und 019 erst 1980 aus dem aktiven Bestand des Raw Leipzig aus.

TECHNISCHE DATEN

Baureihe:	80
Verwendungszweck:	Rangierlokomotive
Treibraddurchmesser (mm):	1100
Erstes Baujahr:	1927
Achsfolge:	C
Spurweite (mm):	1435
Dienstgewicht (t):	54,4
Vmax (km/h):	45
Leistung (PSi):	575

Baureihe 03 – die leichte 01

Durch die kritische Finanzlage Deutschlands lief die dringend erforderliche Ertüchtigung der Hauptstrecken auf 20 t Achslast nach 1924 nur sehr zögerlich an. Dies führte dazu, das Neubaumaschinen wie die Baureihe 01 in einigen Regionen nicht oder nur sehr eingeschränkt eingesetzt werden konnten. Vor allem die stark betroffenen norddeutschen Direktionen befürchteten, vom technischen Fortschritt abgehängt zu werden, weshalb sie die Entwicklung einer leichteren Alternative zur 01 forderten. Da eine solche Variante auch hinsichtlich der Wirtschaftlichkeit durchaus Sinn machte, stimmten die Reichsbahngremien der Forderung zu und gaben 1929 bei Borsig die Entwicklung der an der 01 angelehnten Baureihe 03 in Auftrag.

Während die Grundparameter von der schwereren Schwester fast 1:1 übernommen wurden, erreichte man durch einen schlankeren Kessel, einen leichteren Rahmen und kleinerer Dampfzylinder eine Gewichtsersparnis von knapp 11 t. Das reichte aus, um die Achslast auf 18 t zu reduzieren. Die erste Vorserienmaschine 03 001 wurde am 2. Juli 1930 von Borsig an die DRG übergeben. Vor dem Einsatz im regulären Betriebsdienst wurde die Lok vom Lokomotiv-Versuchsamt Grunewald ausgiebig getestet. Dabei zeigte sich, dass die 03 in weiten Bereichen der 01 ebenbürtig war. Lediglich bei der Beförderung schwerer Schnellzüge lag der Vorteil ganz klar auf Seiten der 01. Auch bei der Höchstgeschwindigkeit herrschte Gleichstand. Zwar waren auch bei der 03 die ersten 122 Maschinen nur für 120 km/h zugelassen, doch stellte sich sehr schnell heraus, dass die Maschinen auch problemlos 130 km/h laufen konnten. Somit wurde die Höchstgeschwindigkeit ab 03 123 ab Werk auf 130 km/h erhöht und bei den restlichen Maschinen entsprechend angepasst.

Für einen ruhigeren Lauf wurden ab 03 163 Laufräder mit 1000 mm statt mit 850 mm Durchmesser verwendet. Die temporär als Versuchsträger für die Entwicklung der Baureihe 05 genutzte 03 154 wurde zudem versuchsweise mit einer spitz zulaufenden Rauchkammertür, einem aerodynamisch optimierten Führerhaus und einer Triebwerksverkleidung versehen. 03 193 erhielt später sogar eine weinrote Vollverkleidung und einen Tender der Bauart 2'3 T 37 St analog zur Baureihe 05. Durch die Stromlinienverkleidung konnte die Zughakenleistung bei hohen Geschwindigkeiten um bis zu 48 Prozent gesteigert werden, was einer Mehrleistung von umgerechnet 380 PS entsprach. Später wurden auch 03 204 und 205 versuchsweise mit einer Triebwerksverkleidung ausgestattet, doch blieb eine serienmäßige Vollverkleidung den späteren Dreizylindermaschinen vorbehalten. Auch ohne aerodynamische Hilfsmittel zeichnete sich die Baureihe 03 durch einen niedrigen spezifischen Dampfverbrauch aus. Und auch der Kohleverbrauch lag mit 0,86 kg/PSih deutlich unter dem von P 8 (0,96 kg/PSih) und 01 (0,93 kg/PSih).

Bis 1937 stellte die Reichsbahn 298 Maschinen in Dienst. Nach Kriegsende verblieben 150 in Westdeutschland, 86 in Ostdeutschland, 36 in Polen, eine in Österreich und mutmaßlich 29 in der UdSSR. Bis 1959 waren bei der

DB mit 03 005 bis 122, 127 bis 160 und 164 bis 296 noch 145 Loks aktiv. Bei der EDV-gerechten Umzeichnung in Baureihe 003 waren es nur noch 45, die sich auf die Dienststellen Braunschweig, Bremen, Hamburg-Altona, Husum, Mönchengladbach und Ulm verteilten. 1971 wurde Ulm zum Auslauf-Bw, das ein Jahr später mit 003 088, 131 und 268 die drei letzten DB-03 ausmusterte.

Bei der DR gab es Mitte der 1950er Jahre noch 78 betriebsfähige Maschinen, die wegen des akuten Triebfahrzeugmangels zumeist in einem Dienstplan mit der Baureihe 01 eingesetzt wurden. Dies hatte zur Folge, dass die 03 viel zu häufig bis an ihre Leistungsgrenze gefahren werden mussten, was sie mit einem übermäßig hohen Verschleiß quittierten. Ab 1960 erhielten sie im Rahmen einer Ausbesserung Mischvorwärmer und geschweißte Hinterkessel. Nach dem Aus für die Baureihe 22 rüstete man zudem von 1969 bis 1975 insgesamt 52 Stück mit den nur wenige Jahre alten Verbrennungskammerkesseln Typ 39 E aus. Einige Reko-03 erhielten auch fabrikneue Kessel der gleichen Bauart. Im Gegensatz zu den meisten anderen DR-Rekoloks, verzichtete die DR bei den 03 auf die Vergabe Reko-spezifischer Unternummern. Auch wurden die modernisierten 03 nicht als Rekolokomotiven bezeichnet, vermutlich, weil das offizielle Rekonstruktionsprogramm bereits Jahre zuvor beendet worden war.

Die Umzeichnung in Baureihe 03.2 erreichte 1970 bis auf 03 001 (Traditionslok) und 03 070 (Schaden) der gesamte 03-Bestand. Zu den Beheimatungsschwerpunkten gehörten Berlin, Frankfurt/Oder, Halle, Leipzig und Lutherstadt Wittenberg. Noch 1976 versahen die hochbeinigen Schnellzuglokomotiven hier zahllose Einsätze im hochwertigen Reisezugverkehr. Allein im Bw Berlin Ostbahnhof waren zu diesem Zeitpunkt noch 10 Maschinen vorhanden. Mit der Auslieferung neuer Diesellokomotiven verloren die 03.2 allerdings immer mehr Planleistungen. Im Mai 1979 endete der Planeinsatz zwischen Berlin und Leipzig. Noch im gleichen Jahr wurden im Bw Lutherstadt Wittenberg die letzten 03.2 der DR außer Dienst gestellt.

TECHNISCHE DATEN

Baureihe: 03 (ab 1968 DB-003, ab 1970 DR-03.20-22)

Verwendungszweck:	Schnellzuglokomotive
Treibraddurchmesser (mm):	2000
Erstes Baujahr:	1930
Achsfolge:	2'C1'
Spurweite (mm):	1435
Dienstgewicht (t):	100,3
Vmax (km/h):	130
Leistung (PSi):	1980

TECHNISCHE DATEN

Baureihe: 03 mit Neubaukessel, (ab 1970 BR 03.2 (DR))

Verwendungszweck:	Schnellzuglokomotive
Treibraddurchmesser (mm):	2000
Erstes Baujahr:	1969 (Rekonstruktion)
Achsfolge:	2'C1'
Spurweite (mm):	1435
Dienstgewicht (t):	101,4
Vmax (km/h):	130
Leistung (PSi):	2100

Lok 99 222 – die letzte meterspurige Einheitslok Deutschlands

Das Einheitslokomotivprogramm der Deutschen Reichsbahn umfasste insgesamt drei Schmalspurbaureihen, mit denen die in die Jahre gekommenen Länderbahnmaschinen abgelöst werden sollten. 1928 lieferte Hartmann mit der Baureihe 99.73 die erste für 750 mm konstruierte Ausführung, die zusammen mit der Regelspur-Baureihe 81, die Grundlage für die Entwicklung der meterspurigen 99.22 bildete. Damit diese auf allen DRG-Meterspurstrecken uneingeschränkt einsetzbar war, wurde sie mit einer indizierten Leistung von 700 PS vergleichsweise üppig motorisiert. 1930/31 lieferte die Berliner Maschinenbau-AG drei Baumusterlokomotiven, die bei der DRG als 99 221 bis 223 eingereiht wurden. Alle drei Maschinen wurden der Schmalspurbahn Eisfeld – Schönbrunn zugeteilt, die bereits 1895 als ehemalige Lokalbahn des Herzogtums Sachsen-Meiningen in preußischen Besitz übergegangen war.

Obwohl sich die Maschinen sehr gut bewährten, konnte sich die DRG nicht zu einem Folgeauftrag durchringen, sodass die 99.22 nicht über den Status einer Splittergattung hinauskamen. 1944 gelangten 99 221 und 223 kriegsbedingt nach Norwegen, von wo sie nicht wieder zurückkehren sollten. Die damit zum Einzelstück gewordene 99 222 verblieb dagegen auf ihrer Stammstrecke und diente später in der DDR als Musterlokomotive für die Entwicklung der ab 1954 gebauten Neubaumaschinen der Baureihe 99.23–24.

Im August 1966 wurde 99 222 nach Wernigerode umgesetzt. Ein Einsatz im Plandienst scheiterte jedoch zunächst an der fehlenden Hardy-Saugluftbremse. Erst nach deren Zurüstung im April 1967, übernahm die Lok erste Personen- und Güterzugleistungen auf der Harzquerbahn. 1970 erhielt sie die neue EDV-Nummer 99 7222. Im Januar 1974 erfolgte der Einbau des von den Neubaulokomotiven bekannten Mischvorwärmers, der den bisher verbauten Oberflächenvorwärmer ersetzte. Vom Umbau auf Ölhauptfeuerung blieb 99 7222 dagegen verschont. Im Januar 1987 wechselte die Maschine schließlich zur Einsatzstelle Gernrode, wo sie allerdings bereits elf Monate später wegen Rissen an den Dampfzylindern abgestellt werden musste. Nach einem kurzen Intermezzo als Heizlokomotive in Wernigerode-Westerntor, kehrte die letzte meterspurige Einheitslok im April 1991 auf die Harzquerbahn zurück. Am 1. Juli 1992 bespannte sie den ersten Personenzug auf der wiedereröffneten Brockenbahn. 1993 ging die Lok in den Bestand der neugegründeten Harzer Schmalspurbahnen GmbH (HSB) über. Am 21. August 1994 wurde sie bei einem Zusammenstoß mit 199 892 erheblich beschädigt. Nach der umfangreichen Instandsetzung in Meiningen, bei dem unter anderem der hintere Kesselschuss und der Tender komplett erneuert werden mussten, konnte sie im März 1995 wieder angeheizt werden. Für das Jubiläum „100 Jahre Harzquer- und Brockenbahn“ versetzte man die beim Personal äußerst beliebte Lok schließlich 1999 wieder annähernd in den Ursprungszustand. Als betriebsfähige Museumslokomotive der HSB hält sie seitdem die Erinnerung an ein fast vergessenes Kapitel deutscher Lokomotivbaugeschichte wach.

TECHNISCHE DATEN

Baureihe:	99.22 (ab 1970 DR-99.722, ab 1992 DB-099.14)
Verwendungszweck:	Schmalspurlokomotive
Treibraddurchmesser (mm):	1000
Erstes Baujahr:	1931
Achsfolge:	1'E1'
Spurweite (mm):	1000
Dienstgewicht (t):	65,8
Vmax (km/h):	40
Leistung (PSi):	700

Baureihe 05 – die schnellste Dampflok der Welt

Mit der zunehmenden Konkurrenz durch Auto und Luftfahrt, rückte die Erhöhung der Reisegeschwindigkeit auf der Schiene immer stärker in den Fokus der Bahnindustrie. Zwar gab es schon zu Beginn des 20. Jahrhunderts erfolgreiche Schnellfahrversuche in Preußen und Bayern, doch fehlte diesen der praktische Nutzen. Aus diesem Grund regte die Deutsche Lokomotivbau-Vereinigung (DLV) 1931 in einem Schreiben an die Deutsche Reichsbahn-Gesellschaft (DRG) die Entwicklung einer 150 km/h schnellen Dampflokomotive an, für die sie dem verbandseigenen Vereinheitlichungsbüro bereits den Auftrag für einen Vorentwurf erteilt hatte. Die DRG teilte daraufhin mit, dass man dieses Vorhaben zwar mit Interesse verfolgen wolle, aber für den Alltagsbetrieb keinen Bedarf für eine derart schnelle Maschine sehen würde. Allerdings räumte sie der Entwicklung einer einzelnen Schnellfahrlok gute Chancen ein, sofern diese in der Lage sein würde, einen 250 t schweren Zug in der Ebene mit 150 km/h zu befördern und eine Höchstgeschwindigkeit von 175 km/h als Fahrplanreserve garantieren zu können. Die Lok sollte vorrangig der Erprobung neuer Reisezugwagen dienen und auch vor regulären FD-Zügen einsetzbar sein. Ihre Entwicklung sollte jedoch nicht durch das DLV-Vereinheitlichungsbüro, sondern im Wettbewerb zwischen den Lokomotivherstellern erfolgen. Sowohl diese, als auch das Vereinheitlichungsbüro, legten daraufhin verschiedene Entwürfe vor, die vom konventionellen Kolbenantrieb bis hin zur Dampfturbine reichten.

Den Zuschlag für den Bau einer zwei Schnellfahrlokomotiven umfassenden Kleinserie erhielt die Borsig Lokomotiv-Werke GmbH Hennigsdorf. Für ihre Entwicklung zeichnete sich Borsig-Chefkonstrukteur Adolf Wolff verantwortlich, der auch die Notwendigkeit einer Stromlinienverkleidung erkannte und eine solche im Windkanal anhand von Holzmodellen erproben ließ. Für einen Praxistest erhielt wenig später 03 154 versuchsweise eine Teilverkleidung. Dabei zeigte sich, dass bereits diese einen Leistungszuwachs von knapp 220 PS bei 140 km/h bewirkte, was später durch die Anbringung einer Vollkleidung bei 03 193 auf 380 PS gesteigert werden konnte. Folglich erhielten auch die als Baureihe 05 bezeichneten 2'C2'h3-Schnellfahrlokomotiven eine vollflächige Stromlinenverkleidung, die fast bis zur Schienenoberkante herunter reichte. Die sehr futuristisch wirkende Optik wurde noch durch eine weinrote Glanzlackierung verstärkt. Alle Bauteile, die regelmäßig gewartet werden mussten, waren durch Klappen und Rollläden zugänglich. Da auch der Tender stromlinienförmig verkleidet und das Bunkern nur durch das Öffnen von Abdeckplatten möglich war, wurde zur Erleichterung der Heizertätigkeit eine druckluftbetätigte Kohlenvorschubvorrichtung eingebaut.

Die erste Lok 05 001 wurde am 8. März 1935 offiziell in Dienst gestellt. Ihre Übergabe an die DRG fand in der Presse eine enorme Aufmerksamkeit, zumal ihre Leistungsdaten und ihr progressives Design perfekt in das hegemonialgeprägte deutsche Weltbild passten. Die nur wenig später aufgenommenen Versuchsfahrten des Lokomotiv-Versuchsamtes Grunewald zeigten bereits eine hohe Produktreife, sodass nur wenige Nachbesserungen vorgenommen werden mussten. Vor allem die hervorragenden Laufeigenschaften und die enorm standfeste Bremsanlage wussten zu überzeugen, sodass die Tester die Höchstgeschwindigkeit von 175 km/h nicht nur mühelos erreichten, sondern den Zug auch innerhalb der vorgegebenen 1200 m problemlos zum Halten brachten. Auch erste Fahrten mit 185 km/h verliefen ohne Schwierigkeiten. Als infolge der vielen Bremstests ein Radreifen wegen zu großer Wärmeentwicklung beschädigt wurde, mussten die Testfahrten mit der Schwesterlok 05 002 weitergeführt werden. 05 001 wurde nach ihrer Reparatur nach Nürnberg überführt und bis zum 13. Oktober 1935 auf der Ausstellung „100 Jahre Deutsche Eisenbahn" präsentiert. Sie nahm auch an der großen Fahrzeugparade am 8. Dezember 1935 teil. Nach weiteren Test- und Präsentationsfahrten kam die Lok im Mai 1936 zum Bw Hamburg-Altona, das sie fortan vor planmäßigen FD-Zügen nach Berlin einsetzte.

05 002 war bereits am 17. Mai 1935 dem Lokomotiv-Versuchsamt Grunewald übergeben worden. Auch sie spulte ein umfangreiches Testprogramm ab, das allerdings mehrfach durch Ausstellungen und Vorführfahrten unterbrochen werden musste. Als quasi „letzten Paukenschlag" vor Beendigung der einjährigen Testphase, setzte die DRG für den 11. Mai 1936 eine Schnellfahrt von Hamburg nach Berlin-Spandau an, bei der die Maschine ihr maximales Potential abrufen sollte. Unter den Augen des im Messzug mitfahrenden DRG-Generaldirektors Julius Dorpmüller, erreichte 05 002 zwischen Friesack und Vietznitz mit 200,4 km/h einen neuen Weltrekord für Dampflokomotiven. Anschließend wurde auch sie als Planlok dem Bw Hamburg-Altona zugeteilt und im FD-Zugdienst eingesetzt.

Weit weniger erfolgreich verlief dagegen der Werdegang der 1937 gebauten 05 003. Nachdem bereits vor Ablieferung von 05 001 und 002 darüber spekuliert worden war, dass bei 175 km/h die Streckenbeobachtung aus einem hinten angeordneten Führerstand nicht mehr uneingeschränkt möglich ist, gab die DRG bei Borsig den Bau einer dritten Versuchslok mit Frontführerstand in Auftrag. Da Lokführer und Heizer nicht räumlich getrennt werden sollten, entschied sich Konstrukteur Adolf Wolf für eine Drehung der Lok, sodass der Tender hinter die Rauchkammer rückte. Die Lok lief damit in der Hauptfahrrichtung rückwärts. Das schloss allerdings eine normale Kohlebefeuerung technisch aus. Da das NS-Regime wegen ihrer restriktiven Rohstoffpolitik keine Ölhauptfeuerung zuließ, kam nur der Einbau einer Kohlenstaubfeuerung infrage. Der mittels einer Dampfturbine eingeblasene Kohlenstaub wurde in einer 1500 mm langen Brennkammer verfeuert, womit 05 003 die erste deutsche Lok mit einer Verbrennungskammer war.

TECHNISCHE DATEN

Baureihe:	05 001 und 002	05 003
Verwendungszweck:	Schnellzuglokomotive	
Treibraddurchmesser (mm):	2300	2300
Erstes Baujahr:	1935	1937
Achsfolge:	2'C2'	2'C2'
Spurweite (mm):	1435	1435
Dienstgewicht (t):	129,5	129,5
Vmax (km/h):	175	175
Leistung (PSi):	3400	3475

Bereits die ersten im Oktober und November 1937 zwischen Berlin und Hamburg durchgeführten Versuchsfahrten endeten wenig zufriedenstellend. Da für die Tests nicht genügend Steinkohlenstaub beschafft werden konnte, wurde zunächst Braunkohlenstaub verwendet. Dieses sorgte jedoch für eine um 40 Prozent niedrigere Leistung, weshalb viele Schnellfahrten nicht das gewünschte Ergebnis brachten. Dafür gab es jedoch keine Probleme mit der Verbrennung, die sauber und rückstandsarm arbeitete. Das sollte sich allerdings mit dem Einsatz von Steinkohlenstaub dramatisch ändern. Die Feuerung litt plötzlich unter Luftmangel, entmischte sich und der Kohlenstaub fiel unverbrannt aus den Brennern. Da auch bauliche Veränderungen keine Abhilfe brachten, mussten die Versuchsfahrten schließlich eingestellt werden. 1939 gab die Reichsbahn die Lok an den Hersteller zurück. Doch auch ihm gelang es nicht, die Problematik in den Griff zu bekommen. 1944 wurde 05 003 daher technisch gedreht und auf normale Steinkohlefeuerung umgerüstet. Die Lok wurde anschließend ohne Stromlinienverkleidung dem Bw Hamburg-Altona zugeteilt und mit einem Tarnanstrich versehen.

Alle drei Schnellfahrlokomotiven kamen zur DB, die sie 1950 bei Krauss-Maffei einer Hauptuntersuchung unterziehen ließ. Dabei wurde auch bei 05 001 und 002 die Stromlinienverkleidung dauerhaft entfernt. Anschließend wurden die Loks bis zu ihrer Ausmusterung im Juli 1958 vom Bw Hamm im FD-Zugdienst eingesetzt, wo sie unter anderem die Zugpaare „Hanseat" und „Domspatz" bespannten. 05 001 wurde anschließend ins AW Weiden überführt, wo sie für ihren 1963 erfolgten Umzug ins Nürnberger Verkehrsmuseum aufgearbeitet und wieder mit einer halbseitigen Stromlinienverkleidung versehen wurde. Die beiden anderen Maschinen wurden 1960 verschrottet.

Baureihe 61 – Die Henschel-Wegmann-Lok

Da sich mit den erfolgreichen Testfahren des dieselelektrischen „Fliegenden Hamburger“ VT 877 das Ende der Vorherrschaft der Dampflokomotive im Schnellzugverkehr abzeichnete, legte Henschel der Deutschen Reichsbahn-Gesellschaft im April 1933 den Vorentwurf einer stromlinienverkleideten 2'B1'-Tenderlok mit einem zweizylindrigen Innentriebwerk vor. Die ebenfalls in Kassel ansässige Waggonbaufabrik Wegmann entwarf den dazu passenden Doppelwagen. Um den Luftwiderstand möglichst gering zu halten, sollte der gesamte Zug stromlinienförmig verkleidet werden. Da Henschel einen starken Rückgang der Dampflokbestellungen befürchtete, verwies das Unternehmen auf die größere Wirtschaftlichkeit des Stromlinienzuges gegenüber dem Dieselantrieb, die mit rund 6 Prozent pro Kilometer beziffert wurde. Für das NS-Regime war dagegen die Unabhängigkeit vom ausländischen Rohöl das ausschlaggebende Argument, weshalb der Generaldirektor der Deutschen Reichsbahn-Gesellschaft, Julius Dorpmüller, dem Projekt zustimmte. Als am 10. Januar 1934 der zuständige Lokreferent Friedrich Fuchs die Vertreter von Henschel und Wegmann empfing, forderte dieser allerdings vier vierachsige Wagen anstelle des Zweiwagenzuges. Dies machte eine stärkere Zuglok erforderlich, sodass Henschel die Projektstudie in eine 2'C2'-Tenderlokomotive abänderte. Am 28. August 1935 erteilte die Reichsbahn den Auftrag zum Bau des sogenannten „Henschel-Wegmann-Zuges“.

Entgegen dem ursprünglichen Plan, den gesamten Zug inklusive Lok auf Gleisdreiecken zu drehen, sah der endgültige Entwurf ein Umlaufen der Lok an den Endbahnhöfen vor. Allerdings sollte die Lok nicht auf einer Drehscheibe gedreht werden müssen, weshalb sie vorwärts und rückwärts gleich schnell sein musste. Für einen schnellen Kupplungsvorgang hielt man an den bereits im Vorentwurf berücksichtigten Mittelpufferkupplungen der Bauart Scharfenberg fest.

Im Mai 1935 übergab Henschel die 61 001 an die DRG. Anfang 1936 führte das Lokomotiv-Versuchsamt Grunewald umfangreiche Testfahrten durch, bei denen die Lok eine Höchstgeschwindigkeit von 185 km/h erreichte. Während der Kessel den enormen Anforderungen gewachsen schien, erwiesen sich die Laufeigenschaften bei der angestrebten Reisegeschwindigkeit von 160 km/h als durchaus verbesserungswürdig. Die Prüfer regten deshalb an, eine zweite Lok mit einem Drillingstriebwerk zu bauen. Obwohl Henschel bereits im Oktober 1936 den Auftrag zur Lieferung der 61 002 erhalten hatte, konnte diese erst im Juni 1939 an die Reichsbahn übergeben werden. Für die Unterbringung des Drillingstriebwerks waren Kessel und Führerhaus sichtbar nach hinten gerückt, was der Lok ein etwas eleganteres Aussehen gab. Um mehr Wasser und Kohle bunkern zu können, erhielt das hintere Drehgestell eine zusätzliche dritte Achse. Zu einem Einsatz im Plandienst sollte es allerdings nicht mehr kommen, da der Zeitraum zwischen dem Abschluss der Testfahrten und dem Ausbruch des Zweiten Weltkrieges zu kurz war.

61 001 hatte dagegen bereits seit dem Sommerfahrplan 1936 mit dem Henschel-Wegmann-Zug die Strecke Berlin – Dresden mit zwei Zugpaaren täglich bedient. Da sie sich als wenig zuverlässig erwies, wurden ihr mit 01 184 und 185 gleich zwei Ersatzlokomotiven zur Seite gestellt. Die Fahrzeit von 95 Minuten zwischen Berlin Anhalter Bahnhof und Dresden-Neustadt verlängerten sich beim Einsatz der 01 um etwa vier Minuten, die im Winterfahrplan 1936/37 von vornherein berücksichtigt wurden. Mit dem kriegsbedingten Aus für den Schnellverkehr diente der Henschel-Wegmann-Zug als Lazarettzug, während 61 001 und 002 untergeordnete Dienste ab Dresden übernahmen. 61 001 gelangte nach dem Krieg zum Bw Hannover Ost, wo man sie 1948 für den Triebwagen-Ersatzverkehr zwischen Münster und Altenbeken nach Bielefeld umbeheimatete. Nach einem Unfall im November 1951 in Münster wurde die Lok abgestellt und am 14. November 1952 ausgemustert. Ihre Verschrottung erfolgte 1957.

61 002 hatte den Zweiten Weltkrieg im Bw Dresden-Altstadt überdauert. Die beim Personal wenig beliebte Maschine lief hier vorwiegend vor Personenzügen auf der Elbtalbahn. 1950 wurde sie an das Bw Berlin-Lichtenberg Ost abgegeben und im Schnellzugdienst zwischen Berlin und Leipzig eingesetzt. Ihre hohe Schadenanfälligkeit führte jedoch bereits zwei Jahre später zur Rückstufung in den Vorortverkehr, bevor sie 1958 zur Fahrzeug-Versuchsanstalt (FVA) Halle kam und dort zwei Jahre später zur Schnellfahrlok 18 201 umgebaut wurde.

TECHNISCHE DATEN

Baureihe:	61 001	61 002
Verwendungszweck:	Schnellfahrlokomotive	
Treibraddurchmesser (mm):	2300	2300
Erstes Baujahr:	1936	1939
Achsfolge:	2'C2'	2'C2'
Spurweite (mm):	1435	1435
Dienstgewicht (t):	129,1	146,3
Vmax (km/h):	175	175
Leistung (PSi):	1455	1455

Baureihe 45 – Deutschlands stärkste Dampflok

Die stetig steigenden Zuglasten im Güterverkehr ließen zu Beginn der 1930er Jahre den Ruf nach einer leistungsmäßig über der Baureihe 44 angesiedelten Maschine laut werden. Vor allem die Reichsbahndirektion Karlsruhe wünschte sich für ihre topografisch anspruchsvollen Strecken eine Lokomotive, die 1200 t in der Ebene mit 80 km/h und 1000 t auf einer Steigung von 5 Promille mit 60 km/h befördern konnte. Zur Kostensenkung sollten zudem wichtige Baugruppen von den in der Serienfertigung befindlichen Baureihen 06 und 41 Verwendung finden. An der Ausschreibung beteiligten sich Henschel, Krupp und BMAG. Den Zuschlag erhielt 1934 die Kasseler Lokomotivfabrik, für deren Entwurf einer 1'E1'h3-Dreizylindermaschine sich vor allem das Reichsbahn-Zentralamt für Maschinenbau ausgesprochen hatte.

Die beiden Vorserienmaschinen 45 001 und 002 lieferte Henschel im November 1936 bzw. Juni 1937 ab. Beide Lokomotiven wurden dem Bw Offenburg zugeteilt. Eine geplante Großserie von 130 Maschinen wurde jedoch storniert. Hintergrund war der ins Stocken geratene Ausbau der Hauptstrecken für 20 t Achsdruck, der für den Einsatz der Baureihe 45 unabdingbar gewesen wäre. Somit blieb es bei einer Kleinserie von 26 Serienmaschinen, die 1940 (45 003 bis 005) und 1941 (45 006 bis 028) in Dienst gestellt wurden. Mit ihren knapp 2800 PSi bei 60 km/h waren die bulligen E-Kuppler die stärksten deutschen Dampflokomotiven. Im direkten Vergleich mit der Baureihe 44 ergab sich ein Leistungsvorteil am Zughaken von 680 PS. Für die Beförderung schwerer Züge im Gebirge waren die Loks zusätzlich mit einer Riggenbach-Gegendruckbremse ausgestattet, die bei längeren Talfahrten die Standardbremse entlasten sollte.

Sämtliche Serienmaschinen wurden dem Bw Würzburg zugeteilt, das sie zumeist vor schweren Durchgangsgüterzügen auf den steigungsreichen Strecken nach Treuchtlingen und Nürnberg einsetzte. Später gelangten auch die beiden Vorserienloks in die fränkische Residenzstadt. Aufgrund ihrer Höchstgeschwindigkeit von 90 km/h war die Baureihe 45 auch im Schnell- und Eilzugdienst anzutreffen.

Wenig beliebt war die Baureihe beim Heizpersonal. Da die Reichsbahn aus Kostengründen auf die von Henschel empfohlene automatische Rostbeschickung verzichtet hatte, gestaltete sich der Kohlehunger der Maschinen für die Männer an der Schaufel zur Schwerstarbeit. Obwohl die Loks eigentlich planmäßig mit zwei Heizern besetzt werden sollten, sah die Realität kriegsbedingt meist nur einen Heizer vor.

Bei Kriegsende waren nur noch drei Maschinen betriebsfähig. Die anderen standen mit schadhaft gewordenen Kesseln oder Kriegsschäden in den westlichen Besatzungszonen verteilt auf dem Abstellgleis. Lediglich 45 024 verblieb mit Kriegsschäden in der sowjetischen Zone und wurde 1951 in eine Hochdruckversuchslok der Bauart La Mont umgebaut.

Die Kesselschäden machten eine Reduzierung des Kesselüberdrucks von 20 auf 16 bar erforderlich. Ab 1950 rüstete die DB mehrere Maschinen um. 45 010, 45 016, 45 019, 45 021 und 45 023 wurden mit geschweißten Kesseln und Stoker-Rostbeschickung versehen. 45 008, 009, 012, 014 und 022 bekamen dagegen nur einen neuen Stehkessel. Dennoch wurden 1954/55 alle Lokomotiven abgestellt. Nachdem schon ab 1949 einige nicht modernisierte Maschinen als Bremslokomotiven bei den Versuchsämtern in München und Minden Verwendung fanden, wurden diese bis 1958 durch die modernisierten Lokomotiven ersetzt. 1968 führte die DB noch drei Maschinen in ihren Reihen. Diese wurden in Baureihe 045 umnummeriert und weiterhin als Brems- und Versuchslokomotiven in München (045 023) und Minden (045 010, 045 019) eingesetzt. Die beiden Mindener Maschinen wurden bis zuletzt auch vor planmäßigen Güterzügen verwendet, wo sie immer wieder eindrucksvoll ihre Mehrleistung gegenüber der Baureihe 44 unter Beweis stellen konnten. Als letzte Maschine wurde 45 010 im Jahre 1969 ausgemustert. Sie gehört heute als einziges erhaltenes Exemplar ihrer Baureihe zum Bestand des DB-Museums.

TECHNISCHE DATEN

Baureihe:	45, (ab 1968 BR 045 (DB))
Verwendungszweck:	Güterzuglokomotive
Treibraddurchmesser (mm):	1600
Erstes Baujahr:	1936
Achsfolge:	1'E1'
Spurweite (mm):	1435
Dienstgewicht (t):	125,5
Vmax (km/h):	90
Leistung (PSi):	2800

Baureihe 52 – die meistgebaute deutsche Dampflok

Die allgemein als „Kriegslok" bezeichnete Baureihe 52 gehört zu den bekanntesten deutschen Eisenbahnfahrzeugen. Mit über 7000 Exemplaren ist sie zudem die meistgebaute deutsche Dampflokomotive. Sie entstand ab 1942 als konstruktiv vereinfachte Version der Baureihe 50, um für den Kriegseinsatz innerhalb kürzester Zeit eine große Anzahl an leistungsfähigen und zuverlässigen Maschinen für die Truppenversorgung zur Verfügung zu haben. Bei ihrer Entwicklung verzichteten die Konstrukteure auf alle für den Kriegseinsatz nicht unbedingt notwendig erachteten Bauteile, wobei sie eine maximale Betriebszeit von zehn Jahren zugrunde legten. Statt wie bei den Einheitsloks der Baureihe 50 rund 6000 Einzelteile, bestand die Baureihe 52 aus lediglich 5000 Teilen. Mangelrohstoffe wie Buntmetalle wurden weitgehend durch Stahl ersetzt. Für den Wintereinsatz im hohen Norden und an der Ostfront, erhielten die Maschinen doppelwandige, nach hinten geschlossene Führerhäuser.

Nach dem Krieg verblieben 2760 Stück im Bereich von DB und DR. Hinzu kamen 360 Nachbaulokomotiven. Auch im Ausland leisteten die genügsamen und äußerst zuverlässigen Maschinen als Beuteloks oder Reparationsleistungen einen wichtigen Beitrag zum Wiederaufbau der Friedenswirtschaft. In Belgien, Bulgarien, ČSSR, Frankreich, Jugoslawien, Norwegen, Österreich, Polen, Türkei und UdSSR wurden sie über viele Jahre hinweg im mittelschweren Güter- und Personenzugdienst eingesetzt. Als letzte schieden sie 1990 in der Türkei aus dem Plandienst aus, womit die ursprünglich prognostizierte Lebenserwartung um fast 40 Jahre übertroffen wurde.

TECHNISCHE DATEN

Baureihe:	52 (Kriegslok)
Verwendungszweck:	Güterzuglokomotive
Treibraddurchmesser (mm):	1400
Erstes Baujahr:	1942
Achsfolge:	1'E h2
Spurweite (mm):	1435
Dienstgewicht (t):	84
Vmax (km/h):	80
Leistung (PSi):	1620

Baureihe 23 – die erste und die letzte Neubaudampflok der DB

Bereits 1937 hatte die DRG die Notwendigkeit erkannt, die noch aus der Länderbahnzeit stammenden Personenzuglokomotiven mit Schlepptender zu ersetzen. Ein Entwurf der Berliner Maschinenbau-AG (BMAG) fand jedoch keine Berücksichtigung, sodass 1941 die beiden Vorserienmaschinen 23 001 und 002 nach den Plänen des DLV-Vereinheitlichungsbüros entwickelt wurden. Nach dem Krieg hielt auch die Deutsche Bundesbahn daran fest, möglichst viele Altbaumaschinen auszumustern. Unter der Leitung des für die Lokomotivbeschaffung verantwortlichen Lokbaudezernenten Friedrich Witte, entwickelte man einen Musterkatalog für die Beschaffung von Neubaudampflokomotiven. Witte hatte bereits in seiner Reichsbahnzeit den Entwurf der BMAG favorisiert, sich aber nicht gegen seinen Vorgesetzten Richard Paul Wagner durchsetzen können. Somit lag es auf der Hand, die als Ersatz für die preußische P 8 vorgesehene DB-Baureihe 23 nach den Plänen der BMAG zu konstruieren. Diese sahen eine 1'C1'-Lok mit Verbrennungskammerkessel vor, auf den man bei der Reichsbahn verzichtet hatte. Von 1950 bis 1959 wurden insgesamt 105 Exemplare von Henschel, Jung, Krupp und Esslingen gebaut. Sie waren damit die ersten und die letzten von der DB in Dienst gestellten Neubaudampflokomotiven. Die Maschinen waren nicht nur universell im mittelschweren Personen- und leichten Schnellzugdienst einsetzbar, sondern überzeugten auch durch eine hohe Zuverlässigkeit und einen niedrigen Kohleverbrauch. Dank ihrer 1785 PS Leistung konnten sie einen 600 t schweren Zug in der Ebene mit 110 km/h und auf einer 10-Promille-Rampe noch mit 44 km/h befördern. Die gemessene Zughakenleistung war sogar doppelt so hoch wie bei der preußischen P 8. Mit der Einführung der EDV-Nummern wurden die Loks ab 1968 als Baureihe 023 geführt. Zur gleichen Zeit sorgte der Traktionswandel für einen immer stärkeren Rückgang der Zugleistungen. Letzte Einsatzschwerpunkte waren Crailsheim, Saarbrücken und Kaiserslautern. Als letzte Maschine schied 023 058-1 am 27. September 1975 aus dem aktiven Dienst aus. Damit hatte die Baureihe 23 die preußische P 8 gerade einmal um drei Jahre überlebt.

TECHNISCHE DATEN

Baureihe:	23, (ab 1968 BR 023 (DB))
Verwendungszweck:	Personenzuglokomotive
Treibraddurchmesser (mm):	1750
Erstes Baujahr:	1950
Achsfolge:	2'C1'
Spurweite (mm):	1435
Dienstgewicht (t):	82,8
Vmax (km/h):	110
Leistung (PSi):	1785

Baureihe 65.10 – die erste Neubaulok der DDR

Zur Erhöhung der Taktdichte im Pendlerverkehr beschaffte die Deutsche Reichsbahn Anfang der 1950er Jahre mit der Baureihe 65.10 die seinerzeit fortschrittlichste Tenderlokomotive in Deutschland. Sie war zugleich die erste Neubaudampflokomotive der DDR. Ein vollständig geschweißter Hochleistungskessel, Mischvorwärmer und ein großer Betriebsmittelvorrat wiesen sämtliche Merkmale des modernen Lokomotivbaus auf. Im Jahr 1954 lieferte LEW Hennigsdorf die erste Vorserienmaschine an die DR, der bis 1957 weitere 87 Maschinen folgten. Sieben Exemplare gingen zudem an die Werksbahn des VEB Leuna-Werke Walter Ulbricht. 1967 erhielten alle Maschinen zur besseren Feueranfachung einen Giesl-Flachschornstein. Darüber hinaus wurden einige Loks mit einer Wendezugsteuerung nachgerüstet. Einsatzschwerpunkt war der Berufs- und Pendlerverkehr in den großen Städten. Die Baureihe bewährte sich so gut, sodass sie erst 1982 aus dem Plandienst ausschied.

TECHNISCHE DATEN

Baureihe:	65.10 (ab 1970 DR-65.1)
Verwendungszweck:	Personenzuglokomotive
Treibraddurchmesser (mm):	1600
Erstes Baujahr:	1954
Achsfolge:	1'D2'
Spurweite (mm):	1435
Dienstgewicht (t):	121,7
Vmax (km/h):	90
Leistung (PSi):	1500

Baureihe 10 – die letzte ihrer Art

Die in nur zwei Exemplaren gebaute Baureihe 10 war der Abschluss des Schnellzugdampflokomotivbaus in Westdeutschland. Ihrer Entwicklung gingen bereits ab 1949 heftige Diskussionen voraus, ob das Neubaudampflokprogramm der DB überhaupt noch eine derartige Bauart beinhalten sollte. Für ihre Befürworter stand jedoch fest, dass man im Schnellzugdienst noch lange nicht auf die Dampftraktion verzichten kann und daher dringend Ersatz für die in die Jahre gekommenen Baureihen 01, 03, 18.5 und 39 beschaffen müsste. Ihre Kritiker wiesen dagegen auf die enormen Fortschritte im Diesellokomotivbau hin, dem ihrer Ansicht nach sehr bald die Zukunft des Schnellzugdienstes gehören würde. Da keine Einigung zu erzielten war, wurde das Projekt von Jahr zu Jahr verschoben. Als die Planungen 1955 endlich in einen Entwicklungsauftrag mündeten, war die Dampftraktion bereits technisch überholt. Längst war die Elektrifizierung der Hauptstrecken beschlossen und mit der Baureihe V 200 eine in allen Belangen der Dampflokomotive überlegene Schnellzugmaschine mit Verbrennungsmotor in Dienst gestellt worden. Somit beließ es die DB bei der Bestellung von lediglich zwei Probelokomotiven, die zudem den Nachteil hatten, dass sie wegen ihres enorm hohen Achsdrucks von 22 t nur auf wenigen Strecken eingesetzt werden konnten.

Die beiden von Krupp gefertigten Baumusterlokomotiven wurden 1957 abgeliefert und als Baureihe 10 001 und 002 eingereiht. Beide Maschinen verfügten über eine kegelförmig zulaufende Rauchkammertür und eine Art Stromlinienverkleidung, die den Luftwiderstand minimieren und die Zylindergruppen vor zu starker Abkühlung und Verschmutzung schützen sollte. Der vollständig geschweißte Kessel entsprach weitgehend dem Neubaukessel der Baureihe 01.10. Gekuppelt waren beide Neubauloks mit dem eigens für die Baureihe entwickelten Tender 2'2' T40. Beide Maschinen erhielten eine unterschiedliche Befeuerung. Während 10 001 kohlegefeuert und mit einer Ölzusatzfeuerung als Booster ausgeliefert wurde, erhielt 10 002 eine konventionelle Ölhauptfeuerung, auf die ihre Schwesterlok 1959 ebenfalls umgerüstet wurde.

1958 wurden beide Lokomotiven dem Bw Bebra zugeteilt, das sie im Schnellzugdienst nach Frankfurt am Main, Hannover und Kassel einsetzte. Später kamen auch Langläufe auf der Nord-Süd-Strecke nach Lüneburg und Würzburg hinzu. Mit der Elektrifizierung der von Bebra ausgehenden Strecken wurden Maschinen im September 1962 an das Bw Kassel abgegeben, das sie vorrangig auf der Main-Weser-Bahn einsetzte. Mit der Elektrifizierung dieser Strecke wechselten die beiden Exoten schließlich im Mai 1965 zum Bw Gießen. Im Januar 1967 führte ein Triebwerksschaden zur Abstellung von 10 002. 10 001 bespannte daraufhin ab März 1967 fast ausschließlich das Eilzugpaar E 387/687 (E 688/388) von und nach Münster. Ein Schieberstangenbruch sorgte schließlich im Januar 1968 auch für ihr vorzeitiges Ende. Während 10 002 nach ihrer z-Stellung als Heizlok nach Ludwigshafen wechselte und dort später verschrottet wurde, kam die bis dahin im Bw Kassel hinterstellte 10 001 im Jahr 1976 ins Deutsche Dampflokomotiv-Museum Neuenmarkt-Wirsberg.

TECHNISCHE DATEN

Baureihe:	10
Verwendungszweck:	Schnellzuglokomotive
Treibraddurchmesser (mm):	2000
Erstes Baujahr:	1957
Achsfolge:	2'C1'
Spurweite (mm):	1435
Dienstgewicht (t):	118,9
Vmax (km/h):	140
Leistung (PSi):	2500

Baureihe 41 – die Ochsenlok

Der Typisierungsplan der Einheitslokomotiven sah unter anderem eine schnellfahrende 1'D-Güterzuglokomotive vor, die vorrangig für die Beförderung von Eilgüterzügen gedacht war. Der 1935 mit der Entwicklung beauftragte Chef-Konstrukteur der Berliner Maschinenbau-AG (BMAG), Friedrich Wilhelm Eckhardt, favorisierte dagegen ein 1'D1'-Fahrwerk, mit dem die im Lastenheft geforderte Achslast von 18 t deutlich einfacher erreicht werden konnte. Zudem hätte ein Festhalten an der 1'D-Bauweise keinen wirklichen Fortschritt gegenüber den betagten preußischen Güterzuglokomotiven bedeutet, sodass das Reichsbahn-Zentralamt Maschinenbau dem Vorschlag zustimmte. Die BMAG wurde mit der Lieferung von zwei Vorserienlokomotiven beauftragt, die im Januar 1937 als 41 001 und 002 an die DRG übergeben wurden. Bei den umgehend aufgenommenen Probefahrten überzeugten die Maschinen durch ihre enorme Anfahrzugkraft und ihr gutes Beschleunigungsvermögen. Außerdem wusste ihre Laufruhe zu überzeugen, was nicht zuletzt der von Eckhardt berücksichtigten Nachlaufachse zuzuschreiben war. Für das Befahren noch nicht für 20 t Achsdruck ertüchtigter Strecken, konnte durch das Umstecken von Bolzen in den Ausgleichshebeln die Achsfahrmasse auf 18 t reduziert werden. Bis 1941 stellte die Reichsbahn insgesamt 366 Exemplare in Dienst, die aufgrund ihres stimmigen Gesamtpakets, auch im Personen- und Schnellzugdienst eingesetzt werden konnten. Zudem prädestinierte sie ihr vergleichsweise geringer Treibsatzdurchmesser von nur 1600 mm auch für Einsätze auf hügeligen Strecken, womit die 41 zu „der" deutschen Universallok wurde. Aufgrund ihrer zahllosen Einsätze vor schnellfahrenden Viehzügen, wurde sie schon bald im Eisenbahnerjargon als „Ochsenlok" bezeichnet.

Von den 216 nach Kriegsende bei der DB verbliebenen 41 wurden zwischen 1958 und 1961 insgesamt 102 mit einem vollständig geschweißten Kessel mit Verbrennungskammer modernisiert. Wie bei den anderen Einheitslokomotiven, hatte auch bei den 41 der verwendete Kesselstahl St 47 K zu erheblichem Verschleiß geführt. 40 der modernisierten Maschinen wurden bei Henschel auf Ölhauptfeuerung umgebaut und den Bahnbetriebswerken Osnabrück Hbf und Kirchweyhe zugeteilt. Diese setzten die Ölloks hauptsächlich im beschleunigten Güter- und Personenverkehr zwischen Hamburg und dem Ruhrgebiet ein. Langläufe von über 300 km waren damit an der Tagesordnung. Doch auch die Kohlemaschinen sahen sich mit bis zu 2000 t schweren Güterzügen konfrontiert! Dennoch durften ab Oktober 1967 nur noch Öl-41 eine Hauptuntersuchung erhalten. Für Kohle-41 war höchstens eine Zwischenuntersuchung auf Antrag erlaubt. 1968 wurden alle Öl-41 in Baureihe 042 umgezeichnet und auf das Bahnbetriebswerk Rheine konzentriert. Die Kohleloks erhielten die Baureihenbezeichnung 041, schieden aber bereits drei Jahre später aus dem aktiven Dienst aus. Eine letzte Domäne der 042 war die Beförderung schwerer Güterzüge auf der Emslandstrecke. Damit waren sie neben der Baureihe 44 die letzten planmäßig eingesetzten Dampflokomotiven der DB. Nach der Elektrifizierung der Emslandstrecke wurde 042 113 als letzte Öl-41 im Herbst 1977 in Rheine ausgemustert.

Die Deutsche Reichsbahn der DDR konnte nach dem Krieg 124 Maschinen in ihren Bestand übernehmen. Und auch hier forderten die verschleißanfälligen Kessel ihren Tribut. Da auch bei der DR die universelle Verwendbarkeit der Baureihe 41 hoch im Kurs war, konnte und wollte man noch lange nicht auf diese Maschinen verzichten. Da mit zunehmendem Alter der Kessel der Reparaturumfang immer größer wurde, entschied man sich für die Rekonstruktion der 41. Von den im Jahr 1955 insgesamt 112 vorhandenen Maschinen wurden nur 12 als unbedenklich eingestuft, da sie bereits vor Kriegsende einen Ersatzkessel der Bauart 1943 erhalten hatten. 1957 mussten 21 Loks dringend einen neuen Kessel erhalten, da ein sicherer Betrieb aufgrund des spröde gewordenen Stahls nicht mehr gewährleistet war. Da aber noch kein Neubaukessel zur Verfügung stand, ließ die DR in Magdeburg geschweißte Kessel nach alten Plänen nachbauen, die sich vom Original durch den fehlenden Speisedom unterschieden. Zwei Jahre später lief dann endlich die Rekonstruktion der restlichen Maschinen an. Wie bei der DB, erhielten auch bei der DR die modernisierten 41 einen geschweißten Verbrennungskammerkessel. Allerdings wies dieser eine größere Verdampfungsheizfläche auf, sodass die Dampfleistung mit 15 t/h deutlich über der der DB-Version (13,3 t/h) lag. Alle Rekoloks erhielten einen Mischvorwärmer der Bauart IfS/DR sowie eine Innensteuerung mit Druckausgleich-Kolbenschieber Bauart Trofimoff. Abweichend von den übrigen Rekobaureihen, wurde für die Reko-41 keine neue Unterbaureihe eingeführt, sodass man anhand der Betriebsnummer nicht nach Altbau- oder Rekolok unterscheiden konnte.

Einsatzschwerpunkte waren in der DDR der Schnell- und Eilzugdienst. Der Güterverkehr spielte dagegen nur eine untergeordnete Rolle. Vor allem die Beförderung von Schnell- und Eilzügen auf den steigungsreichen Strecken des Thüringer Waldes zählte zu den Paradedisziplinen der Baureihe 41. Aber auch im beschleunigten Reisezugverkehr um Leipzig und Halle gehörten die Maschinen zum täglichen Anblick. Noch 1970 beförderten zudem in Magdeburg beheimatete 41 (jetzt als Baureihe 41.1 bezeichnet) Interzonenzüge von und nach Helmstedt. Um 1975 führte allerdings der Traktionswandel zu einem starken Rückgang der Planleistungen. Ab 1977 mussten 41.1 bei größeren Schäden umgehend ausgemustert werden, sodass der Bestand zwei Jahre später bei nur noch 34 Maschinen lag. Die Ölkrise und die damit verbundene Abstellung der ölgefeuerten Dampfloks, brachten zum Jahreswechsel 1980/81 noch einmal einen unerwarteten Aufschwung. Ab 1982 stand mit dem D 447 Köln – Leipzig sogar wieder ein Schnellzug im Dienstplan. Allerdings war dies nur ein letztes Aufflackern, denn zwei Jahre später setzte nur noch die Dienststelle Göschwitz die 41.1 im Plandienst ein. Hier endete auch im November 1986 die Ära 41.1 bei der Deutschen Reichsbahn.

TECHNISCHE DATEN

Baureihe: 41 mit DB-Neubaukessel (ab 1968 DB-041/042)	
Verwendungszweck:	Güterzuglokomotive
Treibraddurchmesser (mm):	1600
Erstes Baujahr:	1957 (Umbau)
Achsfolge:	1'D1'
Spurweite (mm):	1435
Dienstgewicht (t):	105,5/101,3 t (Kohle/Öl)
Vmax (km/h):	90
Leistung (PSi):	1940/1975

TECHNISCHE DATEN

Baureihe: 41 mit DR-Neubaukessel (ab 1970 DR-41.1)	
Verwendungszweck:	Güterzuglokomotive
Treibraddurchmesser (mm):	1600
Erstes Baujahr:	1959 (Umbau)
Achsfolge:	1'D1'
Spurweite (mm):	1435
Dienstgewicht (t):	103,2
Vmax (km/h):	90
Leistung (PSi):	1975

Baureihe 52.80 – die Renaissance einer Kriegslok

Da in der sozialistischen Planwirtschaft weiterhin ein massiver Lokomotivmangel vorherrschte, entschied sich die Deutsche Reichsbahn ab 1960 für eine Rekonstruktion der Baureihe 52, was faktisch einem Neubau gleichkam. Bis 1967 wurden insgesamt 200 Maschinen mit einem von der Baureihe 50.36 bekannten Neubaukessel mit Verbrennungskammern, Mischvorwärmern und neuen Zylindern rekonstruiert. Außerdem wurden die Stirnseiten der Führerhäuser modifiziert und mit ovalen Fenstern versehen. Einige Exemplare erhielten Giesl-Flachejektoren, die allerdings aus Verschleiß- und Lizenzgründen sukzessive wieder entfernt wurden. Der Einsatz der beim Personal äußerst beliebten Maschinen erfolgte überwiegend im Güter- und Reisezugdienst auf Flachstrecken.

Nachdem die 52.80 durch die Inbetriebnahme neuer Diesellokomotiven fast schon entbehrlich geworden war, sorgte der massiv gestiegene Ölpreis zu Beginn der 1980er Jahre für eine unerwartete Renaissance der ehemaligen Kriegslokomotiven, sodass sie sich erst 1988 aus dem Planbetrieb verabschiedeten.

TECHNISCHE DATEN

Baureihe: 52 (Kriegslok, ab 1968 DB-052, ab 170 DR-52.10-70)	
Verwendungszweck:	Güterzuglokomotive
Treibraddurchmesser (mm):	1400
Erstes Baujahr:	1957 (Umbau)
Achsfolge:	1'E
Spurweite (mm):	1435
Dienstgewicht (t):	84
Vmax (km/h):	80
Leistung (PSi):	1620

Lok 18 201 – das schnelle Unikat

Die Versuchs- und Schnellfahrlokomotive 18 201 gilt mit ihrer modernen Interpretation einer Stromlinienverkleidung als eine der elegantesten deutschen Dampflokomotiven. Die ölgefeuerte Maschine geht auf den Umbau der für den Henschel-Wegmann-Zug gebauten Stromlinien-Tenderlok 61 002 zurück. Da diese die einzige DDR-Lok mit einer zugelassenen Höchstgeschwindigkeit von 175 km/h war, wurde die Fahrzeug-Versuchsanstalt (FVA) Halle auf die im Bw Berlin-Lichtenberg Ost beheimatete Maschine aufmerksam. Die FVA benötigte für die Erprobung von 160 km/h schnellen Reisezugwagen für den Export ein geeignetes Zugpferd, sodass der Plan zum Umbau der 61 002 in eine Schnellfahr-Schlepptenderlok reifte. Im Juni 1960 wurde im Raw Meiningen mit den Umbauarbeiten begonnen. Die Konstruktion oblag den Ingenieuren aus Halle. Von der 61 002 konnten lediglich der Rahmen, die Kuppelradsätze sowie das vordere Drehgestell verwendet werden. Lauf- und Triebwerkselemente lieferte die konstruktiv misslungene Hochdrucklok 45 024 zu; der Verbrennungskammerkessel vom Typ 39 E stammte in abgewandelter Form von der Baureihe 22 und die Schleppradsatzbremse wurde von Baureihe 41 übernommen.

Die als 18 201 bezeichnete Versuchslok unternahm am 5. Mai 1961 ihre Jungfernfahrt. Sechs Jahre später erfolgte die Umrüstung auf Ölhauptfeuerung. Am 12. Oktober 1972 konnte sie bei einer Versuchsfahrt von Delitzsch nach Berlin zwischen Gräfenhainichen und Bergwitz mit einer Spitzengeschwindigkeit von 182,4 km/h einen neuen Rekord aufstellen. Nachdem infolge der Ölkrise 1981/82 alle DDR-Ölloks abgestellt werden mussten, verblieb 18 201 (ab 1970 Baureihe 02 0201) als einzige Öllok im Bestand der DR. 1994 ging sie auf die DB AG über. Aktuell befindet sie sich im Besitz der Wedler Franz Logistik GmbH & Co. KG (WFL), Potsdam und wartet im Bw Nossen auf ihre Wiederinbetriebnahme.

TECHNISCHE DATEN

Baureihe:	18 201, (ab 1970 BR 02 0201 (DR))
Verwendungszweck:	Schnellfahrlokomotive
Treibraddurchmesser (mm):	2000
Erstes Baujahr:	1961 (Rekonstruktion aus 61 002)
Achsfolge:	2'C1'
Spurweite (mm):	1435
Dienstgewicht (t):	113,6
Vmax (km/h):	180
Leistung (PSi):	2150

Dampfspeicherlokomotiven – die feuerlosen Rangiermeister

Die früher bei Kraftwerken und Chemiebetrieben mit explosionsgefährdeter Infrastruktur weit verbreiteten Dampfspeicherlokomotiven sind ursprünglich aus feuerlosen Straßenbahnlokomotiven hervorgegangen, die um 1870 vor allem in Übersee Fuß fassten. Zunächst mit Ammoniak zur Verdampfung des Wassers betrieben, wurde 1873 in New Orleans die erste nach Plänen des deutschstämmigen Zahnarztes Dr. Emil Lamm gebaute Dampfspeicherlok mit heißem Wasser als Wärmespeicher gebaut. Der Kessel der Lok wurde mit Wasser befüllt, das durch Dampf von 14 bar Druck aus einer ortsfesten Kesselanlage erhitzt wurde. Ein Prinzip, das bei der Dampfspeichertechnik bis heute Anwendung findet. In der Folgezeit wurde die Technik weiter optimiert, sodass auch europäische Städte wie Paris oder Lille auf die Dampfspeichertram setzten.

Im Jahr 1882 wandte sich auch die Lokomotivfabrik Hohenzollern als erster deutscher Hersteller der feuerlosen Dampflok zu. Bis 1903 lieferten die Düsseldorfer insgesamt 34 Trambahnlokomotiven für die niederländisch-indische Tramweg-Maatschappij in Amsterdam. Da jedoch weitere Aufträge ausblieben, wurden bereits 1884 Rangierversuche mit einer umgebauten Kohledampflok des Typs Victor unternommen. Durch die Erhöhung des Kesseldrucks und die Verwendung größerer Zylinder, konnte die Leistungsfähigkeit schließlich so gesteigert werden, dass die feuerlosen Loks sämtliche Anforderungen an eine Industrielok erfüllten. Ebenfalls 1884 brachte auch Hanomag eine mit Natronlauge zur besseren Wärmespeicherung betriebene Dampfspeicherlok heraus, was sich in der Praxis allerdings nicht bewährte. Konventionelle feuerlose Loks für Industriebahnen waren schon bald auch von Jung, Borsig und Henschel erhältlich. Erst mit der Optimierung des Dieselmotors in der 1950er Jahren, brach das Geschäft mit der Dampfspeichertechnik mehr und mehr ein. Als letzter westdeutscher Hersteller bot Jung noch in den 1980er Jahren feuerlose Loks an, doch eine wahre Renaissance erlebten die „fahrenden Thermoskannen" zur gleichen Zeit in der DDR. Vor dem Hintergrund des stark verteuerten Rohölpreises, erhielt das Raw Meiningen per Ministerratsbeschluss den Auftrag zum Bau von 200 C-gekuppelten Dampfspeicherloks, die anstelle von Dieselloks in Industriebetrieben zum Einsatz kommen sollten. Die Loks waren eine Neuauflage des bis 1972 in Babelsberg gebauten C-Typs. Insgesamt entstanden bis 1988 202 Maschinen, von denen ein Großteil nach der Wende umgehend abgestellt und verschrottet wurde. Heute werden feuerlose Lokomotiven in Deutschland nur noch an vier Standorten industriell eingesetzt.

Deutsche Elektrolokomotiven

Der Siegeszug der Elektrolokomotiven begann in Deutschland Mitte des 20. Jahrhunderts und markierte einen Wendepunkt in der Entwicklung des Schienenverkehrs. Während die Dampflokomotive über Jahrzehnte dominierte, ebneten Fortschritte in der Elektrotechnik den Weg für eine neue Ära. Die Elektrolokomotiven zeichneten sich durch ihre höhere Effizienz und Bedienfreundlichkeit aus. Sie waren meist schneller, leistungsfähiger und im Betrieb deutlich kostengünstiger als ihre dampfbetriebenen Vorgänger. Der Strom, der anfänglich zumeist aus lokalen Kraftwerken geliefert wurde, ermöglichte es, auf Kohle und Wasser zu verzichten und die Instandhaltung zu vereinfachen.

Bereits in den 1920er Jahren begann in Süddeutschland die Elektrifizierung wichtiger Strecken, allen voran der bayerischen Alpenbahn zwischen Freilassing und Berchtesgaden. In den Folgejahrzehnten entstanden zahlreiche wegweisende Lokomotivtypen, darunter die Baureihen E 18 und E 19, die mit ihren eleganten Formen und hohen Geschwindigkeiten neue Maßstäbe setzte. Die Weiterentwicklung mündete schließlich in den sogenannten Einheits-Elektrolokomotiven der Deutschen Bundesbahn. Die Baureihe E 10, die den Schnellzugdienst entscheidend rationalisierte oder die vielseitig verwendbare Baureihe E 40, die die Hauptlast des Güter- und Regionalverkehrs trug, hatten einen nicht zu unterschätzenden Anteil am deutschen Wirtschaftswunder.

Mit der Entwicklung immer leistungsfähigerer Elektrolokomotiven setzte sich die Elektrifizierung des Schienennetzes weiter fort. In den 1960er und 1970er Jahren trieben sowohl die Deutsche Bundesbahn als auch die Deutsche Reichsbahn der DDR den Ausbau voran. Die Aufnahme des Intercity-Verkehrs mit der eigens hierfür entwickelten Baureihe 103 bildete 1971 den vorläufigen Höhepunkt in der an Superlativen reichen Geschichte der elektrischen Zugförderung in Deutschland.

Heute ist ein Großteil des deutschen Bahnnetzes elektrifiziert, und Elektrolokomotiven prägen den modernen Schienenverkehr. Ob historische Fahrzeuge in Museen oder moderne Hochleistungsloks wie die Vectron Dual Mode – Elektrolokomotiven sind ein Symbol für Fortschritt und Nachhaltigkeit. Sie haben den Eisenbahnverkehr revolutioniert und tragen entscheidend zu einem umweltfreundlichen Transportwesen bei.

Baureihe E 16 – Deutschlands einzige Buchli-Lok

Für das große Elektrifizierungsprogramm der Gruppenverwaltung Bayern legte BBC den Entwurf einer Schnellzuglokomotive mit einem einseitig angeordneten Einzelachsantrieb der Bauart Buchli vor, der sich bereits bei der schweizerischen Ae 3/6 I hervorragend bewährt hatte. Da dieses System gegenüber dem bisher verwendeten Stangenantrieb eine deutlich höhere Wirtschaftlichkeit versprach, wurde noch 1923 eine erste Serie von zehn Lokomotiven bei Krauss-Maffei/BBC (Mechanik/Elektrik) in Auftrag gegeben. Wie schon bei den Einheitsdampflokomotiven, achtete die Reichsbahn auch bei der Entwicklung von neuen E-Lokomotiven auf die universelle Austauschbarkeit wichtiger Baugruppen, sodass die als ES 1 bezeichneten Buchli-Lokomotiven die Fahrmotoren der Baureihe EP 2 (später E 32) erhielten.

Die als ES 1 210001 bis 210010 bestellten Maschinen wurden zwischen Mai 1926 und August 1927 an die DRG übergeben, wobei nur die ersten sechs Maschinen noch die alten bayerischen Baureihenschilder erhalten hatten, während die vier letztgelieferten Maschinen bereits als E 16 ausgeliefert wurden.

Alle Loks kamen zunächst zum Bw München Hbf, das sie im Schnellzugdienst nach Garmisch, Rosenheim und Salzburg einsetzte. Die 2020 kW starken E 16 zeigten sich den bisher eingesetzten Baureihen deutlich überlegen, was die DRG dazu veranlasste, 1927 eine zweite Lieferserie über sieben Lokomotiven in Auftrag zu geben. Die zwischen Oktober 1928 und Juli 1929 als E 16 11 bis 17 in Dienst gestellten Maschinen erhielten eine auf 2580 kW erhöhte Gesamtleistung, womit die DRG auf die immer schwerer werdenden Reisezugwagen reagierte. Für die Elektrifizierung der Strecke Augsburg – Stuttgart orderte die DRG 1930 noch einmal vier E 16 nach, die dank eines neuen Transformators über eine Dauerleistung von 2944 kW verfügten. Aufgrund der abweichenden Technik wurden diese Maschinen als Baureihe 16.1 (E 16 18 bis 21) bezeichnet. Optisch unterschieden sie sich durch den Entfall der stirnseitigen Übergangstüren sowie den durchgehenden Stahlgussrahmen von den beiden ersten Lieferserien. Ihre Auslieferung erfolgte ab 1932. Ab 1934 wurde die zulässige Höchstgeschwindigkeit ohne technische Veränderungen bei allen E 16 auf 120 km/h erhöht. Der Buchli-Antrieb erwies sich dabei als äußerst zuverlässig und wartungsarm. Dennoch wurde auf eine weitere Beschaffung verzichtet, da dieser keine flexible Getriebeübersetzung zuließ, was die Entwicklung einer Universallok praktisch unmöglich machte.

TECHNISCHE DATEN

Baureihe: bay ES 1, (ab 1926 E 16, ab 1968 BR 116 (DB))	
E 16.1, ab 1968 BR 116 (DB)	
Verwendungszweck:	Streckenlokomotive
Antrieb:	BBC-Buchli
Erstes Baujahr:	1926
Achsfolge:	1'Do1'
Spurweite (mm):	1435
Dienstgewicht (t):	110,8
Vmax (km/h):	120
Leistung (kW):	2340 (ab E 16 11 2580, ab E 16 18 2944)

Das Kriegsende erlebten bis auf die bei Kampfhandlungen irreparabel beschädigten E 16 11 und 13 alle Maschinen weitgehend unbeschadet. Den-

noch machte ihr schlechter Pflegezustand zwischen 1948 und 1951 eine Generalüberholung erforderlich. Die DB nahm sie nach und nach wieder in Betrieb und setzte sie vor Schnellzügen im gesamten süddeutschen Raum ein. 1958 wurden alle E 16 auf das Bw Freilassing konzentriert. Mit der intensivierten Auslieferung der DB-Neubaulokomotiven wurde 1967 die erste E 16 abgestellt. Zehn Jahre später war der Bestand der seit 1968 als Baureihe 116 eingereihten Exoten auf nur noch vier Maschinen gesunken. Am 31. Januar 1980 wurde schließlich mit 116 009 die letzte deutsche Buchli-Lok ausgemustert. Mit E 16 02, 03, 07, 08 und 09 sind gleich fünf Exemplare museal erhalten geblieben.

Baureihe E 91 – der Heuwender

Für die elektrifizierten Gebirgsstrecken in Bayern und Schlesien plante die Deutsche Reichsbahn 1922 die Beschaffung einer neuen leistungsstarken Elektrolokomotive, die überwiegend im schweren Güterzugdienst eingesetzt werden sollte. Die Wahl fiel auf eine C'C'-gekuppelte Lokomotive mit einem dreiteiligen Aufbau und einem Schrägstangenantrieb der Bauart Winterthur, der sich bereits bei Lokomotiven in der Schweiz sehr gut bewährt hatte. Noch im selben Jahr erhielten AEG und Krauss (mechanischer Teil) sowie AEG und Siemens-Schuckert (elektrischer Teil) den Auftrag zum Bau von insgesamt 30 als Baureihe EG 5 bezeichnete Maschinen. Sechszehn Stück (EG 5 22501 bis 22516) waren für Bayern und 14 (EG 5 581 bis 594) für Schlesien bestimmt. Die Auslieferung der ersten sechs EG 5 erfolgte ab Januar 1926 noch unter der ursprünglichen Baureihenbezeichnung; die weiteren waren bereits ab Werk als Baureihe E 91.0 (Bayern) und E 91.8 (Schlesien) beschildert. Die bayerische Ausführung verfügte über Türen in den Stirnseiten, die einen Übergang des Zugbegleitpersonals während der Fahrt ermöglichten. Dank ihrer üppigen Leistung von 2200 kW und einer Reibungsmasse von stattlichen 123,7 t, waren die E 91 in der Lage, einen 1500 t schweren Güterzug mit 50 km/h eine 10-Promille-Steigung hinauf zu befördern.

Da die Maschinen die in sie gesetzten Erwartungen voll und ganz erfüllten, wurden 1927 mit E 91 17 bis 20 vier weitere Exemplare für die Gruppenverwaltung Bayern beschafft. Neben dem Streckendienst wurden die E 91 auch als Schiebelokomotiven auf Steilstrecken eingesetzt.

Weil dem schlesischen Netz nicht genügend E-Lokomotiven für den schweren Kohleverkehr zur Verfügung standen, wurden 1929 mit E 91 95 bis 106 zwölf weitere Lokomotiven in Dienst gestellt. Diese verfügten nun erstmals über eine elektrische Widerstandsbremse, da es bei den älteren Maschinen bei Talfahrt immer wieder Probleme mit in die Elektrik eindringendem Bremsstaub gegeben hatte. Die neuen Maschinen erhielten zudem einen geringfügig verlängerten Aufbau mit drei großen Führerstandfenstern sowie seitliche Lüftungsgitter. Durch die Verwendung leichterer Fahrmotoren konnte das Dienstgewicht zudem auf 116,4 t reduziert werden. Zur besseren Abgrenzung von den älteren Loks wurden die neuen als Baureihe E 91.9 bezeichnet.

Nach dem Krieg gelangten 13 E 91.0, vier E 91.8 und sieben E 91.9 in den Bestand der Deutschen Bundesbahn. Zur Deutschen Reichsbahn kamen ab 1952 fünf E 91.8 und drei E 91.9, die 1946 als Reparationsleistung an die Sowjetunion abgegeben worden waren. Ihr schlechter Allgemeinzustand und das Fehlen von Ersatzteilen verhinderten allerdings eine Wiederinbetriebnahme, sodass sie 1962 offiziell ausgemustert wurden.

Die DB ließ ihre Maschinen dagegen zwischen 1958 und 1960 einer umfangreichen Modernisierung unterziehen, bei der unter anderem die elektrische Anlage erneuert, die Übergangstüren verschlossen und bei den E 91.9 ein drittes Stirnfenster eingebaut wurde. Mit der Beschleunigung des Güterverkehrs wechselten die meisten der nur 55 km/h schnellen Altbauloks allerdings schon bald in den Rangier- und Schiebedienst. 1968 erfolgte die Umbennung in Baureihe 191. Zur gleichen Zeit wurden 13 Maschinen ins Ruhrgebiet zum Bw Oberhausen-Osterfeld Süd versetzt, wo sie zumeist für Güterzugleistungen „rund um den Kirchturm" eingesetzt wurden. Bis heute hält sich das Gerücht, dass die DB mit Blick auf die Olympischen Spiele 1972 die antiquierten Maschinen aus Sichtweite der internationalen Besucher haben wollte. Die nicht mehr zeitgemäße Bedienung, Probleme bei der Ersatzteilbeschaffung und nicht zuletzt das hohe Alter sorgten schließlich zwischen 1969 und 1975 für die schrittweise Ausmusterung der Baureihe. Am 27. November 1975 wurde mit der heutigen Museumslok 191 099 die letzte Maschine abgestellt.

TECHNISCHE DATEN

Baureihe:	EG 5, (ab 1926 E 91, ab 1968 BR 191 (DB))	E 91.9, (ab 1968 BR 191.9 (DB))
Verwendungszweck:	Streckenlokomotive	
Antrieb:	Treibstangen	Treibstangen
Erstes Baujahr:	1926	1929
Achsfolge:	C'C'	C'C'
Spurweite (mm):	1435	1435
Dienstgewicht (t):	123,7	116,4
Vmax (km/h):	55	55
Leistung (kW):	1660	1660

Baureihe E 95 – der deutsche E-Lok-Gigant

Die Baureihe E 95 war die längste und teuerste von der DRG beschaffte Elektrolokomotive. Ihre Entwicklung geht auf die Forderung der oberschlesischen Bergwerke zurück, die Transporteffizenz durch die Elektrifizierung der Hauptabfuhrstrecke nach Berlin und Dresden zu steigern. Den Verantwortlichen schwebten Anhängelasten von bis zu 2200 t vor, die für eine deutliche Verringerung der vor dem Kollaps stehenden Zugdichte sorgen sollten. Auf der gebirgigen und krümmungsreichen Bahnverbindung zwischen dem oberschlesischen Kohlerevier und den mitteldeutschen Ballungszentren verkehrten täglich über 100 Güterzüge in beide Richtungen, die zumeist mit Kohle und anderen Bergbauerzeugnissen beladen waren. Folglich stauten sich die Züge nicht nur in den Bahnhöfen, sondern auch auf der freien Strecke, was wiederum zu Problemen bei der Versorgung der Dampflokomotiven führte.

1924 erarbeitete die DRG deshalb einen Entwurf für die Elektrifizierung der Strecke Breslau – Liegnitz – Görlitz. Noch im selben Jahr schrieb die DRG eine schwere Güterzuglokomotive mit sechs angetriebenen Achsen aus, die in der Lage sein sollte, die geforderten Zuglasten im Dauerbetrieb befördern zu können. Mit Rücksicht auf die vergleichsweise kurzen Revisionsstände in den Werkstätten, sollte die neue E-Lok einen zweiteiligen Lokomotivkasten erhalten, was die Anschaffung erheblich verteuerte. Beim Antrieb setzten die Ingenieure auf den Tatzlagerantrieb, der sich bereits bei der 1923 beschafften Baureihe E 92.7 bewährt hatte. Auch ein konventioneller Stangenantrieb war zunächst diskutiert, aber mit Blick auf die schlechtere Wirtschaftlichkeit wieder verworfen worden.

Die DRG bestellte sechs als Baureihe E 95 bezeichnete Lokomotiven mit der Achsfolge 1'Co+Co1' und einer Dauerleistung von 2418 kW. Als Höchstgeschwindigkeit wurden 65 km/h festgelegt, was für den Tatzlagerantrieb ein bis dahin nicht erreichtes Tempo bedeutete. Den mechanischen Teil lieferte AEG. Den elektrischen Teil für E 95 01 bis 03 AEG und für E 95 04 bis 06 Siemens-Schuckert. Die Auslieferung der sechs Maschinen erfolgte zwischen Dezember 1927 und April 1928. E 95 02 wurde dabei als erste deutsche E-Lok versuchsweise mit einer elektrischen Bremse ausgeliefert, um Erfahrungen für zukünftige Baureihen zu sammeln. Mit 20.900 mm über Puffer übertraf die E 95 in der Länge die meisten Dampflokomotiven. Auch wenn die Sicht durch die zurückverlagerten Führerstände nicht optimal gelöst war, bewährten sich die E-Lokgiganten sehr gut. Allerdings blieb ihnen ein Einsatz auf der ursprünglich vorgesehenen Strecke verwehrt, da die Elekrifizierung infolge der wirtschaftlichen Schieflage der DRG nicht realisiert werden konnte. Somit wurden die E 95 dem Bw Hirschberg zugeteilt, das sie im schweren Güterzugdienst auf der bereits elektrifizierten schlesischen Gebirgsbahn einsetzte. Auch eine zunächst geplante Folgebeschaffung von 20 Maschinen für Süddeutschland wurde nicht verwirklicht, da ab 1933 mit der E 93 eine deutlich kostengünstigere Alternative mit vergleichbaren Leistungswerten zur Verfügung stand.

Nach der kriegsbedingten Einstellung des elektrischen Zugbetriebes wurden 1945 alle E 95 als Reparationsleistung in die UdSSR verbracht, wo sie sechs Jahre ungeschützt und unbewegt auf ihre weitere Verwendung warteten. 1952 gelang es der DR schließlich, sie im Rahmen eines Kompensationsgeschäfts in die DDR zu holen. E 95 01 bis 03 wurden im Raw Dessau wieder betriebsfähig aufgearbeitet; die als Ersatzteilspender dienenden E 95 04 bis 06 zwischen 1964 und 1966 ausgemustert. Die revidierten Maschinen wurden dem Bw Leipzig-Wahren zugeteilt. 1961 wechselten sie zum Bw Halle P, das die drei Exoten bis 1969 (E 95 02 und 03) bzw. 1970 (E 95 01) überwiegend vor schweren Kohlezügen einsetzte. E 95 02 diente noch bis 1978 als Weichenheizlok und wurde danach in den Museumsbestand der DR übernommen. Heute wird die Lok als Dauerleihgabe der DB von der Traditionsgemeinschaft Bw Halle P e.V. betreut.

TECHNISCHE DATEN

Baureihe:	E 95
Verwendungszweck:	Streckenlokomotive
Antrieb:	Tatzlager
Erstes Baujahr:	1927
Achsfolge:	1Co'+Co'1
Spurweite (mm):	1435
Dienstgewicht (t):	138,5
Vmax (km/h):	65/70
Leistung (kW):	2418

Baureihe 44 – die erste deutsche Mehrzwecklok

Weil von der finanziell angeschlagenen DRG kein Entwicklungsauftrag für eine neue Mehrzwecklokomotive zu erwarten war, entschied sich die deutsche Lokomotivindustrie dazu, eine solche auf eigene Rechnung zu bauen. 1930 fertigte Siemens-Schuckert auf Basis der Schnellzugversuchslok E 15 01 und der E 16 101 eine Bo'Bo'-Drehgestelllokomotive mit Einzelachs-Tatzlagerantrieb, die 1931 als E 44 001 in Dienst gestellt wurde. Als technische Neuerung besaß die Maschine einen geschweißten Brückenrahmen und einen fast vollständig geschweißten Lokomotivkasten mit kurzen Vorbauten. Mit einer Stundenleistung von 2120 kW verfügte sie über ausreichend Leistung, um sowohl im Reisezug- als auch im mittelschweren Güterzugdienst eingesetzt werden zu können. Eine zweite Baumusterlok mit 2200 kW lieferten die Bergmann-Elektrizitäts-Werke und die Berliner Maschinenbau-AG (BMAG). Diese basierte technisch auf der 1927 entwickelten Güterzugbaureihe E 75, wies aber ebenfalls alle Neuerungen des modernen Elektrolokomotivbaus auf. Die Maschine wurde nach dem Abschluss des Versuchsprogramms von der DRG übernommen und als E 44 201 eingereiht. Eine dritte identisch motorisierte Probelok schickte die BMAG gemeinsam mit den Maffei-Schwarzkopff-Werken (MSW) ins Rennen. Auch diese Maschine basierte technisch auf der E 75, verfügte aber ebenfalls über einen Einzelachs-Tatzlagerantrieb und einen geschweißten Rahmen und Aufbau. Allerdings war der Lokomotivkasten wie bei der E 75 ohne Vorbauten ausgeführt worden. Die anfänglich mit einer elektrischen Widerstandsbremse ausgerüstete E 44 101 wurde in Schlesien und auf ihrer späteren Stammstrecke Freilassing – Berchtesgaden getestet.

1931 erteilte die DRG den Auftrag zur Lieferung von 20 Serienlokomotiven auf Basis der E 44 001, die ab 1933 auf der Strecke München – Stuttgart zum Einsatz kamen. Die neue Baureihe bewährte sich so gut, dass sie später als Kriegs-Elektrolokomotive KEL 2 klassifiziert wurde und während des Krieges weitergebaut werden durfte. Inklusive der noch bis 1947 fertiggestellten „Nachzügler" konnten insgesamt 179 E 44 in Dienst gestellt werden. Darunter, mit E 44 152 W bis 183 W, auch 32 für den Einsatz auf österreichischen Gebirgsbahnen beschaffte Maschinen mit elektrischer Widerstandsbremse (W). Elf E 44 wurden im Krieg vor ihrer Auslieferung bzw. während ihres Einsatzes irreparabel beschädigt.

Für die Übernahme des Gesamtverkehrs auf der Gebirgsstrecke Freilassing – Berchesgarden beschaffte die DRG ab 1933 zudem neun auf der dritten Probelok basierende Maschinen, die ab 1938 zur besseren Unterscheidung als Baureihe E 44.5 bezeichnet wurden. 1936 folgten für die versuchsweise mit Einphasenwechselstrom 20 kV, 50 Hz elektrifizierte Höllentalbahn vier auf der E 44 basierende Versuchsträger, die als E 244 01, 11, 21 und 31 eingereiht wurden.

Nach 1945 waren auf dem Gebiet der späteren DDR 52 E 44 vorhanden, die 1946 an die Sowjetunion abgetreten werden mussten. 1952/53 erhielt die DR 46 Exemplare zurück, von denen 30 bis 1956 betriebsfähig hergerichtet und auf der Strecke Halle/Saale – Köthen eingesetzt wurden. Die Instandsetzung der zurückgekehrten Loks erwies sich als wahrer Kraftakt, bei dem nicht nur die unsachgemäß gewartete Elektrik ersetzt, sondern auch die durch die angebrachte Mittelpufferkupplung verzogenen Rahmen gerichtet und das Fahrwerk von Breit- auf Regelspur umgerüstet werden musste. Somit waren erst 1961 alle E 44 dienstbereit, von denen noch im selben Jahr mit E44 053 die erste Lok nach einem Unfall ausgemustert werden musste. Bis zur Beschaffung der Baureihe E 11 bildeten die Altbaulokomotiven das Rückgrat der elektrischen Zugförderung in der DDR. Um 1970 wurden die jetzt als Baureihe 244 bezeichneten Maschinen immer stärker in den Güterzugdienst verdrängt. 1986 führte die DR noch 23 Exemplare in ihrem Bestand. Zum 1. Januar 1991 waren es nur noch zehn, die alle per Verfügung zum Jahresende abgestellt werden mussten. Dennoch erlebte mit Heizlok 144 103 eine Maschine die Umzeichnung zur DB-Baureihe.

Im Bereich der späteren Deutschen Bundesbahn verblieben bei Kriegsende 115 E 44. Hinzu kamen zwischen 1950 und 1954 mit E 44 181 bis 187 weitere sieben Maschinen fabrikneu, die bei Henschel/SSW aus eingelagerten Bauteilen entstanden waren. Außerdem konnte die DB in einem Tauschgeschäft mit der DR E 44 050 übernehmen. Für den Vorortverkehr wurden bis 1955 insgesamt 12 Maschinen mit einer Wendezugsteuerung ausgerüstet. 1960 wurde bei 16 ehemaligen E 44 W die zwischenzeitlich deaktivierte Widerstandsbremse wieder in Betrieb genommen, um sie im Steilstreckenbetrieb auf der im selben Jahr auf 15 kV,16 2/3 Hz umgestellten Höllental- und Dreiseenbahn einsetzen zu können. 1963 und 1965 erfolgte der Umbau der dort zuvor eingesetzten E 244 11 und 22 in E 44 188 und 189. 1968 wurde die E 44 in BR 144, die E 44 W bzw. E 44.11 in BR 145 und die E 44.5 in BR 144.5 umgezeichnet. Mit der einst für 120 km/h ertüchtigten 144 038 setzte schließlich 1976 die Ausmusterungswelle ein. 1983 wurden die letzten 144.5 abgestellt. Im Februar bzw. Juli 1984 traf es auch die letzten fünf 145 und zwölf 144.

TECHNISCHE DATEN

Baureihe:	E 44 001, (ab 1968 144 001 (DB))
Verwendungszweck:	Streckenlokomotive
Antrieb:	Tatzlager
Erstes Baujahr:	1931
Achsfolge:	Bo'Bo'
Spurweite (mm):	1435
Dienstgewicht (t):	79,2
Vmax (km/h):	90
Leistung (kW):	2120

TECHNISCHE DATEN

Baureihe: E 44.0-1, (ab 1968 BR 144.0-1 (DB), ab 1970 BR 244.0-1 (DR))	
Verwendungszweck:	Streckenlokomotive
Antrieb:	Tatzlager
Erstes Baujahr:	1932
Achsfolge:	Bo'Bo'
Spurweite (mm):	1435
Dienstgewicht (t):	78
Vmax (km/h):	90
Leistung (kW):	2200

Baureihen E 18 und E 19 – die Edelrenner der DRG

Für die geplante Beschleunigung des elektrischen Zugverkehrs gab die DRG 1933 die Entwicklung einer neuen elektrischen Schnellzuglokomotive in Auftrag, die als zukünftige Standardbaureihe in großen Stückzahlen beschafft werden sollte. Basierend auf dem Konstruktionsgerüst der Baureihen E 04 (Elektrik) und E 17 (Mechanik) lieferte AEG im Jahr 1935 mit E 18 01 bis 04 vier Vorserienlokomotiven, die sich durch ihr windschnittiges Design stark von den bisher gebauten E-Lokomotiven unterschieden. Außerdem stellte die sitzende Bedienung des Fahrpultes ein echtes Novum dar, da sämtliche im Bestand der DRG befindliche E-Loks noch im Stehen gefahren werden mussten.

Die mit einem Federtopfantrieb ausgerüsteten 1'Do1'-Maschinen verfügten über eine Dauerleistung von 2840 kW und waren für eine Höchstgeschwindigkeit von 150 km/h ausgelegt. Bei den umgehend aufgenommenen Testfahrten wurde sogar mühelos 165 km/h erreicht, was bei der DRG zu der Überlegung führte, eine noch schnellere Variante für die Strecke Berlin – München zu beschaffen. Zunächst wurde jedoch die Serienfreigabe für die E 18 erteilt, von der bis 1940 insgesamt 61 Exemplare entstanden. Darunter auch acht in Österreich für die ÖBB in Lizenz gebaute Loks der Reihe 1870, die für den Gebirgseinsatz über eine Dauerleistung von 3340 kW verfügten. Nach dem „Anschluss" Österreichs wurden diese bei der DR eingereiht und als E 18 201 bis 208 bezeichnet.

Auf der Weltausstellung 1937 in Paris erhielt E 18 22 als stärkste elektrische Einrahmenlokomotive dreimal den Grand Prix: für Fahrmotor, Führerstand sowie Gesamtaufbau und Leistungsfähigkeit. Darüber hinaus gab es einen Ehrenpreis für den gewichtsoptimierten, geschweißten Hauptrahmen.

In den Jahren 1937 und 1939 bestellte die DRG bei AEG und Henschel/SSW je zwei für 180 km/h zugelassene E 18-Versuchsträger, mit der die Machbarkeit eines elektrischen Schnellverkehrs zwischen Berlin und München ausgelotet werden sollte. Die 1939 gebauten AEG-Maschinen wurden als E 19 01 und 02 eingereiht; die 1940 von Henschel/SSW gelieferten als E 19 11 und 12. Beide Ausführungen verfügten gegenüber der E 18 um eine Mehrleistung von rund 500 kW und waren für die höhere Geschwindigkeit unter anderem mit optimierten Fahrmotoren, verstärkten Achsantrieben und einer elektrischen Widerstandsbremse modifiziert worden. Die E 19.1 verfügten zudem über in Reihe geschaltete Doppelmotoren. Außerdem bestanden ihre Zusatzumspanner im Transformator aus Aluminium, wodurch man den Verbrauch von kriegswichtigem Kupfer minimieren wollte. Die Trafos erwiesen sich dadurch allerdings als sehr störanfällig, weshalb sie nach dem Krieg auf Kupfer umgerüstet wurden.

Bei Schnellfahrttests erreichten die E 19 bis zu 225 km/h, wobei sie allerdings nicht den geforderten Regelbremsweg von 1000 m einhalten konnten. Aufgrund der Kriegsereignisse wurde von weiteren Tests abgesehen und die Maschinen von Nürnberg aus in normalen E 18-Umläufen eingesetzt. Auch eine Serienfreigabe kam angesichts der Konzentration auf die Produktion kriegswichtiger Güter nicht infrage. Alle vier Maschinen gingen später in den Bestand der Deutschen Bundesbahn über, die sie nach einer Reduzierung der zulässigen Höchstgeschwindigkeit auf 140 km/h, vorwiegend auf den Strecken Nürnberg – Probstzella und Nürnberg – Regensburg einsetzte. 1968 wurden die jetzt als Baureihe 119 inventarisierten Maschinen zum Bw Hagen-Eckesey umgesetzt, von wo aus sie bereits zwei Jahre später wieder nach Nürnberg zurückkehrten. Im Januar 1978 wurde mit 119 002 die letzte E 19 ausgemustert.

Von der Baureihe E 18 waren bei Kriegsende in Süddeutschland noch 21 Maschinen betriebsfähig vorhanden. Durch die sofort eingeleiteten Instandsetzungsmaßnahmen konnte die Anzahl bis Ende 1947 auf 30 Lokomotiven erhöht werden. 1951 standen der DB bereits wieder 34 einsatzfähige E 18 zur Verfügung. 1953 konnten von der DR fünf weitere Maschinen erworben werden, sodass mit den beiden von Krupp gebauten Neubauloks E 18 054 und 055 ab März 1955 insgesamt 41 E 18 bei der DB im Einsatz standen. Heimatdienststellen waren die Betriebswerke Augsburg, Freilassing, München, Nürnberg, Regensburg und Stuttgart. 1968 erhielten die Maschinen die neue Baureihenbezeichnung 118. Mit der Indienststellung der vergleichbar motorisierten Baureihe 111 wurden die ehemaligen Edelrenner allmählich in Eil- und Personenzugdienste verdrängt. 1984 wurden schließlich die letzten E 18 der DB im Rahmen eines großen Abschiedsfestes im Bw Würzburg außer Dienst gestellt.

In der sowjetischen Zone verblieben im Mai 1945 fünf betriebsfähige E 18, die 1946 als Reparationsleistung konfisziert wurden. 1952 wurden diese wieder an die DR zurückgegeben, die sie mangels Einsatzmöglichkeiten an die DB verkaufte. Darüber hinaus befanden sich bei Kriegsende sechs stark beschädigte Maschinen zur Instandsetzung in Hennigsdorf und Velten, von denen über zehn Jahre später E 18 31 (1958), E 18 19 (1959) und

E 18 43 (1960) wieder aufgearbeitet wurden. Letztere erhielt jedoch die Betriebsnummer der nicht mehr instandgesetzten E 18 40. Alle drei Maschinen wurden zunächst dem Bw Leipzig Hbf West zugeteilt. Ab 1969 wechselten E 18 19 und 40 zum Bw Halle P, wo sie für 180 km/h ertüchtigt und vom VES-M Halle für die Erprobung schneller Reisezugwagen eingesetzt werden sollten. Da E 18 40 auf ihrer Abnahmefahrt bei einem Auffahrunfall stark beschädigt wurde und außer Dienst gestellt werden musste, übernahm daraufhin E 18 31 ihre Rolle. Beide E 18 wurden 1970 in Baureihe 218 umgezeichnet und fast ausnahmslos vor Versuchszügen eingesetzt. 218 031 gehörte ab 1988 zum DR-Traditionsbestand; 218 019 wurde nach ihrer Ausmusterung 1991 von der AEG erworben.

In Österreich konnten nach dem Krieg zwei E 18 und sieben E 18.2 in den Bestand der ÖBB überführt werden. 1954 erfolgte die Umzeichnung der E 18.2 in Reihe 1018 und die der beiden deutschen E 18 in 1018.01 und 1118.01. 1965 wurden alle Maschinen umfassend modernisiert und schließlich zwischen 1980 und 1992 ausgemustert.

TECHNISCHE DATEN

Baureihe: E 18, (ab 1968 BR 118 (DB), ab 1970 BR 218 (DR))

Verwendungszweck:	Streckenlokomotive
Antrieb:	Federtopf
Erstes Baujahr:	1935
Achsfolge:	1'Do1'
Spurweite (mm):	1435
Dienstgewicht (t):	108,5
Vmax (km/h):	150
Leistung (kW):	2840

TECHNISCHE DATEN

Baureihe: E 44 152-183 W, (ab 1968 BR 145 (DB))

Verwendungszweck:	Streckenlokomotive
Antrieb:	Tatzlager
Erstes Baujahr:	1943
Achsfolge:	Bo'Bo'
Spurweite (mm):	1435
Dienstgewicht (t):	78
Vmax (km/h):	90
Leistung (kW):	2120

Baureihen E 93 und E 94 – die deutschen Krokodile

Obwohl es sich bei den Baureihen E 93 und E 94 nicht um Gelenklokomotiven im klassischen Sinn handelt, werden sie wegen ihrer Ähnlichkeit mit dem schweizerischen Original bis heute als „die" deutschen Krokodile bezeichnet. Ihre Entwicklung geht auf das Bestreben der DRG zurück, für die immer schwerer werdenden Güterzüge eine leistungsstarke elektrische Drehgestelllokomotive zur Verfügung zu haben. Vor allem die steigungsreichen Mittelgebirgsstrecken, wie die Geislinger Steige oder die Frankenwaldbahn, hatten sich um 1930 längst zu einem Nadelöhr entwickelt. Abhilfe sollte die Indienstellung einer schnelleren, laufachslosen Güterzuglokomotive mit der Achsfolge Co'Co' bringen, die im März 1932 bei AEG in Auftrag gegeben wurde. Von der Baureihe E 91 wurde die bereits bewährte dreigliedrige Bauweise übernommen. Da inzwischen deutlich kleinere Fahrmotoren zur Verfügung standen, konnten diese allerdings jetzt im Drehgestell seitlich der Radsätze platziert werden. Die daraus resultierende niedrige Bauhöhe der Drehgestelle machte eine Verlegung der Führerstände in den Mittelteil möglich, was den Maschinen letztlich ihr charakteristisches Aussehen gab. Im Sommer 1933 standen die beiden ersten Vorserienmaschinen E 93 01 und 02 für Testfahrten zur Verfügung, bei denen sie auf Anhieb überzeugen konnten.

Zwischen 1935 und 1939 lieferte AEG weitere 16 Maschinen, die auf den Strecken Kornwestheim – Ulm und Plochingen – Tübingen zum Einsatz kamen. Da auch bei Volllast im Maschinenraum keine erhöhte Wärmeentwicklung auftrat, wurde die Höchstgeschwindigkeit schrittweise von 55 auf 70 km/h erhöht, was auch einen Einsatz im Reiseverkehr ermöglichte. Die 2214 kW starken E 93 trugen sehr rasch zur Entzerrung des schweren Güterverkehrs in Süddeutschland bei, wo sie während ihrer gesamten Einsatzzeit verblieben.

Für einen noch effizienteren Betriebsablauf beauftragte die DRG die AEG mit der Entwicklung einer leistungsstärkeren Version, für die eine Höchstgeschwindigkeit von 90 km/h vorgesehen war. Die 3000 kW starken E 94 sollten schwerpunktmäßig auf den Mittelgebirgsstrecken in Bayern, Mitteldeutschland und Schlesien eingesetzt werden. Nach dem sogenannten „Anschluss" Österreichs wurde der Bedarfsplan noch um die Arlberg-, Brenner- und Tauernbahn ergänzt. Bereits im November 1937 wandelte die Reichsbahn eine Bestellung über elf E 93 in E 94 um. Die Übergabe von E 94 001 erfolgte am 22. April 1940. Die Klassifizierung als kriegswichtiges Investionsgut KEL-2 erlaubte die Aufrechterhaltung der Produktion auch während des Krieges. Die DR gab insgesamt 285 Maschinen in Auftrag, von denen allerdings nur 145 (E 94 001 bis 136 und 151 bis 159) gebaut wurden. E 94 143 und 144 wurden dagegen noch vor ihrer Auslieferung zerstört. An der Produktion beteiligt waren die Hersteller AEG, Krauss-Maffei, Siemens und ab 1943 auch die Wiener Lokomotivfabrik Floridsdorf und ELIN. Nach dem Krieg konnten neun noch im Bau befindliche E 94 an die Reichsbahn West übergeben werden.

Der dringende Bedarf an schweren Güterzuglokomotiven führte 1953 und 1954 zur Bestellung von weiteren 43 E 94 durch die Deutsche Bundesbahn. 24 davon erhielten einen stärkeren Antrieb und einen größeren Trafo mit einer Gesamtleistung von 4400 kW und wurden folgerichtig als Baureihe E 94.2 (E 94 262 bis 285) eingereiht. Außerdem erwarb die DB 1954 vier E 94 aus DDR-Besitz.

Insgesamt standen der DB alle 18 E 93 sowie 124 E 94 zur Verfügung. Während die langsameren E 93 überwiegend im Schiebedienst eingesetzt wurden, trugen die E 94 bis zur Indienststellung der Baureihe E 50 die Hauptlast des elektrifizierten Güterverkehrs in der Bundesrepublik. 1968 erfolgte die Umzeichnung in Baureihe 193 und 194. Zwei Jahre später wurden die leistungsstärkeren ehemaligen E 94.2 zusammen mit 194 141 und 142 für 100 km/h zugelassen und als 194.5 bezeichnet. Ab 1976 durften bei den 193 keine Hauptuntersuchungen mehr durchgeführt werden, sodass die letzten Maschinen ihren Dienst im Mai 1984 quittieren mussten. Ab 1985 durfte auch die stärkere Schwesterbaureihe nicht mehr hauptuntersucht werden. Anfang Januar 1988 rollten die 194 beim Bw Nürnberg Rbf aufs Abstellgleis; am 28. Juni desselben Jahres war mit der Ausmusterung der letzten Maschine des Bw Ingolstadt das Krokodil-Zeitalter bei der DB beendet.

In der DDR konnten zwischen 1956 und 1961 insgesamt 23 E 94 betriebsbereit aufgearbeitet werden, die 1946 als Reparationsleistung vorübergehend in die Sowjetunion verbracht worden waren. Die Maschinen kamen anfänglich fast ausschließlich im schweren Kohleverkehr zwischen Halle/Saale und Leipzig zum Einsatz. Mit der Ausdehnung des elektrischen Zugbetriebes auf andere Landesteile wurden die ab 1961 grün-rot lackierten Altbauloks auch im „normalen" Güterzugdienst eingesetzt. 1970 wurden sie EDV-gerecht in Baureihe 254 umgezeichnet. Durch die Indienststellung der Neubaulokomotiven der Baureihe 250 gingen jedoch schon bald die ersten Stammleistungen verloren. 1979 verkaufte die DR 254 057 und 058 an das Braunkohlenkombinat Bitterfeld, das sie fortan im schweren Übergabeverkehr einsetzte. Zum Jahresende 1986 wurden auch bei der DR keine Hauptuntersuchungen mehr vorgenommen, sodass die 254 nach Ablauf der Fristen abgestellt werden mussten. Ab 1991 war mit der jetzt als 1-1122 bezeichneten ehemaligen 254 058 nur noch ein planmäßig eingesetztes „Eisenschwein", wie die E 94 in der DDR genannt wurde, auf dem Gebiet der DR vorhanden.

Von den ÖBB konnten nach dem Krieg 44 E 94 übernommen werden, die dort ab 1954 als Reihe 1020 bezeichnet wurde. Hinzu kamen zwischen 1953 und 1954 mit E 94 146 bis 148 (1020.45 bis 47) drei noch aus vorhandenen Teilen zusammengebaute Maschinen. Zwischen 1967 und 1980 wurden alle 1020 einem umfangreichen Modernisierungsprogramm unterzogen, das unter anderem Modifikationen an der Elektrik, Bremsanlage und Führerstand vorsah. Die augenfälligsten Neuerungen waren zwei gummigefasste Frontscheiben anstelle der drei Einzelfenster sowie der Einbau von getrennten Front- und Schlussleuchten. Im Juli 1994 wurden im Depot Villach noch 21 Maschinen planmäßig eingesetzt. Doch bereits ein Jahr später wurde auch hier die letzte 1020 abgestellt.

TECHNISCHE DATEN

Baureihe:	E 93, (ab 1968 BR 193 (DB))
Verwendungszweck:	Streckenlokomotive
Antrieb:	Tatzlager
Erstes Baujahr:	1933
Achsfolge:	Co'Co'
Spurweite (mm):	1435
Dienstgewicht (t):	117,6
Vmax (km/h):	65/70
Leistung (kW):	2214

TECHNISCHE DATEN

Baureihe:	E 94, (ab 1968 BR 194 (DB), ab 1970 BR 254 (DR) E 94.2 (ab 1968 BR194.2 (DB))
Verwendungszweck:	Streckenlokomotive
Antrieb:	Tatzlager
Erstes Baujahr:	1940
Achsfolge:	Co'Co'
Spurweite (mm):	1435
Dienstgewicht (t):	118,5 (ab 1945 123 t)
Vmax (km/h):	90 (ab 1945 100 km/h)
Leistung (kW):	3000 (ab 1945 4440 km/h)

LEW EL 2 – Deutschlands meistgebaute E-Lok

Mit der Baureihe EL 2 entwickelte LEW Hennigsdorf im Jahr 1953 eine auf die speziellen Bedürfnisse des Tagebau- und Hüttenbahnwesens abgestimmte Gleichstromlokomotive, die bis 1988 in einer Stückzahl von 1384 Lokomotiven an Betriebe in der DDR, Bulgarien, China, Polen und der Sowjetunion geliefert wurde. Die wegen ihres hohen Dienstgewichts auch als „Hundert-Tonnen-Lok" bezeichnete Baureihe gehört damit zu den meistgebauten deutschen E-Lokomotiven überhaupt. Die nach den Vorschriften der Deutschen Reichsbahn entwickelten EL 2 verfügen über eine Leistung von 1384 kW und zeichnen sich dank ihrer kurzgekuppelten Drehgestelle durch eine besonders hohe Laufgüte (auch auf nur temporär verlegten Gleisen) aus, wie sie früher im Tagebau die Regel waren. Eine serienmäßige Vielfachsteuerung für die Doppeltraktion schwerer Züge und eine spezielle Langsamfahreinrichtung für das kontinuierliche Beladen der Waggons unter dem Bagger oder Förderband zeichneten die robusten Maschinen ebenso aus, wie die vom Hersteller garantierte volle Betriebsfähigkeit bei extremen Außentemperaturen von -40 bis +35 Grad Celsius. Neben Spurweiten von 1435 mm und 1524 mm waren die Maschinen werkseitig sowohl mit Dachstromabnehmern als auch mit zusätzlichen Seitenstromabnehmern lieferbar. Gleiches galt für die Variabilität der Zug- und Stoßeinrichtungen, die von normalen Puffern mit Zughaken oder Grubenbahnkupplungen bis hin zu Mittelpufferkupplungen reichte. Nach der Wende wurden die meisten EL 2 bei ADtranz generalüberholt und fortan als EL 2m bezeichnet. In Deutschland sind die Maschinen heute noch bei der MIBRAG im Tagebau Profen sowie bei der LEAG im Lausitzer Braunkohlerevier im Einsatz.

TECHNISCHE DATEN

Baureihe:	LEW EL 2
Verwendungszweck:	Werksbahnlokomotive
Antrieb:	Tatzlager
Erstes Baujahr:	1952
Achsfolge:	Bo'Bo'
Spurweite (mm):	1435/1520
Dienstgewicht (t):	100
Vmax (km/h):	65
Leistung (kW):	1160

Baureihe E 10 – die erste Neubau-E-Lok der DB

Anfang 1950 verabschiedete der Fachausschuss der Deutschen Bundesbahn die Beschaffung von zwei elektrischen Basistypen mit weitgehend standardisierten Baugruppen, für den später der aus dem Dampflokomotivbau abgeleitete Begriff „Einheits-E-Lok" geprägt wurde. Neben einer sechsachsigen Güterzuglokomotive als Nachfolgerin der Baureihe E 94, wurde eine vierachsige Universallokomotive skizziert, die sich an der E 44 und der schweizerischen Ae 4/4 orientierte. Alle Baureihen sollten über sitzend zu bedienende Endführerstände verfügen und eine Höchstgeschwindigkeit von 125 km/h erreichen. Als Stundenleistung wurden 3700 kW veranschlagt. Die westdeutsche Lokomotivindustrie wurde von der DB aufgefordert, bis zum 15. April 1950 entsprechende Vorentwürfe einzureichen. Nach Durchsicht und Überarbeitung erfolgte im Dezember 1950 die Bestellung von vier Probelokomotiven, die später noch um eine fünfte ergänzt wurden. 1952 lieferten die die drei großen Lokomotivhersteller mit den als E 10 001 bis 004 bezeichneten vier Erprobungsträger das jeweils technisch Machbare des deutschen Triebfahrzeugbaus:

E 10 001 stammte von Krauss-Maffei (Mechanik) und AEG (Elektrik) und verfügte über einen Alstom-Hohlwellenantrieb.

E 10 002 wurde von Krupp (Mechanik) und BBC (Elektrik) gebaut und erhielt einen BBC-Scheibenantrieb.

E 10 003 entstand bei Henschel (Mechanik) und SSW (Elektrik) und besaß einen SSW-Gummiringfederantrieb.

E 10 004 lieferte Henschel (Mechanik) und AEG (Elektrik) und hatte einen Sécheron-Lamellenantrieb.

1953 folgte mit E 10 005 eine mit der E 10 004 identische Maschine. Bei den umgehend aufgenommenen Testfahrten zeigte sich sehr schnell, dass die Probelokomotiven den gestiegenen Anforderungen an eine Mehrzwecklokomotive nicht gewachsen waren. Während alle E 10 im Schnellzugdienst mehr oder weniger überzeugen konnten, wiesen sie nicht zuletzt wegen ihrer Getriebeübersetzung starke Defizite im Güter- und Nahverkehr auf. Aus diesem Grund entschieden sich die Verantwortlichen schließlich, von der E 10 spezialisierte Varianten abzuleiten, die bald als E 40 (Güterverkehr) und E 41 (Nahverkehr) Gestalt annahmen. Die E 10 wurde dagegen als reine Schnellzuglok mit dem in E 10 003 verwendeten Gummiringfederantrieb weiterentwickelt.

Die Auslieferung der ersten Serien-E 10 101 erfolgte im Dezember 1956. In mehreren Baulosen wurden bis 1969 insgesamt 379 E 10.1 beschafft (ab E 10 288 mit dem rundlicheren Lokomotivkasten der E 10.12). Hersteller waren die bereits an den Vorserienlokomotiven beteiligten Firmen.

Für die Beförderung der neuen bzw. reaktivierten Fd-Komfortzüge „Rheingold" und „Rheinpfeil" entschied sich die DB 1962, insgesamt 11 E 10 mit einem repräsentativeren, aerodynamisch geformten Aufbau zu beschaffen. Außerdem sollte die Höchstgeschwindigkeit auf 160 km/h heraufgesetzt werden. Bereits im Oktober 1962 stand mit E 10 1265 die erste der scherzhaft als „Bügelfalten" bezeichneten E 10.12 zur Verfügung. Aufgrund der guten Betriebserfahrungen wurden 1968 weitere 20 Maschinen beschafft, die allerdings nicht mehr über spezielle Schnellfahrdrehgestelle, sondern normale E 10-Drehgestelle verfügten. Bis zur Indienststellung der

Baureihe 103 bildeten die E 10.12 bei der DB das Rückgrat des hochwertigen Reisezugverkehrs.

Mit Beginn des Computerzeitalters erfolgte 1968 die Umzeichnung der E 10.0/E 10.1 in Baureihe 110 und der E 10.12 in Baureihe 112. Zwischen 1975 und 1979 schieden die Vorserienlokomotiven aus dem aktiven Bestand aus. Da die DB noch nicht auf die Serien-E 10 verzichten konnte,

begann sie ab 1985 damit, unfallbedingte Abgänge durch den Umbau von Lokomotiven der Schwesterbaureihen 139 und 140 zu ersetzen. Außerdem wurde der Überbestand an Güterzugmaschinen für den Austausch defekter Drehgestelle genutzt. Da vor allem die Seriendrehgestelle der 1968 gebauten 112 485 bis 504 enormen Verschleiß aufwiesen, musste deren Höchstgeschwindigkeit noch im selben Jahr auf 140 km/h reduziert werden. Ab 1. Januar 1988 wurden die betreffenden Maschinen zur besseren Unterscheidung in Baureihe 114 umgezeichnet. Fünf Jahre später wurden alle 114 sukzessive auf die Drehgestelle älterer Kasten-E 10 gesetzt und unter Beibehaltung ihrer bisherigen Ordnungsnummer als Baureihe 110 eingereiht. Die Spenderfahrzeuge erhielten im Gegenzug die Drehgestelle ausgemusterter 140 und wurden wegen der übernommenen elektrischen Widerstandsbremse der Baureihe 139 zugeschlagen.

1992 machte die Inbetriebnahme der neuen „Wiedervereinigungsloks" der Baureihe 112 eine Umzeichnung der „Rheingold-Lokomotiven" in Baureihe 113 erforderlich. Da inzwischen auch an ihnen der Zahn der Zeit nagte, erhielten sie ab Mitte der 1990er Jahre überarbeitete Schnellfahrdrehgestelle unter Verwendung eigens dafür nachgefertigter Bauteile. Obwohl sie als Splittergattung seit langem auf der Abschussliste standen, erfolgte die Ausmusterung der beiden letzten Exemplare erst im Juni 2014.

Nach der politischen Wende verloren die 110 zahlreiche Zugleistungen an die deutlich flexibler einsetzbare Baureihe 143, die zudem mit einer Wendezugsteuerung punkten konnte. Um auch das Einsatzspektrum der 110 zu erweitern, wurden einige Maschinen der letzten Lieferserie ebenfalls mit einer Wendezugsteuerung ausgerüstet, die aus dem Bestand ausgemusterter 141 stammte. Die betagte Technik erwies sich für die umgerüsteten Maschinen als eine Art Lebensversicherung, denn ab 2001 begann die DB damit, nicht wendezugfähige 110 aus dem Verkehr zu ziehen. 2011 wurde die letzte Kasten-110 außer Dienst gestellt. 2014 folgte mit 110 469 die letzte Bügelfalten-110.

Bereits 2005 hatte das DB-Tochterunternehmen DB AutoZug 33 überzählige 110 als Baureihe 115 übernommen. Alle Maschinen waren in Berlin-Rummelsburg stationiert. Ihr Aufgabengebiet umfasste die Traktion von Autoreisezügen, Sonderzügen und Überführungsfahrten. Außerdem kamen die 115 als „Springer" auch bedarfsweise vor IC-Zügen zum Einsatz. Im Februar 2020 wurden mit 115 198 und 261 die beiden letzten Exemplare bei der DB ausgemustert.

Inzwischen haben bei privaten Eisenbahnverkehrsunternehmen wieder eine ganze Reihe von zum Teil mustergültig aufgearbeiteten E 10 die Beförderung von Reise- und Güterzügen übernommen.

TECHNISCHE DATEN

Baureihe:	E 10 001, (ab 1968 110 001 (DB))	E 10 002, (ab 1968 110 002 (DB))
Verwendungszweck:	Universallokomotive	
Antrieb:	Gelenkhebel	Scheiben
Erstes Baujahr:	1952	1952
Achsfolge:	Bo'Bo'	Bo'Bo'
Spurweite (mm):	1435	1435
Dienstgewicht (t):	83	82
Vmax (km/h):	130	130
Leistung (kW):	3280	3020

TECHNISCHE DATEN

Baureihe:	E 10 003, (ab 1968 110 003 (DB))	E 10 004 und 005, (ab 1968 110 004 und 005 (DB))
Verwendungszweck:	Universallokomotive	
Antrieb:	Gummiringfeder	Lamellen
Erstes Baujahr:	1952	1952
Achsfolge:	Bo'Bo'	Bo'Bo'
Spurweite (mm):	1435	1435
Dienstgewicht (t):	80	80
Vmax (km/h):	130	130
Leistung (kW):	3460	3280

TECHNISCHE DATEN

Baureihe:	E 10.1-3, (ab 1968 BR 110.1-3 (DB))	E 10.12, (ab 1968 BR 112 (DB))
Verwendungszweck:	Schnellzuglokomotive	
Antrieb:	Gummiringfeder	Gummiringfeder
Erstes Baujahr:	1956	1962
Achsfolge:	Bo'Bo'	Bo'Bo'
Spurweite (mm):	1435	1435
Dienstgewicht (t):	85	85
Vmax (km/h):	140	160
Leistung (kW):	3620	3620

EH Jung ED 80 t – Die Hybridlok 1.0

Der aktuell populäre Hybridantrieb für Lokomotiven ist keine neue Erfindung, sondern kam bei Industriebahnen schon seit den 1950er Jahren zum Einsatz. Vor allem Hüttenwerke setzten bei ihren E-Loks auf einen zusätzlichen Dieselmotor, der ein Befahren der nicht elektrifizierten Gleise im Hochofenbereich ermöglichte.

Der Pionier im Bereich Zweikraftantrieb war der Gemeinschaftsbetrieb Eisenbahn und Häfen (EH) in Hamborn, der für seine überwiegend aus der Vorkriegszeit stammenden E-Loks mit zuschaltbaren Traktionsbatterien nach einem wirtschaftlicheren Ersatz suchte. Hier bot sich der dieselelektrische Antrieb an, der bei der „großen" Eisenbahn schon lange eingeführt, für Werksbahnen dagegen noch kaum erprobt war. Nach einem 1953 entwickelten Entwurf für eine Zweikraftlok mit dieselelektrischem Hilfsantrieb, schlossen sich praktische Erfahrungen mit der versuchsweise umgebauten Altbaulok EB 29 an. Die Versuche verliefen dermaßen erfolgreich, dass EH bereits im Juli 1954 den Lokomotivherstellern Jung und Krauss-Maffei den Auftrag für je drei Vorserienlokomotiven erteilte. Die Auslieferung erfolgte 1955.

Die von Jung als ED 80 t und von Krauss-Maffei als EL 07 bezeichneten Drehgestelllokomotiven mit der Achsfolge Co'Co' wurden für eine gute Rundumsicht als klassische Rangierlok mit Mittelführerstand ausgeführt. Auffallend waren die für eine geringe Durchfahrtshöhe auf den Vorbauten platzierten Stromabnehmer. Für eine hohe Verwindungsfestigkeit sorgten verstärkte Bleche an Hauptrahmen und Drehgestelle. Da trotz dieser massiven Bauweise die im Lastenheft geforderten 80 t Dienstgewicht noch nicht erreicht waren, erhielten die Maschinen zusätzliche Ballastgewichte. Die elektrische Anlage bestand aus einem Gleichstromwandler mit Widerstandssteuerung. Für Vortrieb sorgten vier Fahrmotoren in Tatzlager-Bauweise mit einer Gesamtleistung von 592 kW. Als Hilfsantrieb diente ein Zwölfzylinder-Zweitakt-Dieselmotor mit nachgeschaltetem Gleichstromgenerator.

Den Auftrag zur Serienfertigung erhielt die Firma Jung, die bis 1971 weitere 59 Exemplare lieferte. Da sich die als ED 101 bis 165 (später EH 101 bis 165) eingereihten Zweikraftloks sehr gut bewährten und man noch lange nicht auf ihre Dienste verzichten konnte, wurden sie ab 1985 bei Henschel generalüberholt. Dabei wurde unter anderem die Elektrik erneuert, die Druckluftanlage getauscht und eine Funkfernsteuerung eingebaut. Weil sich durch die Übernahme nicht elektrifizierter Montanbetriebe der Anteil an Einsätzen im Dieselmodus erhöht hatte und die alten KHD-Motoren an ihre Verschleißgrenze gekommen waren, erhielten 13 Maschinen ab 1991 einen Zwölfzylinder-Viertakt-Dieselmotor von Caterpillar mit 375 kW Leistung. Um Platz für diesen zu schaffen, musste der Motorvorbau entsprechend vergrößert werden, was zusammen mit dem jetzt verwendeten Einholmstromabnehmer für eine sehr gewöhnungsbedürftige Optik sorgte. Alle remotorisierten Loks wurden in EH 801 bis 813 umgezeichnet.

Mit der Entscheidung, zukünftig ganz auf die Dieseltraktion zu setzen und den Oberleitungsbetrieb zu beenden, wurden die Zweikraftloks ab Mitte der 1990er Jahre verstärkt ausgemustert. Zuletzt als reine Diesellok ohne Stromabnehmer im Einsatz, schied mit EH 813 die letzte Maschine am 24. April 2013 aus dem aktiven Bestand aus.

TECHNISCHE DATEN

Baureihe:	ED 80 t
Verwendungszweck:	Zweikraft-Werksbahnlokomotive
Antrieb:	Tatzlager
Erstes Baujahr:	1955
Achsfolge:	Bo'Bo'
Spurweite (mm):	1435
Dienstgewicht (t):	80
Vmax (km/h):	45
Leistung (kW):	592 elektrisch/ 163 Diesel (nach Umbau 375 Diesel)

Baureihe 109 – die erste Neubau-E-Lok der DR

Am 1. September 1955 wurde zwischen Halle/Saale und Köthen auch bei der Deutschen Reichsbahn das Zeitalter des elektrischen Zugbetriebes eingeläutet. Eingesetzt wurden generalüberholte Vorkriegslokomotiven der Baureihe E 44, die zuvor im Rahmen eines Kompensationsgeschäfts aus der UdSSR zurückgeholt worden waren. Bis 1957 konnten weitere 85 Streckenkilometer elektrifiziert werden; für 220 km liefen bereits die Vorarbeiten. Da die E 44 den Gesamtverkehr nicht im Alleingang bewältigen konnten, wurde die Beschaffung einer neuen E-Lok beschlossen und dem VEB LEW Hennigsdorf der Auftrag zur Entwicklung einer Bo'Bo'-Lokomotive erteilt. Weil noch keinerlei Erfahrungen mit dem Bau von Wechselstromlokomotiven vorlagen, bemühten sich DR und LEW Hennigsdorf um eine Lizenzfertigung der DB-Baureihe E 10/E 40, die allerdings aufgrund der politisch angespannten Lage nicht zustande kam. Somit musste ein gänzlich neuer Wechselstrom-Fahrmotor entwickelt werden, während man sich beim mechanischen Teil an den bereits für Polen gebauten Gleichstrommaschinen orientierte.

Im Januar 1961 konnten die als E 11 001 und 002 bezeichneten Baumusterlokomotiven dem Raw Dessau übergeben werden. Die offizielle Abnahme erfolgte am 3. Februar und 13. April 1961. Nur wenig später wurden beide Maschinen zur Erprobung der Versuchs- und Entwicklungsstelle der Maschinenwirtschaft (VES-M) in Halle/Saale zugeteilt, die sie im Rahmen eines umfangreichen Testprogramms vor Schnellzügen mit 140 km/h und vor schweren Güterzügen mit 2000 t Zughakenlast einsetzte. Die vergleichsweise hohe Geschwindigkeit wurde nur bei E 11 002 durch den Einbau eines elastischen Radsatzantriebs erreicht und später für die Serienfertigung wieder verworfen. Der Probebetrieb verlief zur vollsten Zufriedenheit, sodass im November 1962 mit der Fertigung der ersten 40 Serienmaschinen begonnen werden konnte. Da sich die Maschinen gut bewährten und die Mittel für die Entwicklung einer moderneren Nachfolgebaureihe fehlten, wurde zwischen 1970 und 1977 mit 211 043 bis 096 eine zweite Serie beschafft. Während des fünfzehnjährigen Produktionszeitraums gab es zahlreiche Bauartänderungen, die sowohl das Aussehen als auch die Technik betrafen. Ab 1987 wurden 23 Maschinen in Güterzuglokomotiven der Baureihe 242 umgebaut, die sich technisch nur durch eine geänderte Fahrmotorübersetzung und den Verzicht auf die Bremsstellung R unterschieden. Am 1. Januar 1991 führte die DR noch 69 Exemplare der 211 in ihrem Bestand, die inzwischen von den moderneren 243 in untergeordnete Verkehre verdrängt worden waren. 1992 erfolgte die Umzeichnung in Baureihe 109. Sechs Jahre später wurden die letzten vier Maschinen in Halle/Saale ausgemustert. 23 Exemplare gelangten bereits 1994/95 zur schweizerischen Firma Lokoop, die sie an private Eisenbahnverkehrsunternehmen vermietete. E 11 001 befindet sich heute im DB Museum Halle/Saale; E 11 013 ist in ihrer Ursprungslackierung bei der IG 58 3047 erhalten geblieben.

TECHNISCHE DATEN

Baureihe:	E 11, (ab 1970 BR 211, ab 1992 BR 109)	E 42 (ab 1970 BR 242, ab 1992 BR 142)
Verwendungszweck:	Streckenlokomotive	
Antrieb:	Tatzlager	Tatzlager
Erstes Baujahr:	1961	1963
Achsfolge:	Bo'Bo'	Bo'Bo'
Spurweite (mm):	1435	1435
Dienstgewicht (t):	82,5	82,5
Vmax (km/h):	120	100
Leistung (kW):	2920	2920

Baureihe 103 – Flaggschiff der Deutschen Bundesbahn

Für die vollständige Umstellung des TEE-Verkehrs auf Elektrolokomotiven und die Einführung des für 1971 vorgesehenen Intercity-Netzes, benötigte die Deutsche Bundesbahn eine neue Schnellzuglokomotive, die in der Lage sein sollte, mit einer Höchstgeschwindigkeit von 200 km/h auch dem erstarkenden Flugverkehr Paroli bieten zu können. Im Jahr 1965 lieferten Henschel (Mechanik) und BBC (Elektrik) die vier Vorserienlokomotiven E 03 001 bis 004, die zu Vergleichszwecken mit zwei unterschiedlichen Antrieben bestückt waren. E 03 001 und 004 verfügten über einen Henschel-Verzweigerantrieb; E 03 002 und 003 über einen Gummiring-Kardanantrieb.

Die Lokomotiven wurden der Öffentlichkeit erstmals auf der Internationalen Verkehrsausstellung 1965 in München präsentiert und dort als „Schnellfahrlokomotiven" bezeichnet, womit die DB die außerordentliche Leistungsfähigkeit gegenüber einer herkömmlichen Schnellzuglok herausstellen wollte. Während der Verkehrsausstellung beförderten die Vorserienmaschinen planmäßig die beiden aus TEE-Wagen bestehenden Messezugpaare D 10/11 und D 12/13 zwischen München und Augsburg, die am 26. Juni 1965 erstmals in Deutschland im Rahmen einer regulären Publikumsfahrt eine Geschwindigkeit von 200 km/h erreichten. Insgesamt absolvierten die neuen DB-Flaggschiffe 347 Publikumsfahrten mit diesem hohen Tempo, das allerdings von den noch nicht technisch ausgereiften Antrieben ihren Tribut forderte. So waren Motorschäden fast an der Tagesordnung, weshalb die Schnellfahrten nur durch den ständigen Ringtausch von Lokomotiven und Fahrmotoren aufrechterhalten werden konnten. Erst bei den wenig später aufgenommenen planmäßigen Schnellzugeinsätzen auf der Strecke München – Stuttgart konnte von einem einigermaßen normalen Probebetrieb gesprochen werden. Dabei zeigte sich der von Siemens-Schuckert entwickelte leichtere Gummiring-Kardanantrieb überlegen, sodass bei den 1969 bestellten 145 Serienmaschinen nur noch dieser Verwendung fand. Die Auslieferung der inzwischen als Baureihe 103 bezeichneten Schnellfahrlokomotiven erfolgte ab 1970, sodass für die Aufnahme des IC-Verkehrs 1971 bereits über 60 Maschinen zur Verfügung standen. Mit einer Dauerleistung von 7.440 kW waren die Serien-103 bei ihrer Indienststellung die stärksten einteiligen Lokomotiven der Welt und bis heute die stärksten jemals beschafften DB-Lokomotiven.

Durch ihre Omnipräsenz auf dem gesamten DB-Netz waren sie zudem die DB-Lokomotiven mit den höchsten Laufleistungen. Durchschnittliche Monatswerte von 30.000 km waren eher die Regel als die Ausnahme. Noch heute belegt 103 157 mit den im Juli 1972 erbrachten 50.251 km den Spitzenplatz aller deutschen Lokomotiven. Dennoch konnten die hohen Laufleistungen nicht darüber hinweg täuschen, dass die 103 für den von ihr übernommenen Schnellzugdienst mit maximal 140 km/h wenig geeignet war und dies mit einem übermäßig hohen Bürsten- und Kommutatorverschleiß quittierte. Die Leichtbaumotoren waren eigentlich für die zunächst geplante Reisegeschwindigkeit von 200 km/h ausgelegt worden, die sich jedoch erst mit Einführung der zweiklassigen IC-Züge 1979 realisieren ließ.

Mit Auslieferung der Baureihe 120 gingen die Einsätze 1988 erstmals zurück. Nachdem 1991 das ICE-Zeitalter begonnen hatte und die DB ihren Fokus im Fernverkehr immer stärker auf den Triebzug legte, begann der Stern der Baureihe 103 allmählich zu sinken. 1988 befand sich fast jede dritte 103 in Reparatur. Ab 1992 musste die Höchstgeschwindigkeit bei einigen Maschinen auf 160 km/h begrenzt werden. Ab 1996 übernahm die neue Baureihe 101 sukzessive die Umläufe der 103, die sich nun verstärkt vor Interregio- und D-Zügen wiederfanden.

Nachdem ein hoher Schadbestand bei der Baureihe 101 Anfang 2003 noch einmal für eine kurze Renaissance der 103 gesorgt hatte, wurde im August desselben Jahres mit 103 184 die letzte planmäßig eingesetzte Maschine abgestellt. Insgesamt konnten 17 Stück für die Nachwelt bzw. den weiteren Betriebseinsatz bei Privatbahnen oder als DB-Museumslokomotiven erhalten werden.

TECHNISCHE DATEN

Baureihe:	E 03 001-004, (ab 1968 BR 103.0 (DB))	103.1 (DB)
Verwendungszweck:	Streckenlokomotive	Streckenlokomotive
Antrieb:	Gummiringfeder-Kardan*	Gummiringfeder-Kardan
Erstes Baujahr:	1965	1970
Achsfolge:	Co'Co'	Co'Co'
Spurweite (mm):	1435	1435
Dienstgewicht (t):	112	114
Vmax (km/h):	200	200
Leistung (kW):	6420	7080

*E 03 001 und 004 Henschel-Verzweigerantrieb

Baureihe 171 – 50 Hz-Spezialist für die Rübelandbahn

Um den in großen Mengen benötigten Kalk aus den Steinbrüchen bei Rübeland kostengünstiger abtransportieren zu können, wurde 1960 mit der Elektrifizierung der Rübelandbahn Blankenburg – Königshütte begonnen. Da es in der gesamten DDR keine Frequenzumformer für den in Deutschland üblichen Bahnstrom mit 15 kV/16 2/3 Hz gab und ein eigenes Bahnstromkraftwerk aus Kostengründen nicht infrage kam, entschied sich die DR für eine Elektrifizierung mit Einphasenwechselstrom mit 25 kV/50 Hz. Die Umwandlung des normalen Industriestroms erfolgte dabei im Unterwerk Blankenburg.

Da für den elektrischen Inselbetrieb ein fester Lokomotivpool gebildet werden musste, erhielt der VEB LEW „Hans Beimler" Hennigsdorf den Auftrag für die Entwicklung und den Bau von 15 steilstreckentauglichen E-Lokomotiven, die gemäß Pflichtenheft einen 300 t schweren Zug auf einer 63 Promille-Steigung mit 40 km/h und auf einer 25 Promille Steigung mit 60 km/h befördern sollten.

Im Jahr 1965 lieferten die Hennigsdorfer eine als E 251 bezeichnete Drehgestelllokomotive mit Tatzlagerantrieb und der Achsfolge Co'Co', die mit einer Stundenleistung von 3660 kW deutlich über den 2920 kW der Schwesterbaureihe E 11 lag. Für ihre Erprobung war eigens ein 23 km langes Teilstück des Berliner Außenrings von Hennigsdorf bis Wustermark mit dem passenden Stromsystem elektrifiziert worden.

Ab 1. August 1966 übernahmen die E 251 den Gesamtverkehr auf der Rübelandbahn, deren topografisch bedingter Verlauf mit Steilrampen und Spitzkehre den Betrieb von zumeist zwei Maschinen an jedem Zugende erforderlich machte. 1970 wurden die Loks in Baureihe 251 umgezeichnet; 1992 erfolgte die Umbenennung in Baureihe 171. Noch vor der Wende waren Überlegungen angestellt worden, die mit Laufleistungen von 600.000 bis einer Million Kilometer aufwartenden Maschinen durch Neubaulokomotiven zu ersetzen bzw. das Stromnetz auf das gängige Bahnstromsystem umzustellen. Der rückläufige Güterverkehr und der fast vollständig zum Erliegen gekommene Personenverkehr erübrigten jedoch schon bald eine ernsthafte Planung. Nachdem die E-Loks zu Beginn der 2000er-Jahre den spärlichen Reiseverkehr an die Baureihe 218 verloren hatten, brachte die Abschaltung des Fahrdrahts am 16. Mai 2005 das endgültige Aus. Von den einst 15 Loks sind mit E 251 001 und 002 sowie 171 012 drei Exemplare der Nachwelt rollfähig erhalten geblieben. Alle anderen Maschinen wurden nach einem gescheiterten Verkaufsversuch verschrottet.

TECHNISCHE DATEN

Baureihe:	251 (ab 1992 BR 171)
Verwendungszweck:	Streckenlokomotive für Stromsystem 25 kV/50 Hz
Antrieb:	Tatzlager
Erstes Baujahr:	1965
Achsfolge:	Co'Co'
Spurweite (mm):	1435
Dienstgewicht (t):	124
Vmax (km/h):	80
Leistung (kW):	3660

Baureihe 155 – der Energiecontainer

Um die noch aus der Vorkriegszeit stammenden E 94 ablösen zu können, plante die Deutsche Reichsbahn die Beschaffung einer ebenfalls sechsachsigen schweren Güterzuglokomotive, die aus der Baureihe E 42 abgeleitet werden sollte. Das Lastenheft sah die Beförderung von 3000 t schweren Zügen in der Ebene und auf einer 5-Promille-Steigung mit jeweils 95 km/h vor. Als konstruktive Höchstgeschwindigkeit wurden 125 km/h festgelegt.

1974 lieferte LEW Hennigsdorf die Vorserienlokomotiven 250 001 bis 003, die zur Erreichung der Vorgaben mit einem 5400 kW starken Kegelringfederantrieb ausgerüstet waren. Alle drei Maschinen wurden im harten Betriebsalltag getestet und zeigten sich den Anforderungen mehr als gewachsen. Da auch eine Probezerlegung im Raw Dessau keinen Verbesserungsbedarf zeigte, wurde schließlich die Serienfreigabe erteilt. In insgesamt sechs Lieferserien mit differierenden Stückzahlen, wurden zwischen Januar 1977 und Oktober 1984 insgesamt 270 Serienmaschinen gebaut.

TECHNISCHE DATEN	
Baureihe:	250, (ab 1992 BR 155 (DR))
Verwendungszweck:	Streckenlokomotive
Antrieb:	Kegelringfeder
Erstes Baujahr:	1974
Achsfolge:	Co'Co'
Spurweite (mm):	1435
Dienstgewicht (t):	123
Vmax (km/h):	125
Leistung (kW):	5400

Die erste Serie wurde den Dienststellen Dresden, Halle und Erfurt zugeteilt, die sie vorrangig im schweren Güterzugdienst einsetzte. Mit Zunahme des Bestands wurden die Maschinen bald auch vor Schnellzügen und im Städte-Express-Dienst eingesetzt. Nach Abschluss der Beschaffungskampagne waren die ebenso leistungsfähigen wie zuverlässigen Maschinen nahezu in allen „elektrifizierten" Bahnbetriebswerken der DR beheimatet. Nachdem 250 017 und 201 nach einem schweren Unfall 1984 noch instandgesetzt werden konnten, traf dies für die zwei Jahre später verunfallte 250 106 nicht zu, die als erste 250 ausgemustert werden musste. Ihr folgte 1990 auch 250 145. Mit der Wiedervereinigung und dem daraus resultierenden Rückgang der Transportleistungen wurden die meisten 250 arbeitslos. 1990 wurden daher einige 250 von der Schweizer Südost-Bahn (SOB) angemietet; zwei Jahre später fassten die nun als Baureihe 155 eingereihten Maschinen auch bei der DB im Bw Nürnberg 2 Fuß. Ab 1995 setzte auch das Bw Mannheim Rbf auf die Leistungsfähigkeit der ehemaligen DDR-Lokomotiven, sodass die von Eisenbahnfreunden als „Energiecontainer" bezeichneten 155 fortan im gesamten Bundesgebiet zum Einsatz kamen.

Im Zuge der dritten Stufe der Bahnreform wurden alle Maschinen der DB Cargo AG zugeteilt, die sie auf die Einsatzstellen Seddin und Mannheim konzentrierte. Damit war auch der Einsatz vor Reisezügen endgültig passé. Nachdem ab 2000 wiederholt Rahmenschäden für längere Ausfälle gesorgt hatten, sollte die Baureihe eigentlich abgestellt werden. Doch erwiesen sich die alternativ eingesetzten Baureihen 145 und 152 nur als mäßiger Ersatz, sodass die 2002 vorhandenen 233 Maschinen weiterhin im Einsatzbestand verbleiben konnten. Im April 2016 waren schließlich nur noch 63 Maschinen betriebsfähig. Drei Jahre später wurden die letzten 155 abgestellt, um im Januar 2021 noch einmal überraschend reaktiviert zu werden. Inzwischen greifen auch wieder zahlreiche Privatbahnen auf die Baureihe zurück. Museal erhalten ist mit 155 001 (DB Museum Halle) bis heute nur eine einzige Maschine.

Baureihe 182.2 – Grenzverkehr 2.0

Ungeachtet der nur mäßig zuverlässigen Erprobungsträger 181 001 bis 004, erteilte die Deutsche Bundesbahn den Herstellern Krupp und AEG im Juli 1972 den Auftrag zur Lieferung von 25 Zweisystemlokomotiven der Baureihe 181.2, die auf der zur Elektrifizierung anstehenden Moselstrecke Koblenz – Trier sowie ihren Flügelstrecken nach Apach (SNCF) und Wasserbillig (CFL) eingesetzt werden sollten. Das Lastenheft der für 15 kV, 16 2/3 Hz und 25 KV, 50 Hz ausgelegten Maschinen sah sowohl die Beförderung von Schnellzügen mit 160 km/h als auch die Bespannung von schweren Güterzügen vor. Für eine höhere Zuverlässigkeit gegenüber der 181.0 wurden darüber hinaus die Optimierung von Laufwerk und Steuerelektronik sowie eine Reduzierung der Staubbelastung durch die Lüfteranlage im Maschinenraum gefordert.

Im Juli 1974 konnte mit 181 201 die erste Serienmaschine an die DB übergeben werden. Bereits im April 1975 war mit Indienststellung der 181 225 die Neubeschaffung abgeschlossen. Die mit einem 3300 kW starken Siemens-Gummiring-Kardanantrieb ausgerüsteten Serienloks unterschieden sich optisch kaum von den vier Erprobungsträgern, erhielten allerdings einen knapp einen Meter längeren Lokomotivkasten und Oberbaulüfter. Beheimatet wurden alle 181.2 im Bahnbetriebswerk Saarbrücken, das sie im Güterverkehr zunächst fast ausschließlich für die Beförderung schwerer Montanzüge nutzte. Im Schnellzugverkehr übernahmen die 181.2 die Traktion hochwertiger Reisezüge zwischen Koblenz und Luxemburg sowie zwischen Frankfurt/Main und Metz. Später kamen auch Leistungen zwischen Straßburg und Stuttgart hinzu. Mit dem Strukturwandel in der lothringischen und saarländischen Schwerindustrie spielte der grenzüberschreitende Montanverkehr schon bald nur noch eine untergeordnete Rolle, sodass die 181.2 verstärkt im Reisezugverkehr eingesetzt wurden. Neben den neu eingeführten Eurocity-Zügen, übernahmen die eleganten Maschinen auch mehr und mehr innerdeutsche Zugleistungen. Nach der Wiedervereinigung wurde Leipzig Hbf der östlichste Wendepunkt.

Entgegen den Befürchtungen vieler Betriebseisenbahner, bewährten sich die Maschinen sehr gut, sodass ihre Ausfallquote nicht höher als die anderer Baureihen war. Dennoch sorgte der immer weiter zurückgehende Kohle- und Erzverkehr für eine deutliche Beschneidung der Zugleistungen. Dies galt mit Ausdehnung des ICE- und TGV-Verkehrs schließlich auch für den Reisezugdienst. 2004 wechselten alle verbliebenen 181.2 nach Frankfurt/Main. 181 202, 216 und 217 waren zu diesem Zeitpunkt bereits ausgemustert worden. Nach dem Verlust des grenzüberschreitenden Güterverkehrs und dem Ende des Frankreich-Verkehrs, verblieben ab Dezember 2007 nur noch der IC-Verkehr zwischen Koblenz und Luxemburg sowie zwischen Frankfurt/Main und Saarbrücken. 2011 übernahmen die Maschinen kurzzeitig IC-Leistungen zwischen Stuttgart und Singen. Nach der Einstellung des IC-Verkehrs nach Luxemburg im Dezember 2014 führten die 181.2 endgültig ein Schattendasein. Die letzten vier noch betriebsfähigen Maschinen verdienten sich ihr Gnadenbrot vor den Intercitys Frankfurt/Main – Saarbrücken. Nach deren Einstellung im Dezember 2015 verblieb mit dem Euronight Paris – Moskau zwischen Straßburg und Karlsruhe lediglich eine internationale Zugleistung. Nach einer vorübergehenden Rückkehr in den Güterzugdienst im Großraum Saarbrücken und Trier, wurden die letzten 181.2 am 8. Dezember 2018 bei der DB AG ausgemustert. Inzwischen sind mit den mustergültig aufgearbeiteten 181 204, 211, 213 und 215 wieder vier Maschinen als Mietlokomotiven des Bahndienstleisters SEL im Einsatz. Außerdem hat die DB mit 181 001, 202, 205 und 206 gleich vier Zweisystemmaschinen museal erhalten.

TECHNISCHE DATEN

Baureihe:	181.2
Verwendungszweck:	Zweisystem-Streckenlokomotive
Antrieb:	Gummiring-Kardan
Erstes Baujahr:	1974
Achsfolge:	Bo'Bo'
Spurweite (mm):	1435
Dienstgewicht (t):	82,5
Vmax (km/h):	160
Leistung (kW):	3300

RAG E 1200 – die weltweit erste Serienlok mit Drehstrom-Asynchronantrieb

Vor dem Hintergrund der steigenden Zuglasten und der Absicht, den elektrischen Zugbetrieb auch auf das kurz zuvor übernommene Streckennetz der Gelsenkirchener Bergwerks-AG auszudehnen, begannen die Zechenbahn- und Hafenbetriebe Ruhr-Mitte als Eisenbahn der Ruhrkohle AG zu Beginn der 1970er Jahre mit der Konstruktion einer völlig neuen Lokomotivgeneration. Auf Grundlage der bereits bewährten Baureihe EA 1000 entstand eine ebenfalls vierachsige Drehgestelllokomotive, die 1976 von Henschel/BBC in einer Kleinserie von sechs Stück (E 001 bis 006) geliefert wurde. Die als E 1200 bezeichnete Neukonstruktion verfügte als erste Serienlok der Welt über einen wartungsfreien Drehstrom-Asynchron-Kurzschlussläufer-Motor mit vollelektronischer Umrichtertechnik, den man für eine bessere Zugänglichkeit erstmals getrennt vom Tatzlagerantrieb platziert hatte.

Mit einer Stundenleistung von 1500 kW gehörte die E 1200 zu den leistungsfähigsten Industriebahnlokomotiven in Deutschland. Sie diente auch als Mustervorlage für andere Lokomotiven. Bauartgleiche Maschinen beschafften später unter anderem auch der Gemeinschaftsbetrieb Eisenbahn und Häfen sowie die Österreichischen Bundesbahnen, wofür RAG-Lok E 006 sogar im Jahr 1976 für Testfahrten in der Alpenrepublik weilte. Ab 1983 entfiel das E vor der Betriebsnummer. Aufgrund der durchweg positiven Betriebserfahrungen wurden 1984 mit den Lokomotiven 011 bis 017 sieben weitere E 1200 beschafft.

Um die E 1200 nach der Bahnreform auch auf DB-Strecken einsetzen zu können, wurden einige von ihnen 1997 mit Indusi und Zugbahnfunk ausgerüstet. Im Zuge des Zechensterbens und der Übernahme der Zechenbahn durch die Deutsche Bahn AG, wurde 2007 mit 006 die erste Maschine nach Fristablauf ausgemustert. Bei Schließung der Hauptwerkstatt Gladbeck am 31. Oktober 2014 befanden sich mit 011, 013 und 016 nur noch drei Maschinen im aktiven Bestand. Im Januar 2016 wurde 016 ausgemustert. Im November 2017 bzw. Juli 2018 traf es schließlich auch 013 und 011. Von den einst 13 E 1200 wurden immerhin zwei für die Nachwelt erhalten: 001 steht heute im DB Museum Koblenz-Lützel; 003 im Eisenbahnmuseum Bochum-Dahlhausen.

TECHNISCHE DATEN

Baureihe:	Henschel-BBC E 1200
Verwendungszweck:	Werksbahnlokomotive
Antrieb:	Tatzrollenlager-Drehstrom
Erstes Baujahr:	1976
Achsfolge:	Bo'Bo'
Spurweite (mm):	1435
Dienstgewicht (t):	88
Vmax (km/h):	100
Leistung (kW):	1500

Baureihe 120 – die erste Drehstrom-E-Lok der DB

Nachdem die ab 1971 erprobte Baureihe 202 mit Drehstrom-Asynchronantrieb erstmals den Nachweis für die universelle Verwendbarkeit einer Lokomotive als Schnellzug- und schwere Güterzuglokomotive erbracht hatte, schrieb die Deutsche Bundesbahn 1976 die Entwicklung einer neuen vierachsigen elektrischen Mehrzwecklokomotive aus. Ihr Lastenheft sah die Beförderung eines 700 t schweren Schnellzuges mit 160 km/h, eines 1500 t schweren Reisezuges mit 100 km/h, eines 2200 t schweren Güterzuges mit 80 km/h sowie eines 5400 t schweren Schwerlastzuges in Doppeltraktion mit 80 km/h vor. Als Antriebsleistung wurden 5600 kW festgelegt; als maximales Dienstgewicht 84 t.

Die Hersteller Henschel, Krauss-Maffei, Krupp (mechanischer Teil) und BBC (elektrischer Teil) reichten daraufhin den Entwurf einer am Design der Baureihe 202 angelehnten Universallokomotive ein, der im März 1977 zur Bestellung von fünf Vorserienloks der Baureihe 120 führte. In ihre Entwicklung flossen maßgeblich die Erfahrungen mit der von Henschel/BBC an die Ruhrkohle AG gelieferten E 1200 ein, die seit 1976 als weltweit erste Serienlok mit Drehstrom-Asynchronantrieb im Einsatz war. 1979/80 konnten die Vorserienloks 120 001 bis 005 an die DB übergeben werden. Um für eine mögliche Serienfertigung genügend Erfahrungen zu sammeln, wurden die Maschinen einem umfangreichen Testprogramm unterzogen, das sowohl Einsätze unter Laborbedingungen als auch im normalen Regelzugdienst vorsah. Der Einsatz vor Schnellzügen erfolgte dabei in Umläufen der Baureihe 103, der vor Güterzügen in Dienstplänen der Baureihe 151. Am 17. Oktober 1984 markierte schließlich der von 120 001 zwischen Augsburg und Donauwörth aufgestellte Weltrekord für Drehstromlokomotiven den Höhepunkt der Testphase. Mit einem 250 t schweren Versuchszug am Zughaken erreichte sie eine Höchstgeschwindigkeit von 265 km/h. Insgesamt legten die fünf Vorserien-120 rund vier Millionen Testkilometer zurück! Während der Drehstromantrieb dabei durchweg überzeugen konnte, mussten für die Serienfreigabe noch einige mechanische Komponenten optimiert werden.

Im November 1984 erteilte die DB den Auftrag zur Lieferung von 60 Serienlokomotiven der Baureihe 120.1. Auftragnehmer war ein Konsortium aus den Firmen AEG, BBC, Siemens (Elektrik) sowie Henschel, Krauss-Maf-

fei und Krupp (Mechanik). Die als 120 101 bis 160 eingereihten Maschinen waren für 200 km/h zugelassen und wurden von 1987 bis 1989 in Dienst gestellt. Die Lokomotiven 120 137 bis 160 wurden mit einer geänderten Getriebeübersetzung ausgeliefert, um bei hohen Geschwindigkeiten eine höhere Zugkraft zu erhalten. Diese Änderung führte allerdings zu einer geringeren Zugkraft bei niedrigen Geschwindigkeiten.

Die Vorserienmaschinen wechselten mit Inbetriebnahme der 120.1 zu den Bundesbahnzentralämtern Minden und München, wo sie für baureihenübergreifende Versuchsreihen eingesetzt wurden. Die Serienlokomotiven liefen ab Mai 1988 planmäßig vor IC und IR-Zügen. In der Nacht bespannten sie dagegen schnelle Güterzüge im gesamten Bundesgebiet. Damit entwickelte sich die 120 zu der DB-Lokomotive mit der höchsten betrieblichen Auslastung. Dies führte allerdings dazu, dass die derart strapazierten Maschinen mit zunehmender Betriebsdauer eine vergleichsweise hohe Ausfallrate aufwiesen. Mit der Umstellung vieler Wagenzüge auf ICE-Triebzüge verloren viele 120 ihre einstigen Stammleistungen. 2007 erhielten deshalb die ersten fünf Maschinen ein Nahverkehrspaket und wechselten als 120 201 bis 205 in den hohen Norden, wo sie bis 2020 vor dem Regionalexpress Rostock – Hamburg zum Einsatz kamen. 2010 wurden weitere drei für den Nahverkehr ertüchtigte 120 ab Aachen vor dem Rhein-Sieg-Express eingesetzt. Im Juli 2020 schied die Baureihe 120 bei der DB auch aus dem Fernverkehr aus.

TECHNISCHE DATEN

Baureihe:	120 (DB)
Verwendungszweck:	Streckenlokomotive
Antrieb:	Gelenk-Kardan
Erstes Baujahr:	1979 (Serie 1987)
Achsfolge:	Bo'Bo'
Spurweite (mm):	1435
Dienstgewicht (t):	83,2
Vmax (km/h):	200 (ab 120 137 230)
Leistung (kW):	2920 (120 004 versuchsw. 6400)

Baureihe 180 – die erste Mehrsystem-E-Lok der DR

Aufgrund ihrer großen Bedeutung für den deutsch-böhmischen Transitverkehr wurde die Elbtalbahn zwischen Dresden und Schöna in den Jahren 1971 bis 1975 mit dem in Deutschland üblichen Bahnstrom 15 kV und 16 2/3 Hz elektrifiziert. Da die Staatsbahnen der CSSR (ČSD) auf ihrer Seite die Strecke bis zum Grenzbahnhof Děčín mit dem dort üblichen Gleichstrom 3 kV elektrifiziert hatten, entstand eine 12 km lange elektrische Lücke, die mit Diesellokomotiven überbrückt werden musste. Um diesen unwirtschaftlichen Betrieb schnellstmöglich zu beenden, beschlossen DR und ČSD, das Zwischenstück ebenfalls zu elektrifizieren und hierfür gemeinsam eine neue Zweisystem-E-Lok zu beschaffen. Diese sollte einen durchgehenden Betrieb ohne Triebbfahrzeugwechsel im Grenzbahnhof ermöglichen und so den Grenzverkehr deutlich beschleunigen.

Da in der sozialistischen Planwirtschaft nur sehr verzögert auf ein derartiges Vorhaben reagiert werden konnte, dauerte es noch bis 1988, als endlich die beiden Baumusterlokomotiven 230 001 (DR) und 372 001 (ČSD) für Probefahrten zur Verfügung standen. Den Zuschlag für die Entwicklung und Fertigung hatte die Fabrik für elektrische Lokomotiven Škoda in Pilsen erhalten, die bereits über Erfahrungen beim Bau von Mehrsystemtriebfahrzeugen verfügte. Wichtige Fahrzeugkomponenten wie Haupttransformator und Wechselstromhauptschalter lieferten deutsche Betriebe zu.

Die DR bestellte insgesamt 20; die ČSD 15 Maschinen. Die Auslieferung und Abnahme erfolgte im Frühjahr 1991, so dass die wegen ihrer kantigen Optik und der böhmischen Herkunft im Eisenbahnerjargon als „Knödelpressen“ bezeichneten Zweisystem-Loks zum Fahrplanwechsel im Mai 1991 den Plandienst auf der Elbtalbahn übernehmen konnten. Weil zwischen DR und ČSD kein finanzieller Ausgleich vorgesehen war, wurden die Umlaufpläne so aufgestellt, dass die Lokomotiven beider Staatsbahnen in etwa die gleichen Laufleistungen zurücklegten. Der Personalwechsel erfolgte dabei in Bad Schandau bzw. Děčín.

Ab Mai 1992 kamen die DR-Maschinen, inzwischen als BR 180 bezeichnet, auch bis Berlin und von dort bis ins polnische Rzepin. Mit der Ertüchtigung der Strecke Dresden – Berlin für 160 km/h waren sie im hochwertigen Reisezugverkehr allerdings dort nicht mehr einsetzbar. Außerdem war auch der Ausbau der Strecke Prag – Děčín vorgesehen, so dass über eine Anhebung der zulässigen Höchstgeschwindigkeit nachgedacht wurde. Die

TECHNISCHE DATEN

Baureihe:	230, (ab 1992 BR 180 (DB))
Verwendungszweck:	Mehrsystem-Streckenlokomotive
Antrieb:	Skoda-Kardan
Erstes Baujahr:	1988
Achsfolge:	Bo'Bo'
Spurweite (mm):	1435
Dienstgewicht (t):	120
Vmax (km/h):	120
Leistung (kW):	3080

Drehgestelle waren werkseitig für 200 km/h zugelassen. Auf tschechischer Seite wurden 1994 sechs 372 für 160 km/h ertüchtigt, während es die DB AG mit 180 001 bei lediglich einer Maschine beließ. Nach ihrem Wechsel zu DB Railion kamen die deutschen Loks nur noch im Güterverkehr zum Einsatz, weshalb 180 001 im Jahr 2003 an die jetzt ČD genannten tschechischen Staatsbahnen abgegeben wurde. Mit der Zulassung der neuen Baureihe 189 für das ČD-Netz wurde schließlich die schrittweise Ausmusterung der Baureihe 180 eingeläutet. Die letzten Maschinen wurden im Dezember 2014 abgestellt. 14 von ihnen konnten an TSS Cargo in Tschechien verkauft werden; mit 180 014 blieb dagegen nur eine Maschine in Weimar museal erhalten. Die ČD setzt ihre Zweisystem-Loks bis heute ein, auch wenn sie inzwischen weitgehend von der Nachfolgebaureihe 388 verdrängt wurden.

Baureihe 112 – die Wiedervereinigungslok

Ab 1991 begann die Deutsche Reichsbahn mit dem abschnittsweisen Ausbau ihres Streckennetzes für 160 km/h. Da keine einzige Baureihe für diese Geschwindigkeit zugelassen war, ließ die DR bereits im Herbst 1990 vier aus der laufenden Serienproduktion stammende 243 für 160 km/h ertüchtigen. Die als 212 002 bis 005 (212 001 war bereits vergeben) eingereihten Maschinen wussten trotz anfänglicher Kinderkrankheiten zu überzeugen, so dass die DR eine Serie von 35 Maschinen in Auftrag gab, die zwischen August und Dezember 1991 in Dienst gestellt werden konnten. Haupteinsatzgebiet war zunächst die bereits modernisierte Magistrale Berlin – Dresden.

Um die Lokomotivindustrie in den neuen Bundesländern zu unterstützen – die AEG hatte gerade ihr enteignetes Werk Hennigsdorf wieder in ihren Besitz gebracht – bestellten DR und DB 1991 gemeinsam bei AEG eine weitere Serie von jeweils 45 Lokomotiven der Baureihe 112.1. Diese unterschied sich optisch durch die Einfachlampen von ihrer Vorgängerin und war bereits ab Werk mit einer Linienzugbeeinflussung ausgerüstet. Während die jetzt als Baureihe 112.0 eingereihte erste Serie fast ausschließlich auf DR-Strecken zum Einsatz kam, verkehrten die 112.1 beider Bahnverwaltungen freizügig auf dem gesamtdeutschen Streckennetz, wo sie sich hauptsächlich vor D- und Interregio-Zügen nützlich machten. Mit der Abschaffung der Interregios ging ihnen das wichtigste Standbein verloren, sodass DB Fernverkehr alle 112.1 zum 1. Januar 2004 an DB Regio weitergab, das sie fortan im beschleunigten Regionalverkehr einsetzte. Gleiches galt für die Baureihe 112.0, die bereits zum 1. April 2000 zur DB-Nahverkehrssparte gewechselt und hier in Baureihe 114 umgezeichnet worden war. Zum Stichtag 31. Dezember 2023 verfügte die DB noch über 55 Maschinen der Baureihe 112.1 sowie 18 der Baureihe 114. Hinzu kommen je drei Maschinen jeder Baureihe bei der WFL Logistik Potsdam.

TECHNISCHE DATEN

Baureihe:	212, (ab 1992 BR 112 (DR))	243, (ab 1992 BR 143 (DR))
Verwendungszweck:	Streckenlokomotive	
Antrieb:	Kegelringfeder	Kegelringfeder
Erstes Baujahr:	1980	1984
Achsfolge:	Bo'Bo'	Bo'Bo'
Spurweite (mm):	1435	1435
Dienstgewicht (t):	82,5	82,5
Vmax (km/h):	160	120
Leistung (kW):	4220	3720

Baureihe 156 – die letzte E-Lokentwicklung der DDR

Für den Güterverkehr auf den neu elektrifizierten Strecken reichten um 1985 die vorhandenen E-Lokomotiven der Deutschen Reichsbahn nicht mehr aus, sodass diese bei LEW Hennigsdorf eine Bestellung über 70 neue Streckenlokomotiven mit der Option für 280 weitere in Auftrag gab. Betrieblich gewünscht war eine Symbiose aus den bewährten Baureihen 250 (später BR 155/mechanischer Teil) und 243 (später BR 143/elektrischer Teil), die in drei Ausführungen für 80, 125 und 160 km/h beschafft werden sollte. Für die Erprobung der unterschiedlichen Konfigurationen entstanden 1991 die vier Baumusterlokomotiven 252 001 bis 004, die ein Jahr später in 156 001 bis 004 umgezeichnet wurden.

TECHNISCHE DATEN

Baureihe:	156 (DR/DB)
Verwendungszweck:	Streckenlokomotive
Antrieb:	Kegelringfeder
Erstes Baujahr:	1991
Achsfolge:	Co'Co'
Spurweite (mm):	1435
Dienstgewicht (t):	120
Vmax (km/h):	125
Leistung (kW):	5880

Die vier Maschinen unterschieden sich in einigen Details voneinander. Während 156 001 die Steuerelektronik der 143 erhielt, war 156 002 mit einem statischen Umrichter für das Drehstrombordnetz ausgerüstet worden. 156 003 und 004 bekamen dagegen statische Umrichter und das mikroprozessorgesteuerte Onboardsystem „Siba 16" mit monitorgestützten Betriebsanzeigen und einer Diagnosefunktion. Alle 156 verfügten über eine standardisierte dreizehnpolige UIC-Kupplung für den internationalen Reisezugverkehr und ein bis Vmax 160 km/h anpassbares Fahrwerk. Die optisch an der DB-Baureihe 120 angelehnten Baumusterexemplare waren die letzten in der DDR entwickelten Lokomotiven. Alle vier wurden dem Betriebshof Dresden zugeteilt, der sie sowohl im Güterzugdienst als auch vor Interregio- und D-Zügen einsetzte. Da sich der Güterverkehr noch vor Gründung der DB AG rückläufig entwickelt hatte und einer konventionellen Wechselstromlokomotive zukünftig kaum noch Chancen eingeräumt wurden, stornierte die Bahn ihre Bestellung vollständig.

1998 gelangten die 156 zur DB Cargo AG, die sie bis 2002 in einem mehrtägigen Güterzugumlauf einsetzte. Nach dem die geplante Ablösung der Baureihe 150 auf der Frankenwaldbahn an technischen Problemen gescheitert war, verfügte das Unternehmen im Dezember 2002 die sofortige Abstellung. Im September 2003 erfolgte der Weiterverkauf an das DB-Tochterunternehmen Mitteldeutsche Eisenbahn-Gesellschaft (MEG), das die Maschinen als 801 bis 804 wieder im Güterzugdienst einsetzte. 2020/21 wechselten schließlich alle 156 zum Fahrzeugwerk Karsdorf des Erfurter Bahnservice.

Baureihe 101 – die erste Schnellfahrlok der Deutschen Bahn AG

Als die erste Lok der Baureihe 101 am 1. Juli 1996 an die Deutsche Bahn AG übergeben wurde, war die Stimmung in der Eisenbahnwelt zweigeteilt: während sich die einen darüber freuten, dass nach 25 Jahren endlich wieder eine neue Schnellzuglokomotive in Dienst gestellt wurde, begriffen die anderen, dass damit auch das Ende der einstigen DB-Paradeloks der Baureihe 103 gekommen war. Die Indienststellung der 101 bedeutete zugleich auch eine Rückbesinnung auf die Speziallokomotive – nachdem bei der Deutschen Bundesbahn noch die universelle Verwendbarkeit (siehe Baureihe 120) als zukunftsweisend galt.

Die Vorarbeiten für die Baureihe 101 begannen unmittelbar nach Ablieferung der letzten 120 und sahen zunächst eine auf dieser und der spanischen AVE-Serie S 252 basierenden Mehrzwecklokomotive vor. Die als Baureihe 121 projektierte Lok war sowohl als Ersatz für die Baureihe 103, als auch für sämtliche Einheits-E-Lokomotiven der Baureihen 110, 139, 140 und 150 vorgesehen. Die Gründung der Deutschen Bahn AG und die damit verbundene Aufteilung des Fuhrparks auf verschiedene Geschäftsbereiche, machten allerdings eine Universalbaureihe schon bald überflüssig. Stattdessen war jeder Geschäftsbereich darum bemüht, eine möglichst auf seine Kernkompetenz zugeschnittene Maschine zu erhalten, sodass das Projekt 121 zu den Akten gelegt wurde. Um die bis zu ihrer Verschleißgrenze gefahrenen 103 endlich ablösen zu können, benötigte der Geschäftsbereich Fernverkehr schnellstens eine neue Schnellfahrlokomotive, die in der Lage sein musste, Schnellzüge mit mindestens 200 km/h befördern zu können.

Den Zuschlag für die Entwicklung und die Lieferung von insgesamt 145 Maschinen erhielt 1994 ABB Henschel, das wenig später mit AEG Schienenfahrzeuge zum Bahntechnologiekonzern ADtranz fusionierte. Die Grundlage für die als Baureihe 101 bezeichnete Schnellzuglok bildete das von ABB Henschel seit 1992 auf eigene Rechnung in den Lokomotiven 120 004 und 005 erprobte Innovationskonzept „Eco 2000", das unter anderem den Verzicht auf Relaistechnik, ein Canbus-basiertes Steuerungs- und Diagnosesystem sowie oberbauschonende Flexicoat-Drehgestelle mit Integralantrieb und Einzelradsatzsteuerung, ähnlich dem ICE, beinhaltete.

Eine Forderung der Deutschen Bahn AG war zudem, dass nicht mehr sie selbst, sondern der Hersteller für die Erlangung der Zulassung verantwortlich war, um so bereits ab Werk durch das Eisenbahn-Bundesamt abgenommene Neufahrzeuge zu erhalten. Die Auslieferung der 6400 kW starken 101 erstreckte sich über fast drei Jahre. Alle Maschinen wurden in Hamburg-Eidelstedt beheimatet. Innerhalb kürzester Zeit entwickelten sich die 220 km/h schnellen 103-Nachfolger zum Rückgrat des IC-Verkehrs in Deutschland. Nachdem am Anfang kaum Kinderkrankenheiten auftraten, sorgten 2003 Probleme mit der Antriebstechnik erstmals für einen hohen Schadbestand. Auch Risse an den Drehgestellen und an der Zugkraftübertragung traten nun vermehrt auf. Dennoch erwies sich die erste von der DB AG beschaffte und vom Hersteller zur Serienreife entwickelte Elektrolokomotive als insgesamt zuverlässige Neukonstruktion. Nach über 25 Dienstjahren läuft inzwischen auch ihre Ausmusterung an. Während einige Maschinen bereits der Schrottpresse zum Opfer gefallen sind, fanden andere bei privaten Eisenbahnverkehrsunternehmen ein neues Betätigungsfeld.

TECHNISCHE DATEN

Baureihe:	101 (DB)
Verwendungszweck:	Streckenlokomotive
Antrieb:	Hohlwelle
Erstes Baujahr:	1996
Achsfolge:	Bo'Bo'
Spurweite (mm):	1435
Dienstgewicht (t):	86,9
Vmax (km/h):	220
Leistung (kW):	6400

EL 2000 – die stärkste deutsche Werksbahnlok

Als Ersatz für die in die Jahre gekommene Schwerlast-Baureihe EL 1 beschaffte Rheinbraun (heute RWE Power) ab 1999 zehn Schwerlast-Lokomotiven der Baureihe EL 2000, die mit einer Dauerleistung von 2800 kW die bis heute leistungsstärkste Werksbahnlokomotive in Deutschland ist. Eine der Gründe für ihre Beschaffung waren die hohen Instandhaltungskosten der EL 1 sowie Lücken in deren Ersatzteilversorgung, weshalb bei der EL 2000 überwiegend Großserienteile verwendet werden sollten. Da es sich bei den Lokomotiven um reine Schwerlastfahrzeuge mit Überbreite und 35 t Radsatzlast handelt, die ausschließlich auf dem eigenen Werksbahnnetz im Rheinischen Braunkohlerevier eingesetzt werden können, war ein Kauf „von der Stange" praktisch nicht möglich. Dennoch wurden vor dem Beschaffungsentscheid standardisierte Traktionskonzepte untersucht, wie zum Beispiel der Einsatz von modifizierten DB-Lokomotiven mit 22 t Radsatzlast oder schwere dieselelektrische sechsachsige Maschinen. Das Ergebnis war, dass nur das bisherige Konzept den hohen Anforderungen standhalten konnte, sodass eine der EL 1 ähnliche, aber mit moderner Drehstromtechnik ausgerüstete Maschine bei ADtranz in Auftrag gegeben wurde.

Da die aus 14 Kohle- bzw. zehn Abraumwagen gebildeten Wendezüge mit einer Anhängelast von 1900 t bzw. 2600 t fest mit einer Lokomotive gekuppelt sind, besitzen alle Schwerlastlokomotiven nur ein Endführerhaus mit seitlich überstehenden Führerständen, die den Blick auf die Signale am geschobenen Zug vorbei ermöglichen. Unterstützt wird der Lokführer zusätzlich durch eine an der Zugspitze angebrachte Kamera.

Auf Basis der mit der E 1200 der Ruhrkohle AG gewonnenen Erfahrungen, die bei dem ADtranz-Rechtsvorgänger Henschel entstanden war, entwickelte das Kasseler Unternehmen mit der EL 2000 eine extrem leistungsstarke Lokomotive, die mit 500 kN eine fast doppelt so hohe Anfahrzugkraft besitzt, wie die rund 3600 kW stärkere DB-Baureihe 152 desselben Jahrgangs.

Die erste Maschine wurde im März 1999 ausgeliefert und im August 1999 in Betrieb genommen. Obwohl die EL 2000 die in sie gesetzten Erwartungen in allen Bereichen erfüllen konnten, wurde von einer zunächst geplanten Folgebeschaffung abgesehen, da durch die Stilllegung von Kraftwerken und Tagebauen ein nicht zu kalkulierender Minderbedarf an Schwerlastlokomotiven erwartet wird.

TECHNISCHE DATEN

Baureihe:	ADtranz EL 2000
Verwendungszweck:	Werksbahnlokomotive
Antrieb:	Tatzrollenlager-Drehstrom
Erstes Baujahr:	1999
Achsfolge:	Bo'Bo'
Spurweite (mm):	1435
Dienstgewicht (t):	140
Vmax (km/h):	70
Leistung (kW):	2800

Bombardier Traxx AC3 – Innovation beim Unfallschutz

Mit der 2011 auf der Messe Transport und Logistik in München vorgestellten Traxx AC3 erweiterte die Bombardier Transportation ihr Lokomotivangebot um eine Zweifrequenz-Wechselstromlokomotive, bei der erstmals ein auf den Wagenkasten aufgesetztes GFK-Stirnmodul zum Schutz bei Auffahrunfällen Verwendung fand. Die stoßabsorbierende Ausführung des Führerstands stellte ein Novum in Sachen Arbeitsschutz für das Fahrpersonal dar und trägt durch ihre modulare Bauweise im Schadenfall zu einer deutlich reduzierten Instandsetzungszeit bei.

Wie schon die Vorgängermodelle Traxx AC1 und AC2, ist auch die AC3 für Einsätze unter 15 kV 16 2/3 Hz sowie 25 kV 50 Hz ausgelegt und generiert wie diese eine Dauerleistung von 5600 kW und eine Anfahrzugkraft von 300 kN. Neu in dieser Klasse ist die von der Traxx 2E übernommene kompakte Anordnung von Stromrichter und Hochspannungsgerüst; vom Hersteller kurz als „Powerpack" bezeichnet. Um auf die individuellen Bedürfnisse der Besteller reagieren zu können, sind insgesamt drei Antriebskonzepte verfügbar: F140 mit Tatzlagerantrieb und Vmax 140 km/h, P160 mit Hohlwellenantrieb und Vmax 160 km/h sowie F160 mit Tatzlagerantrieb und Vmax 160 km/h. Optional bestellbar ist ein sogenanntes „Last-Mile-Modul", das mit Dieselmotor (LMD) oder Traktionsbatterie (LMB) erhältlich ist. Damit ist es möglich, Anschlussgleise ohne Fahrdraht zu befahren und so eine zusätzliche Rangierlok für die Zustellung des Zuges einzusparen. Im Dieselmodus werden bedarfsweise alle vier Fahrmotoren angesteuert, sodass die Anfahrzugkraft mit Batterieunterstützung unverändert bei 300 kN (ohne Batterie 260 kN) liegt. Damit ist die AC3 in der Lage, einen 2000 t schweren Zug noch mit Tempo 40 km/h zu befördern, was selbst für die Bedienung größerer Anschlussbahnen mehr als ausreichend ist. Für Rangierbewegungen ohne Zusatzpersonal kann zudem eine Funkfernsteuerung geordert werden. Neben der GFK-Front sind die AC3 an ihren gesickten Seitenwänden zu erkennen, die nicht nur für eine verbesserte Stabilität, sondern auch für eine deutlich günstigere Fertigung sorgen.

Die Produktion der Traxx AC3 lief 2012 mit den Vorserienlokomotiven 187 001 bis 003 an (das Messefahrzeug war lediglich ein funktionsloses Mock-Up), die ab 2013 auf dem Versuchsring in Velim ausgiebig getestet wurden. 2014 erfolgte die Zulassung für das deutsche Schienennetz. Noch im selben Jahr nahm die DB mit 187 101 bis 103 die ersten drei F140 AC3 in Empfang, denen wenig später mit 147 001 die erste P160 AC3 mit Nahverkehrsausstattung folgte. Insgesamt vereinbarte die DB die Abnahme von bis zu 450 Maschinen beider Typen, die seit dem sukzessive ausgeliefert werden.

Auch andere Eisenbahnverkehrsunternehmen und Lokdienstleister wie Akiem, HSL, Railpool oder die Westfälische Landes-Eisenbahn gehörten zu den Erstabnehmern dieser innovativen Zweifrequenz-Loks. Neben den Güterzugausführungen hat sich die AC3 längst auch im Personenverkehr etabliert. So setzt DB Regio die Maschinen inzwischen planmäßig in Baden-Württemberg, Berlin und Brandenburg ein. Zudem bespannt seit 2020 auch die in Norddeutschland tätige Metronom Eisenbahngesellschaft die ersten Doppelstockzüge mit 147.5. Inzwischen sind die Traxx AC3 auch in Israel heimisch, was sicherlich nicht das letzte Kapitel dieser kanadisch-deutschen Erfolgsgeschichte ist.

TECHNISCHE DATEN

Baureihe:	Bombardier Traxx AC3
Verwendungszweck:	Mehrsystem-Lokomotive mit Hilfsdieselmotor
Antrieb:	Tatzlager (optional Hohlwelle)
Erstes Baujahr:	2011
Achsfolge:	Bo'Bo'
Spurweite (mm):	1435
Dienstgewicht (t):	84
Vmax (km/h):	140 bis 160 (je nach Antrieb)
Leistung (kW):	5600, 230 (Hilfsdiesel)

Stadler Eurodual – Hybridgigant auf Schienen

Die Hybridlokomotiven Stadler Eurodual sind die größten für das öffentliche Streckennetz zugelassenen Lokomotiven in Deutschland. Ihre Technik ist eine Synthese aus den drei Baureihen Euro 4000 (Rahmen, Fahrwerk), Class 68 (Abgasanlage, Dieselmotor, Lüfter, Tank) und Class 88 (Elektrik) der Vossloh Rail Vehicles, in deren ehemaligen Werkshallen in Valencia die Maschinen vom Rechtsnachfolger Stadler Rail Valencia auch gebaut werden.

TECHNISCHE DATEN

Baureihe:	Stadler Eurodual D
Verwendungszweck:	Zweikraft-Mehrsystem-Lokomotive
Antrieb:	elektrisch/dieselelektrisch
Erstes Baujahr:	2018
Achsfolge:	Co'Co'
Spurweite (mm):	1435
Dienstgewicht (t):	123
Vmax (km/h):	120
Leistung (kW):	6150, 2800 (Diesel)

Herzstück der über 23 m langen Lokgiganten ist ein ultramoderner Hybridantrieb, bestehend aus einem für 15 kV, 16 2/3 Hz und 25 kV, 50 Hz ausgelegten elektrischen Antrieb mit einer Leistung von 6150 kW sowie einem Sechszehnzylinder-Viertaktdieselmotor von Caterpillar mit 2800 kW Leistung. Ein Umschalten zwischen den Antriebsarten ist sowohl im Stand, als auch im Fahrbetrieb möglich. Letzteres ist allerdings in Deutschland verboten. Die verwendeten dreiachsigen Drehgestelle sorgen aufgrund ihrer neuartigen Geometrie für verringerte Querkräfte beim Bogenlauf und verursachen dadurch weniger Verschleiß am Oberbau, als konventionelle vierachsige Drehgestelle der Mitbewerber. Für einen internationalen Einsatz ist das Fahrpult des Lokführers mittig angeordnet. Der Führerstand selbst ist schallisoliert und mit einer Klimaanlage ausgestattet. Mit einer Höchstgeschwindigkeit von 120 km/h ist die Eurodual theoretisch auch im Reisezugverkehr einsetzbar.

Die Auslieferung der ersten Eurodual erfolgte 2019 an die Havelländische Eisenbahn (HVLE), die bis heute zehn der als Baureihe 159 eingereihten Hybridloks in Dienst gestellt hat. Seit 2022 befinden sich auch sechs Maschinen im Bestand von DB Cargo. Mit bislang 131 gebauten Exemplaren, die an Eisenbahnverkehrsunternehmen und Lokvermieter in Deutschland, Großbritannien und der Türkei gingen, gehört die Eurodual zu den derzeit kommerziell erfolgreichsten Zweikraftlokomotiven in Europa.

Siemens Vectron Dual Mode – Höhepunkt eines Erfolgsmodells

Unter der Produktbezeichnung Vectron vermarktet Siemens seit 2010 eine neue Lokomotivplattform für elektrische und dieselelektrische Lokomotiven, die dank ihrer internationalen Zulassung für derzeit 20 Länder in nahezu ganz Europa eingesetzt werden können. Da der wirtschaftliche Aspekt bei nicht elektrifizierten Strecken und Anschlussbahnen in den letzten Jahren immer stärker an Bedeutung gewonnen hat, stellte der Münchener Hersteller 2019 mit der Vectron Dual Mode auch eine auf der dieselelektrischen Vectron DE basierenden Hybridversion vor. Hierfür wurde der elektrische Antriebsblock der DE für den Oberleitungsbetrieb ertüchtigt und die Lok mit allen Insignien einer „richtigen" E-Lok aufgerüstet. Den dafür benötigten Platz für den Einbau des Haupttransformators und des kombinierten Trafoölkühlers/Wärmetauschers erreichte man unter anderem durch eine Verkleinerung des zwischen den Radsätzen gelagerten Kraftstofftanks.

Die neue Hybridlok wird von Siemens in zwei unterschiedlichen Leistungsklassen angeboten: Die in Deutschland als Baureihe 248 bezeichnete Vectron Dual Mode verfügt über eine Traktionsleistung am Rad von 2400 kW im Fahrdraht- und 2000 kW im Dieselbetrieb. Die Radsatzlast beträgt 22,5 t bei einem Dienstgewicht von 90 t; die Vmax 160 km/h. Die als Dual Mode light bezeichnete Baureihe 249 generiert eine Traktionsleistung am Rad von 2210 kW unter Fahrdraht und 750 bis 926 kW im Dieselmodus. Die Radsatzlast beträgt 21 t bei einem Dienstgewicht von 84 t; die Höchstgeschwindigkeit 120 km/h.

Während die stärkere Ausführung für den reinen Streckendienst entwickelt wurde, soll die light-Version sowohl Transport- als auch Zugbildungsaufgaben übernehmen. Hierfür ist sie unter anderem mit Rangierkupplung, Rangiertritten, Funkfernsteuerung und einer Kamera zur Überwachung des Rangierbereichs lieferbar. Optional sind zudem eine Gegensprechanlage für den Rangierfunk sowie seitlich angeordnete Fahrschalter erhältlich. Mit diesem Rangierpaket hat DB Cargo insgesamt 50 Maschinen bestellt, von denen die ersten seit 2022 im Betriebseinsatz sind. Aufgrund der positiven Erfahrungen standen zwischenzeitlich bei DB Cargo sogar Überlegungen im Raum, die 249 als Ablösung für die in die Jahre gekommene Baureihe 294 zu nutzen. Aktuell geht die Tendenz jedoch eher wieder in Richtung klassischer Rangierlokomotiven. Alle Vectron sind als vierachsige Drehgestelllokomotiven mit der Achsfolge Bo'Bo' konzipiert und weisen mit ihren gesickten Stirnflächen ein einheitliches Erscheinungsbild mit einem vergleichsweise hohen Wiedererkennungswert auf. Bis Ende 2023 fanden insgesamt 150 Dual Mode und 92 Dual Mode light einen Kunden im In- und Ausland. Damit leisten die Maschinen nicht nur einen enormen Beitrag für den Umweltschutz, sondern sorgen in der light-Ausführung auch für einen deutlich wirtschaftlicheren Betrieb auf der sogenannten „letzten Meile" durch die Zustellung des angelieferten Zuges ohne zusätzliche Rangierlok.

TECHNISCHE DATEN

Baureihe:	Siemens Vectron DualMode	Siemens Vectron Dual Mode light
Verwendungszweck:	Zweikraft-Lokomotive	
Antrieb:	elektrisch/dieselelektrisch	
Erstes Baujahr:	2019	2022
Achsfolge:	Bo'Bo'	Bo'Bo'
Spurweite (mm):	1435	1435
Dienstgewicht (t):	90	84
Vmax (km/h):	160	120
Leistung (kW):	2400, 1700 (D.)	2210, 1000 kW (Diesel)

Deutsche Diesellokomotiven

Die Entwicklung der Diesellokomotiven in Deutschland begann bereits zu Beginn des 20. Jahrhunderts. Die 1912 von Borsig für die preußische Staatsbahn gebaute „Diesel-Klose-Sulzer-Thermolokomotive" gilt als erster ernsthafter Versuch, Dieselmotoren für den Schienenverkehr zu etablieren. Mit dem Ausbruch des Ersten Weltkriegs wurde die Erprobung beendet und die Lok Ende 1920 verschrottet.

Der Durchbruch der Dieseltraktion gelang in Deutschland erst in den 1930er Jahren. Die Kleinlokomotiven Kö und Köf übernahmen den unwirtschaftlich gewordenen Ortsgüterverkehr in wenig frequentierten Bahnhöfen und setzten damit ein wichtiges Zeichen gegen den zur selben Zeit erstarkenden Straßengüterverkehr. Mit der für die Wehrmacht entwickelten Baureihe V 36 wurden nach dem Zweiten Weltkrieg die ersten Diesellokomotiven planmäßig im Vorortverkehr und leichten Güterverkehr auf Nebenstrecken eingesetzt, wo der Betrieb mit Dampflokomotiven zu teuer und ineffizient geworden war.

Die entscheidende Entwicklung erfolgte dann in den 1950er Jahren mit der Einführung der DB-Baureihe V 200, die zum Synonym für „die" deutsche Schnellzuglokomotive wurde und der Dieseltraktion ein ebenso formschönes wie leistungsstarkes Gesicht gab. Die eleganten Großdiesellokomotiven wurden zu einem großen Erfolg und machten die Dieseltraktion zu einem unverzichtbaren Bestandteil des höherwertigen Schienenverkehrs. Sie zeichneten sich durch hohe Zuverlässigkeit und Effizienz aus und wurden anfänglich vor allem vor erstklassigen Reisezügen eingesetzt, was ihren Nimbus weiter steigerte.

Doch auch der Regional- und Nebenbahnverkehr wartete mit neuen Dieselbaureihen auf. Die vom Konzept her ähnlichen Lokomotiven der Baureihen V 100 in West und Ost, waren die ersten im großen Stil eingesetzten Diesellokomotiven beider deutscher Staatsbahnen und trugen mitentscheidend zur Abstellung der vielfach noch aus der Länderbahnzeit stammenden Dampflokomotiven im Nebenbahndienst bei.

Bewährte Diesellokomotiven, wie die ehemaligen DB-Baureihen 215 bis 218 oder die ehemalige DR-Baureihe 232, sind heute noch auf nicht elektrifizierten Strecken im Einsatz und unentbehrlich für den IC- und

Güterverkehr. Sie sind das Symbol für Flexibilität und Vielseitigkeit im modernen Eisenbahnverkehr und stellen eine Verbindung zwischen traditioneller Technik

und den Anforderungen der Gegenwart dar. Unterstützt werden sie dabei von innovativen Neuentwicklungen, die von äußerst umweltfreundlich motorisierten Diesellokomotiven mit Biospritantrieben bis zu Fahrzeugen mit Hybridantrieben reichen.

Köf II – die kleinen Helfer

Obwohl sich der Verbrennungsmotor bei dem Transport schwerer Lasten bereits millionenfach bewährt hatte, beherrschte Ende der 1920er Jahre noch immer die Dampflokomotive den Rangieralltag. Güterwagen mussten in den Unterwegsbahnhöfen umständlich von der Zuglokomotive ausrangiert werden, was nicht nur für lange Fahrzeiten sorgte, sondern auch die Zustellung der Güter verzögerte. Da diese Art der Betriebsführung besonders auf kleinen Bahnhöfen wenig wirtschaftlich war und sich gegen den schnelleren Lkw-Verkehr dauerhaft nicht behaupten konnte, stellte die DRG einen Typenplan für die Entwicklung von zwei Kleinlokomotiven unterschiedlicher Leistungsgruppen auf. Die Leistungsgruppe I umfasste Rangierloks bis 39 PS; die Leistungsgruppe II solche bis 149 PS Leistung. Festgelegt wurden darüber hinaus die Grundmaße, ein tiefliegender Führerstand, die Einmannbedienung sowie eine einfache Unterhaltung. Die Wahl des Antriebs blieb dagegen den Herstellern vorbehalten. Die Kleinlokomotiven sollten flächendeckend auch kleineren Bahnhöfen zugeteilt und mit den örtlichen Bahnhofspersonalen besetzt werden. Als Vorbild dienten dafür die Niederlande, wo dieses System bereits seit 1927 erfolgreich praktiziert wurde.

In der Folgezeit entwickelte die Industrie eine Vielzahl unterschiedlicher Kleinlokomotiven, von denen sich allerdings nur die wenigstens bewähren konnten. Während bei der Leistungsgruppe I erst im August 1934 eine Vereinheitlichung für Abhilfe sorgte, konnte bei der wichtigeren Leistungsgruppe II bereits 1933 die Serienfertigung einer Einheitsbauart beginnen. Hierfür hatten DRG und Lokomotivindustrie bereits 1932 eine Arbeitsgemeinschaft gebildet, in der die Eckdaten für die zukünftige Einheitskleinlok festgelegt wurden. Abhängig vom verwendeten Antrieb wurden die Kleinloks wie folgt eingereiht:

Kb	Vergasermotor/Rädergetriebe
Kbe	Vergasermotor/elektrische Kraftübertragung
Kbs	Vergasermotor/Akku/elektrische Kraftübertragung
Kbf	Vergasermotor/hydraulische Kraftübertragung
Kö	Dieselmotor/Rädergetriebe
Köe	Dieselmotor/elektrische Kraftübertragung
Köf	Dieselmotor/hydraulische Kraftübertragung

TECHNISCHE DATEN

Baureihe: Kö(f) II, (ab 1968 BR 321-324 (DB), ab 1970 BR 100 (DR), ab 1992 BR 100 in BR 310)	
Verwendungszweck:	Rangierlokomotive
Antrieb:	dieselmechanisch/dieselhydraul.
Erstes Baujahr:	1933
Achsfolge:	B
Spurweite (mm):	1435
Dienstgewicht (t):	17
Vmax (km/h):	30 bis 45
Leistung (kW):	37-44

V 140 001 – die erste dieselhydraulische Großdiesellok Deutschlands

Die vielversprechenden Erfahrungen mit den seit 1932 eingesetzten Kleinlokomotiven mit Strömungsgetriebe, bestärkte 1934 das Reichsbahn-Zentralamt in München, gemeinsam mit den Herstellern Krauss-Maffei, MAN und Voith, die Entwicklung der ersten deutschen Großdiesellokomotive mit hydraulischer Kraftübertragung in Angriff zu nehmen. Die Lok sollte 500 t schwere Zuglasten auf einer Steigung von 1:100 noch mit 30 km/h befördern und für die Bespannung von Personen- und Eilgüterzügen eine Höchstgeschwindigkeit von 100 km/h erreichen können. Außerdem sollte sie nebenbahntauglich sein, sowie an den Stirnseiten Übergangstüren für Güterzüge des Stückgut-Schnellverkehrs besitzen. Bei der Kraftübertragung fiel die Wahl auf ein automatisches Voith-Strömungsgetriebe der Bauart Föttinger. Die Firma Voith hatte dieses Getriebe 1932 zur Serienreife entwickelt und bereits erfolgreich in Kleinlokomotiven und Triebwagen eingebaut. Allerdings lagen diese leistungsmäßig weit unter den für die Großdiesellok projektierten 1000 kW, sodass alle an der Entwicklung Beteiligten hiermit absolutes Neuland betraten. Für eine optimale Gewichtsverteilung entschieden sich die Konstrukteure für ein Fahrwerk mit der Achsfolge 1'C1', bei dem die Leistung auf die Blindwelle und weiter mittels Treibstange auf die Treib- bzw. Kuppelachsen übertragen wurde. Das Anlassen des 1030 kW leistenden MAN-Achtzylinders mit Turboaufladung erfolgte mit Druckluft.

Nach nur acht Monaten Bauzeit konnte die als V 16 101 bezeichnete Lok am 13. Juli 1935 ausgeliefert werden. Noch am selben Tag wurde sie zur Eisenbahn-Jahrhundertfeier nach Nürnberg überführt. Erst im Anschluss erfolgten ausgiebige Testfahrten, bei dem auch gleich einige Kinderkrankheiten durch den Hersteller beseitigt werden konnten. Vergleichsfahrten mit der P 8 ergaben, dass die Traktionsleistungen ebenbürtig und in manchen Bereichen sogar überlegen waren. Lediglich der unvermittelt auftretende Schlupf des Wandlers gab Anlass für Kritik. Ansonsten erfüllte die neue Großdiesellok die in sie gesetzten Erwartungen. Der Motor und vor allem das neuartige Getriebe funktionierten absolut zuverlässig.

1936 erfolgte die Abnahme durch die DRG und die Umzeichnung in V 140 001. 1937 wurde die Maschine als weltweit erste Lokomotive mit hydrodynamischem Antrieb höherer Leistung auf der Weltausstellung in Paris mit dem Grand Prix ausgezeichnet. Dennoch unterblieb eine Serienfertigung, da das NS-Regime bei Diesellokomotiven eine zu große Abhängigkeit von ausländischen Ölimporten befürchtete. Zu nennenswerten Planeinsätzen ist es bei der Reichsbahn nicht mehr gekommen. Bereits 1939 musste die Lok mit einer Laufleistung von gerade einmal 10000 km wegen Treibstoffmangels abgestellt werden. Im Krieg mehrfach beschädigt, wurde sie erst 1946 auf Befehl der Besatzungsmächte wieder aufgearbeitet und ab November 1947 vor Personenzügen eingesetzt.

Bei der DB wurde V 140 001 im Bw Frankfurt-Griesheim beheimatet, das sie am 13. Oktober 1953 nach einer Laufleistung von knapp 130.500 km außer Dienst stellte. Als technisch richtungsweisende Konstruktion ist sie bis heute erhalten geblieben. Von 1953 bis 1978 an der Technischen Hochschule Karlsruhe als Studienobjekt hinterstellt, gelangte die Maschine anschließend zum Deutschen Museum in München, das sie 2006 als Dauerleihgabe an die Lokwelt Freilassing abgab.

TECHNISCHE DATEN

Baureihe:	V 16 (ab 1936 V 140)
Verwendungszweck:	Streckenlokomotive
Antrieb:	dieselhydraulisch
Erstes Baujahr:	1935
Achsfolge:	1'C1'
Spurweite (mm):	1435
Dienstgewicht (t):	83
Vmax (km/h):	100
Leistung (kW):	1030

Baureihe V 36 – die kleine Universelle

Für den Rangierdienst in militärischen Anlagen sah das Entwicklungsprogramm der deutschen Wehrmacht Diesellokomotiven unterschiedlicher Leistungsklassen zwischen 145 und 405 kW vor. Der größte Bedarf wurde für eine Ausführung mit 265 kW (360 PS) gesehen, die sowohl für den Einsatz in Fahrzeugdepots, als auch in Tanklagern ausreichend motorisiert schien. Als Standardausführung wurde eine Bauart mit einseitigem Endführerstand und dieselhydraulischer Leistungsübertragung festgelegt. Darüber hinaus gab man auch eine Kleinserie mit einem dieselmechanischen Antrieb in Auftrag.

Ab 1938 lieferten die Hersteller BMAG, Deutz, Jung, Krupp und Orenstein & Koppel insgesamt 292 der als WR 360 C 14 bezeichneten Standardausführung, die damit die seinerzeit meist gebaute Diesellok in Europa war. Als Musterlok fertigte DWK in Kiel zudem eine dieselmechanische Variante mit Mittelführerhaus, kurzem Radstand und außenliegender Blindwelle an. Da diese Kombination jedoch ein unzureichendes Laufverhalten zeigte, wurden die 14 nachfolgenden Maschinen in bewährter Ausführung mit Endführerhaus und innenliegender Blindwelle beschafft.

Während ihres Kriegseinsatzes sind die meisten WR 360 C 14 erheblich beschädigt oder zerstört worden. Dennoch konnten 70 Maschinen der Standardbauart in den Westzonen übernommen werden. 57 von ihnen wurden betriebsfähig aufgearbeitet und als V 36 101, 102, 104 bis 126 (alle mit MWM-Motor) und V 36 201 bis 223, 225 bis 227, 229 bis 231 und 236 bis 238 (alle mit Deutz-Motor) wieder in Dienst gestellt. Hinzu kamen neun dieselmechanische Lokomotiven, die als V 36 301, 310 bis 315, 317 und 318 eingereiht wurden. Mit V 36 310 befand sich darunter auch die einzige Lok mit Mittelführerstand. Alle V 36 wurden zunächst überwiegend im Rangier- und leichten Personenzugdienst auf Nebenstrecken eingesetzt.

Da sich die Baureihe als sehr robust und zuverlässig erwiesen hatte, ließ die Reichsbahn West (ab 1949 Deutsche Bundesbahn) 1947 insgesamt 11 Maschinen der Standardbauart nachfertigen (V 36 150, V 36 232 bis 235 und 251 bis 262). Um das Produktionsverbot für Triebfahrzeuge zu umgehen, handelte es sich dabei offiziell um die Fertigstellung bereits im Krieg begonnener Aufträge. 1950 folgten noch einmal 18 Neubeschaffungen (V 36 401 bis 418), die sich durch einen vergrößerten Achsstand, ein neues Getriebe und größer dimensionierte Diesel- und Luftbehälter von den Kriegslokomotiven unterschieden.

Ein Manko der V 36 blieb jedoch weiterhin die schlechte Sicht nach vorne, sodass bei Zugfahrten ein Beimann zur Streckenbeobachtung mitgeführt werden musste. Um das zusätzliche Personal einsparen zu können, begannen schon bald Überlegungen, wie man die Sichtmöglichkeiten verbessern könnte. Nach ersten Versuchen mit der Bauart Steinbeck, die bei V 36 238 ein in Breite und Höhe vergrößertes Führerhaus vorsah und der Bauart Rosenheim mit einer primitiv anmutenden Dachkanzel, stellte sich die Bauart Nürnberg als erste praktikable Lösung heraus. Dabei handelte es sich um einen deutlich solideren Kanzelaufsatz und einen in der Höhe verringerten Kühlmittelausgleichbehälter. Spürbar günstiger und auch bedienungsfreundlicher war jedoch die finale Version mit einem beidseitig bedienbaren Führerpult. Einige der umgebauten V 36 wurden für den Wendezugeinsatz ertüchtigt und mit einer indirekten Wendezugsteuerung der Einheitsbauart ausgerüstet. Wie bei den Dampflokomotiven befand sich der Lokführer bei geschobener Fahrt im Befehlswagen und übermittelte die Fahrbefehle in den mit einem sogenannten „maschinentechnischen Begleiter" besetzten Lokomotivführerstand.

Bis 1955 wurden alle dieselmechanischen V 36.3 ausgemustert und an Privatbahnen verkauft. 1968 führte die DB noch 89 V 36 in ihrem Bestand, die nun EDV-gerecht als Baureihe 236 bezeichnet wurden. Die verstärkte Indienststellung von Neubaulokomotiven verdrängte die ehemalige Wehrmachts-Konstruktion immer stärker in untergeordnete Dienste, sodass

TECHNISCHE DATEN

Baureihe: WR 360 C 14, (ab 1949 V 36, ab 1968 236 (DB), ab 1970 BR 103 (DR))	
Verwendungszweck:	Rangierlokomotive
Antrieb:	dieselhydraulisch
Erstes Baujahr:	1938
Achsfolge:	C
Spurweite (mm):	1435
Dienstgewicht (t):	38,5 bis 42
Vmax (km/h):	55/60
Leistung (kW):	265

TECHNISCHE DATEN

Baureihe: E 19, (ab 1968 BR 119 (DB))		
		E 19.1, (ab 1968 BR 119 (DB))
Verwendungszweck:	Streckenlokomotive	
Antrieb:	Federtopf	Federtopf
Erstes Baujahr:	1939	1940
Achsfolge:	1'Do1'	1'Do1'
Spurweite (mm):	1435	1435
Dienstgewicht (t):	113	110,7
Vmax (km/h):	180	180
Leistung (kW):	3720	3460

schon bald nur noch Arbeitszugeinsätze oder Rangiertätigkeiten in Bahnbetriebswerken und Ausbesserungswerken auf dem Dienstplan standen. Am 22. August 1981 schieden schließlich mit 236 253 und 405 die beiden letzten DB-Exemplare aus dem aktiven Dienst aus.

Bei der Reichsbahn Ost verblieben bei Kriegsende etwa 40 Maschinen, von denen 35 wieder in den Betriebsdienst zurückkehrten. Nachdem sie zunächst motorenabhängig als V 10, V 11 und V 21 eingereiht worden waren, erfolgte 1957 auch hier die Umzeichnung in Baureihe V 36. Anders als bei der DB, wurden die Maschinen in der DDR vorrangig im Rangierdienst eingesetzt. Darüber hinaus standen aber auch Einsätze vor Nahgüterzügen, Leig-Einheiten oder leichten Personenzügen auf dem Dienstplan. Mit der Ablieferung neuer Diesellokomotiven waren die V 36 allerdings auch hier bald nur noch vor Arbeitszügen oder als Werkstattloks anzutreffen. Dennoch wurden ab 1965 circa 25 Exemplare remotorisiert, wobei der langsamlaufende SKL-Sechszylinder-Dieselmotor 6 NVD 36 Verwendung fand. Ab 1970 wurde die V 36 in Baureihe 103 umbenannt. Die letzten 103 waren in den Bahnbetriebswerken Neuruppin und Wismar stationiert, wo ihre Unterhaltung erst 1985 endete.

DB-Baureihe V 188 – Zuglok für Dora

Im Zuge der Kriegsvorbereitung erteilte die deutsche Wehrmacht im Jahr 1937 den Firmen Krupp (Mechanik) und Siemens-Schuckert (Elektrik) den Auftrag für die Entwicklung und den Bau einer schweren Diesellokomotive, die in der Lage sein sollte, das ebenfalls von Krupp gebaute Eisenbahngeschütz Dora an seinen jeweiligen Einsatzort zu befördern. Aufgrund der enormen Abmessungen war dies allerdings nur in Einzelteilen in einem Zugverband möglich. Darüber hinaus sollte die Lok das Geschütz während des Einsatzes mit Energie versorgen und auf einer temporär verlegbaren Schießkurve in die entsprechende Abschussrichtung bewegen. Da für das Geschütz ohnehin elektrischer Strom erzeugt werden musste, kam für die Lok somit nur ein dieselelektrischer Antrieb in Frage, der sich in den DRG-Schnelltriebwagen bereits bestens bewährt hatte. 1941/42 entstanden vier Doppellokomotiven mit je einem Endführerstand, die über eine Kurzkupplung miteinander verbunden waren. Ein Übergang zwischen den beiden Wagenkästen war über Türen möglich. Die Bedienung des jeweils unbesetzten Lokomotivteils erfolgte über eine aus dem Triebwagenbau entliehene Vielfachsteuerung. Die Geschützlokomotiven wurden bei der Wehrmacht als D 311.01 a+b bis D 311.04 a+b bezeichnet und verfügten über eine Antriebsleistung von 2 x 691 kW. Die Kraftübertragung erfolgte über einen Generator auf die elektrischen Fahrmotoren. Das Dienstgewicht der beiden Lokomotivhälften betrug zusammen 147 t und damit rund ein Zehntel des zu bewegenden Geschützgewichts. Der einzige belegte Kriegseinsatz als Geschützlok fand während der Belagerung Sewastopols im Juni 1942 statt. Hierzu wurde das Geschütz im April 1942 auf die Krim verlegt.

Bei Kriegsende befanden sich D 311.02 zur Instandsetzung bei Krupp und D 311.03 in Freilassing. Zudem wurde D 311.04 in Holland aufgefunden. Während D 311.02 fortan als Ersatzteilspender diente, ließ die DB die beiden anderen Maschinen 1948 bzw. 1950 bei Krauss-Maffei in München wieder betriebsfähig aufarbeiten. D 311.03 kehrte im Juni 1949 wieder auf die Gleise zurück; die über einen Lokhändler von der DB zurückgekaufte D 311.04 im November 1951. Die fortan in DB-Rot statt Wehrmachts-Grau lackierten „Bullen", wie sie von den Betriebseisenbahnern genannt wurden, erhielten die Baureihenbezeichnung V 188 001 a+b und 002 a+b und wurden zunächst im Schiebedienst zwischen Laufach und Heigenbrück eingesetzt. 1957 erhielten sie neue, je 808 kW starke Motoren. Außerdem wurde die Höchstgeschwindigkeit auf 75 km/h erhöht, sodass sie nun auch im regulären Güterzugdienst eingesetzt werden konnte. Beheimatet waren die Maschinen in Aschaffenburg und Gemünden. Später wurde Bamberg zur letzten Heimatdienstelle. Die Umzeichnung in Baureihe 288 überlebte Lok 001 nur wenige Monate. 1969 führte ein Rahmenbruch zu ihrer Ausmusterung. Im Dezember 1971 schied auch 288 002 aus dem DB-Bestand aus. Beide Doppellokomotiven wurden nach ihrer Ausmusterung ohne Rücksicht auf ihren historischen Wert verschrottet.

TECHNISCHE DATEN

Baureihe: D 311, (ab 1949 V 188, ab 1968 BR 288 (DB))	
Verwendungszweck:	Geschützlokomotive
Antrieb:	dieselelektrisch
Erstes Baujahr:	1941
Achsfolge:	Do+Do
Spurweite (mm):	1435
Dienstgewicht (t):	147
Vmax (km/h):	75
Leistung (kW):	810

Baureihe V 80 – die erste Neubaudiesellok der DB

Bereits bei Gründung der Deutschen Bundesbahn war allen Verantwortlichen bewusst, dass die Vorherrschaft der Dampflokomotive sehr rasch beendet werden muss. Vor allem ihre personalintensive Unterhaltung machte die Entscheidung leicht, auch im leichten Personen- und Güterzugdienst auf die Dieseltraktion zu setzen. Vor diesem Hintergrund entwickelte das Bundesbahn-Zentralamt in München gemeinsam mit Krauss-Maffei eine neue Mehrzweckdiesellokomotive, die sowohl auf Haupt- als auch auf Nebenstrecken einsetzbar sein sollte. Eine weitere Vorgabe im Lastenheft war die Verwendung von möglichst vielen Komponenten der bereits in der finalen Entwicklungsphase befindlichen V 200 und VT 12.5, womit man nicht nur die Kosten senken, sondern auch eine Art Baukastensystem etablieren wollte.

In den Jahren 1951/52 bauten Krauss-Maffei und MaK jeweils fünf der als Baureihe V 80 bezeichneten Universallokomotiven. Nach umfangreichen Testfahrten und der Abnahme im AW Opladen wurden alle zehn Maschinen an die DB übergeben. Da sich die anfänglich verwendeten Maybach- und MAN-Motoren mit 588 bzw. 735 kW als zu schwach erwiesen, wurde die gesamte V 80-Flotte schließlich auf den aus der V 200 bekannten MTU-Motor mit 810 kW Leistung umgerüstet. Damit war die V 80 auch im schweren Güterzugdienst einsetzbar, was allerdings dazu führte, dass Probleme mit den nicht ausreichend dimensionierten Gelenkwellen auftraten. Auch Einsätze im schweren Verschubdienst kamen über einen Probebetrieb nicht hinaus, weil die Lokführer die fehlende Sicht auf die Puffer bemängelten. Eine Serienfertigung schien somit nicht sinnvoll zu sein, zumal sich die aus dem VT 12.5 entliehenen elektrischen Bauteile wie Mehrfachsteuerung und Motorüberwachung für eine „normale" Lokomotive als technisch zu anspruchsvoll erwiesen hatten. Stattdessen wurde eine stärkere Variante als V 160 für den Verkehr auf Hauptbahnen projektiert und von der Entwicklung zur Serienreife abgesehen. Die zehn V 80 001 bis 010 wurden den Dienststellen Bamberg und Frankfurt/Main zugeteilt, wo sie sowohl im Vorortverkehr als auch vor Güterzügen Verwendung fanden. Frankfurt setzte die Maschinen darüber hinaus auch vor sogenannten „Heckeneilzügen" nach Köln ein. 1958 erhielten die Maschinen speziell angepasste Schalldämpfer auf dem Dach, womit die von Personal und Streckenanliegern monierten lauten Auspuffgeräusche abgemildert werden sollten. Da diese Maßnahme nur wenig Erfolg brachte, wurden die Aufbauten 1968 wieder entfernt. Zu diesem Zeitpunkt waren die ab 1968 als Baureihe 280 bezeichneten Maschinen bereits seit fünf Jahren ausschließlich in Bamberg beheimatet. Am 21. September 1976 wurde mit 280 004 die erste Lok ausgemustert. Am 16. Juli 1978 schied mit 280 002 auch die letzte V 80 aus dem Triebfahrzeugbestand der DB aus.

TECHNISCHE DATEN

Baureihe:	V 80, (ab 1968 BR 280 (DB))
Verwendungszweck:	Streckenlokomotive
Antrieb:	dieselhydraulisch
Erstes Baujahr:	1952
Achsfolge:	B'B'
Spurweite (mm):	1435
Dienstgewicht (t):	58
Vmax (km/h):	100
Leistung (kW):	810

DB-Baureihe V 200 – die deutsche Dieselloklegende

Es gibt nur wenige deutsche Lokomotiven, die für eine echte Faszination sorgen. Neben 01, 103 und E 94 zählt hierzu sicherlich auch die Baureihe V 200, die 1953 als erste zweimotorige Streckendiesellokomotive der DB auf die Schienen gestellt wurde. Ihrer Entwicklung gingen lange Debatten voraus, ob die ursprünglich für die Beförderung von 140 km/h schnellen Reisezügen vorgesehene Baureihe auch im schweren Güterzugdienst einsetzbar sein sollte. Die überwiegend positiven Erfahrungen mit der freizügig verwendbaren V 80 bestärkte die DB schließlich, die Fahrzeugindustrie mit der Entwicklung einer Universallokomotive zu beauftragen.

Auf der konzeptionellen Basis der V 80 mit schnelllaufendem Dieselmotor, hydraulischer Kraftübertragung und Gelenkwellenantrieb aufbauend, lieferte Krauss-Maffei 1953 die fünf Vorserienlokomotiven V 200 001 bis 005, die alle mit unterschiedlichen, aber untereinander austauschbaren Motoren und Getrieben ausgerüstet waren. V 200 001 wurde noch im selben Jahr auf der Deutschen Verkehrsausstellung in München präsentiert und begeisterte dort nicht nur Fachleute durch ihr elegantes wie zukunftsweisendes Design. Da es sich bei der V 200 um die weltweit erste dieselhydraulische Großdiesellokomotive handelte, erhoffte sich der Hersteller auch Aufträge aus dem Ausland. Am 23. April 1955 startete deshalb V 200 005 zu einer viel beachteten Vorführfahrt durch Jugoslawien, Griechenland und die Türkei, die erst am 16. Mai 1955 wieder in Deutschland endete. Die mehr als 10.000 km Fahrtstrecke wurden zur vollsten Zufriedenheit zurückgelegt; führten allerdings auch zu der Erkenntnis, dass die installierte Leistung von 1470 kW auf Dauer zu gering war. Aus diesem Grund wurden die noch 1955 in Auftrag gegebenen 50 Serienmaschinen mit einer Leistung von 1620 kW geordert und die fünf Vorserienloks dem höheren Leistungsniveau angepasst. V 200 006 bis 025 wurden 1956/57 von MaK geliefert; V 200 026 bis 055 von Krauss-Maffei. 1959 folgte mit V 200 056 bis 086 eine zweite Lieferserie, die ausschließlich bei Krauss-Maffei entstand.

Die V 200 wurden den Dienststellen Frankfurt-Griesheim, Hamburg-Altona, Hamm und Villingen zugeteilt, wo sie fast ausschließlich Züge des hochwertigen Reisezugverkehrs beförderten. Der ursprünglich angedachte Einsatz im schweren Güterzugdienst blieb dagegen die Ausnahme. Nach

1962 wurden die Loks auch in Hannover, Kaiserslautern, Kempten, Limburg und Würzburg beheimatet.

Aufgrund der immer schwerer werdenden Zuglasten hatte die DB zwischenzeitlich eine nochmalige Erhöhung der Motorleistung auf 1986 kW gefordert und Krauss-Maffei den Auftrag für die Entwicklung einer optimierten Version erteilt. Zwischen 1962 und 1965 lieferte der Hersteller 50 Maschinen der Baureihe V 200.1 (V 200 101 bis 150) mit einem weiterentwickelten MTU-Motor und einem an die höhere Leistung angepassten Getriebe. Um das Gesamtgewicht von 82 t durch die schwereren Aggregate nicht zu überschreiten, war bei der Fertigung vergleichsweise viel Aluminium und Kunststoff verbaut worden. Außerdem wurde eine leichtere Dampfheizung verwendet. Da das neue Getriebe nur über die Führerstände zugänglich war, wurden diese vergrößert und die Lokfronten steiler ausgeführt, was der V 200.1 ihr typisches Aussehen gab. Die Maschinen wurden den Bahnbetriebswerken Lübeck und Villingen zugeteilt. Einsätze vor schnellen und schweren Reisezügen auf der Vogelfluglinie und der Schwarzwaldbahn gehörten zu ihren Paradedisziplinen.

TECHNISCHE DATEN

Baureihe: V 200, (ab 1968 BR 220 (DB))		
V200.1, (ab 1968 BR 221 (DB))		
Verwendungszweck:	Streckenlokomotive	
Antrieb:	dieselhydraulisch	
Erstes Baujahr:	1953	1962
Achsfolge:	B'B'	B'B'
Spurweite (mm):	1435	1435
Dienstgewicht (t):	73,5/81	78
Vmax (km/h):	140	140
Leistung (kW):	810	993

1968 erfolgte die Umzeichnung der V 200 in Baureihe 220 und die der V 200.1 in Baureihe 221. Mit der fortschreitenden Elektrifizierung und den moderneren Reisezugwagen verloren beide Baureihen immer stärker an Bedeutung. Ab 1977 wurden die 220 auf die Bahnbetriebswerke Oldenburg und Lübeck konzentriert, wo die fehlende elektrische Zugheizung auch hier fast nur noch Einsätze vor Eilzügen erlaubte. Die beschränkten Einsatzmöglichkeiten und der sich verstärkende Arbeitsaufwand bei der Unterhaltung sorgten schließlich für eine beschleunigte Ausmusterung, die 1984 mit 220 013 ihren Abschluss fand. 1987 konnten sieben V 200 an die Schweizerischen Bundesbahnen verkauft werden, die sie bis 1997 als Am 4/4 18461 bis 18467 vor Güter- und Bauzügen einsetzten. Weitere Maschinen gelangten nach Algerien, Frankreich und Italien. Nach der Bahnreform griffen auch viele deutsche Privatbahnen auf die V 200 zurück.

Auch die Baureihe 221 wurde ein Opfer ihrer antiquierten Technik. Nachdem bereits ab 1975 die Bespannung internationaler Reisezüge durch die Umstellung auf E-Heizung nicht mehr möglich war, wurden die Kemptener 221 nach Villingen umbeheimatet. Doch auch hier sorgte die Elektrifizierung für ein vorzeitiges Aus. Letzte 221-Bastion war damit Lübeck, das Anfang 1978 noch über 22 Maschinen verfügte. Die Umstellung der Vogelfluglinie auf die neue Baureihe 218 machte die 221 allerdings ab Mai 1978 auch hier nahezu arbeitslos. Ohne feste Umlaufpläne wurden sie fortan für die bedarfsweise Beförderung von Güter- und Militärzügen sowie im Touristikverkehr eingesetzt. Acht 221 wurden deshalb dem Bw Gelsenkirchen-Bismarck zugeteilt, das sie zunächst versuchsweise im Programmverkehr einsetzte. Da sich die Maschinen dort gut bewährten, wurden im September 1978 weitere neun ins Ruhrgebiet verlegt. Ab Mai 1980 waren schließlich alle 221 im Bw Gelsenkirchen-Bismarck beheimatet. Nach dessen Auflösung wurden die Maschinen Oberhausen-Osterfeld zugeteilt, das damit zum Auslauf-Bw für die Baureihe wurde. Die voranschreitende Korrosion und der enorme Unterhaltungsaufwand sorgten im Zusammenspiel mit dem Niedergang der Schwerindustrie im Mai 1988 für ihre Ausmusterung. Fünf Maschinen gelangten anschließend nach Albanien und 20 nach Griechenland. 2002 kehrten die Loks aus Griechenland wieder nach Deutschland zurück, um bei Privatbahnen eine zweite Karriere zu starten.

TECHNISCHE DATEN	
Baureihe: V 60 (ab 1968 BR 260/261, ab 1987 BR 360/361/364/365 (DB))	
Verwendungszweck:	Rangierlokomotive
Antrieb:	dieselhydraulisch
Erstes Baujahr:	1955
Achsfolge:	C
Spurweite (mm):	1435
Dienstgewicht (t):	k.A.
Vmax (km/h):	60
Leistung (kW):	478

DB-Baureihe V 60 – das zeitlose Erfolgsmodell

Da der Einsatz von Dampflokomotiven im mittelschweren Rangier- und Übergabeverkehr als besonders unwirtschaftlich galt, bemühte sich die Deutsche Bundesbahn diesen schnellstmöglich auf Dieselbetrieb umzustellen. 1953 wurde zusammen mit der Lokomotivindustrie eine Arbeitsgemeinschaft ins Leben gerufen, die zeitnah eine neue Rangierlokomotive erarbeiten sollte. Als Konstruktionsgrundlage diente die Baureihe V 36, gegen deren Weiterbeschaffung vor allem die zu niedrige Motorleistung und das Endführerhaus sprachen. Unter der Federführung des Bundesbahn-Zentralamtes in München wurde eine ebenfalls dreifachgekuppelte Bauart mit Mittelführerstand skizziert, die über rund 650 PS (478 kW) Leistung verfü-

gen sollte. Ein alternativer Vorschlag, eine Rangierlok mit Gelenkwellenantrieb zu beschaffen, wurde nach den negativen Erfahrungen bei der Baureihe V 80 dagegen wieder verworfen.

Bereits 1955 lieferten Henschel, Krauss-Maffei, Krupp und MaK die ersten Musterlokomotiven V 60 001 bis 004, die alle mit Motoren unterschiedlicher Hersteller ausgerüstet waren. Den Zuschlag erhielt schließlich der ursprünglich von Maybach entwickelte Zwölfzylinder-MTU-Motor GTO 6/6a mit 478 kW Leistung. Ein Anachronismus war dagegen die Motorvorwärmung mit Hilfe eines Koksofens, die mit dem bedarfsweisen Abstellen der Rangierloks abseits großer Bahnhöfe und Bahnbetriebswerke begründet wurde. Erst ab der vierten Lieferserie erfolgte die Vorwärmung mit einem Ölbrenner. Ab 1997 wurden alle noch vorhandenen Maschinen mit einem Vorwärmgerät von Webasto nachgerüstet.

Die vier Musterlokomotiven wurden zur Erprobung unterschiedlichen Dienststellen zugeteilt. V 60 001 und 003 kamen zum Bw Hamburg-Harburg; V 60 004 zum Bw Nürnberg Hbf. V 60 002 wurde dem Versuchsamt für Brennkraftfahrzeuge in München überlassen. Die eilig ausgewerteten Testergebnisse übertrafen alle Erwartungen, sodass bereits Ende 1955 der Auftrag für eine Serienfertigung erteilt wurde. Bis 1961 lieferte die westdeutsche Lokomotivindustrie insgesamt 942 V 60, davon 623 Maschinen mit 48 t und 319 Maschinen mit 54 t Reibungsmasse. Auch im Ausland stieß die V 60 auf großes Interesse, sodass die Staatsbahnen Belgiens, Griechenlands, Israels und der Türkei Bestellungen tätigten.

Die V 60 bewährten sich bei der DB ausgezeichnet und waren im gesamten Bundesgebiet beheimatet. Dank ihrer im Streckengang erreichbaren Höchstgeschwindigkeit von 60 km/h waren sie auch problemlos auf Hauptstrecken einsetzbar. Einige Dienststellen setzten die Dreikuppler sogar im Personenverkehr ein. Die bis heute bekannteste Personenzugleistung war ab 1965 der Nahverkehr auf der fränkischen Nebenbahn Falls – Gefrees.

Mit Einführung der EDV-Nummern wurden die leichten V 60 zur Baureihe 260, die schweren zur Baureihe 261 umgezeichnet. Um 1980 begannen erste Überlegungen, die in die Jahre gekommenen Rangierloks durch moderne Maschinen aus dem Standardprogramm der Fahrzeugindustrie zu ersetzen. Doch weder dieselhydraulische, noch dieselelektrische Vorführlokomotiven konnten die Verantwortlichen letztlich überzeugen, zumal Streckenstilllegungen und die Konzentration auf wenige Güterknotenpunkte längst zu einem Minderbedarf an Rangierlokomotiven geführt hatten. Um die V 60 noch einige Jahre weiter einsetzen zu können, entschied sich die DB daher für eine Modernisierung. Nachdem bereits 1984 drei 261 versuchsweise mit einer Funkfernsteuerung ausgerüstet worden waren, folgten ab 1987 die ersten planmäßigen Nachrüstungen. Neben der eigentlichen Steuereinheit, erhielten die umgebauten Maschinen auch eine spezielle Lichtzeichenanlage am Führerhaus, die dem Lokführer den jeweiligen Betriebszustand signalisiert. Am 1. Oktober 1987 wurden die 260/261 als Kleinlokomotiven eingruppiert, sodass sie jetzt auch von Lokrangierführern gefahren werden durften. Hiermit verbunden war auch die Umzeichnung in Baureihe 360 und 361. Gleichzeitig schieden etliche Maschinen aus dem DB-Bestand aus und fanden in Jugoslawien, Norwegen und der Türkei eine neue Heimat.

Ab 1988 wurde die Baureihenbezeichnung erneut erweitert: 360 und 361 mit Funkfernsteuerung hießen fortan 364 und 365. Die im Zuge ihrer Hauptuntersuchung remotorisierten 364 und 365 wurden später zu 362 und 363. Die Remotorisierung selbst umfasste den Einbau eines energiesparenden Caterpillar-V8-Motors mit elektronischer Drehzahlregelung sowie den Austausch von Lichtmaschine, Luftpresser und Verkabelung. Zudem wurde 1999 Lok 360 877 versuchsweise mit einem Caterpillar-Erdgasantrieb ausgestattet und ab Februar 2000 für den Verschub von Reisezugwagen in München Hbf eingesetzt. 2002 wurde die Lok zusammen mit den übrigen 360 ausgemustert. Die funkferngesteuerten bzw. schweren Baureihen verblieben dagegen weiterhin in rückläufiger Zahl im Bestand von DB Cargo und der DB Fahrzeuginstandhaltung. Inzwischen haben auch zahlreiche Maschinen bei Privat- und Museumsbahnen eine neue Heimat gefunden.

V 300 001 – die große V 200

Die internationale Begeisterung für die 1953 in Dienst gestellte Schnellzuglokomotive V 200 mündete 1956 in die Bestellung von drei sechsachsigen Derivaten für die Jugoslawische Staatseisenbahn. Bei der von Hersteller Krauss-Maffei als ML 2200 C'C' bezeichneten Lokomotive handelte es sich im Grunde um eine um 1800 mm verlängerte V 200 mit der Achsfolge C'C'. Letztere ergab sich aus der Forderung des Bestellers nach einer höheren Reibungsmasse bei niedrigeren Achslasten. Als Antrieb dienten die aus der V 200 bekannten MTU-Motoren mit 2 x 810 kW Leistung. Die Höchstgeschwindigkeit betrug zunächst 120 km/h.

Da Krauss-Maffei mit einem Folgeauftrag rechnete, stellten sie auf eigene Rechnung eine vierte bauartgleiche Maschine als Vorführlok her, die in ihrer blau-grauen Farbgebung exakt denen im Mai 1957 nach Jugoslawien ausgelieferten Maschinen entsprach. Unmittelbar nach ihrer Abnahme im September 1957 ging es für die großflächig als ML 2200 C'C' beschriftete Lok für einen Monat auf die österreichische Semmringbahn, wo sie ein umfangreiches Testprogramm zu absolvieren hatte. Die Maschine wusste auf der gebirgigen Strecke auf Anhieb zu überzeugen und beförderte sowohl Personen- als auch Güterzüge in der im Buchfahrplan vorgegebenen Fahrzeit. Erst bei den sich anschließenden Versuchsfahrten auf der Schwarzwaldbahn wurde die vergleichsweise niedrige Höchstgeschwindigkeit bemängelt. Dies veranlasste Krauss-Maffei schließlich, die Lokomotive auf stärkere Motoren mit 2 x 1100 kW umzubauen. Der Umbau zog sich bis Mai 1958 hin. Die Lok erhielt die Werksbezeichnung ML 3000 C'C' und eine neue Lackierung in Cremeweiß und Rot mit zwei weißen Streifen über dem Fahrzeugrahmen. So runderneuert wurde auf der Schwarzwaldbahn, der Mittenwaldbahn, der Semmeringbahn und der Strecke Buchloe – Lindau getestet. Darüber hinaus gab es auch Versuchsfahrten vor planmäßigen D-Zügen im Ruhrgebiet.1960 kam die Lok für eine mehrwöchige Testreihe in Ungarn zum Einsatz.

Da noch immer keine Bestellung vorlag, vermietete Krauss-Maffei die Lok ab Januar 1963 an die Deutsche Bundesbahn. Dort wurde sie intern als V 300 001 geführt, behielt allerdings weiterhin ihr Aussehen als Vorführlok bei. Am 17. April 1964 erfolgte schließlich der Ankauf durch die DB, die sie umgehend ins AW Nürnberg überführen und in das Farbschema der V 200 lackieren ließ. Heimatdienststelle wurde das Bw Hamm, das sie sowohl im Schnellzug- als auch im Güterzugdienst einsetzte. Zwei Jahre nach der Umzeichnung in 230 001 wurde die Einzelgängerin 1970 dem Bw Hamburg-Altona zugeteilt. Dort übernahm sie die Beförderung von Schnellzügen nach Westerland. Nach ihrer Ausmusterung im August 1975 wurde die Lok zunächst im AW Nürnberg abgestellt. Im Jahr 1977 erfolgte ihr Abtransport nach Italien. Da sie dort wegen ihrer Größe nicht überall freizügig einsetzbar war, kehrte die Maschine bereits nach einem Jahr wieder nach Deutschland zurück, wo sie 1980 in Penzberg verschrottet wurde.

TECHNISCHE DATEN

Baureihe:	V 300, (ab 1968 BR 230 (DB))
Verwendungszweck:	Streckenlokomotive
Antrieb:	dieselhydraulisch
Erstes Baujahr:	1957
Achsfolge:	C'C'
Spurweite (mm):	1435
Dienstgewicht (t):	104
Vmax (km/h):	140
Leistung (kW):	1100

DB-Baureihe V 100 – die Diesel-P-8

Das Typenprogramm der jungen DB sah unter anderem eine Diesellokomotive der Baureihe 65.2 mit 480 bis 590 kW Leistung vor, die konzeptionell an der Baureihe V 80 angelehnt war. Allerdings sollte die neue Fahrzeuggeneration deutlich kostengünstiger in der Anschaffung und wirtschaftlicher in der Unterhaltung sein. Mit ihrer Entwicklung wurde der Kieler Hersteller MaK beauftragt. In Zusammenarbeit mit dem BZA München entstand mit der jetzt V 100 genannten Baureihe eine für den gemischten Personen- und Güterzugdienst auf Haupt- und Nebenbahnen geeignete Universallokomotive, deren Lastenheft stark an das der legendären P 8 erinnerte. Die Umbennung in Baureihe V 100 erfolgte dabei unter Berücksichtigung der neu zur Verfügung stehenden 809 kW-Motoren aus der V 200.

Um das leidige Problem mit den zu langen und damit verschleißanfälligen Gelenkwellen der V 80 in den Griff zu bekommen, berücksichtigten die Ingenieure bei der V 100 einen durchgehenden Gelenkwellenantrieb, bei dem sowohl der innere als auch der äußere Radsatz des Drehgestells über eine eigene Gelenkwelle angetrieben wurden. Außerdem wurde auf die Kritik des V 80-Lokpersonals reagiert und die V 100 mit schmaleren Vorbauten für eine verbesserte Sicht auf die Puffer versehen.

Im Winter 1958/59 konnten die ersten sechs Lokomotiven an die DB übergeben werden. Während V 100 001 bis 005 über den „DB-Standardmotor" mit 809 kW Leistung verfügten, war V 100 006 versuchsweise mit einem 990 kW starken Daimle-Benz-Aggregat ausgeliefert worden. Eine weitere V 100 000 mit 809 kW wurde auf Rechnung von MaK für eigene Versuchs- und Vorführeinsätze gebaut und im Oktober 1959 als V 100 007 von der DB übernommen. Da sich bereits abzeichnete, dass beide Motorenvarianten ihre Berechtigung hatten, wurden Ende 1959 die leistungsschwächeren Maschinen in V 100.10 und die leistungsstärkeren in V 100.20 umgezeichnet. Die Baureihenbezeichnung V 100.0 blieb für eine mögliche Rangierausführung reserviert, die allerdings zugunsten der Baureihe V 90 später verworfen wurde.

Ab 1961 erfolgte die Indienststellung der 36 Vorauslokomotiven V 100 1008 bis 1043 mit 809 kW Antrieb. Ihr schloss sich bis 1963 die Beschaffung der 20 Vorauslokomotiven V 100 2002 bis 2021 mit 909 kW Leistung an. Bis 1965 wurden insgesamt 364 V 100.10 sowie 381 V 100.20 in Dienst gestellt, darunter auch die zehn steilstreckentauglichen V 100 2332 bis 2341. Für den Steilstreckeneinsatz verfügten diese über ein unabhängiges zweites Bremssystem sowie eine zusätzliche hydrodynamische Bremse.

Die Baureihe V 100 bewährte sich als universell einsetzbare Maschine und war in nahezu allen Bereichen der Zugförderung anzutreffen. Ihre Bandbreite reichte von leichten Personen- und Güterzügen auf Nebenbahnen, bis hin zum mittelschweren Reise- und Güterzugdienst auf Hauptbahnen. Krönender Abschluss ihrer Karriere war die planmäßige Bespannung von IC-Zügen ab Emden Hbf zu Beginn der 2000er Jahre. Für die Beförderung von Nahverkehrs- und schwereren Güterzügen verfügten zahlreiche der ab 1968 als Baureihe 211 (ex V 100.10) und 212 (ex V 100.20) bezeichneten Maschinen über eine Vielfachsteuerung für Wendezugbetrieb und Doppeltraktion; darunter auch alle zehn als Baureihe 213 eingereihten Steilstreckenloks.

Zwischen 1981 und 1985 wurden alle Vorserien-211 ausgemustert. Mit dem Nebenbahnsterben verloren allerdings schon bald auch die ersten Serienmaschinen ihr angestammtes Betätigungsfeld und wurden sukzessive abgestellt. Zwischen 1988 und 1991 ließ die DB insgesamt fünfzehn 212 im AW Kassel als Zuglokomotiven für die an der ICE-Neubaustrecke zu stationierenden Tunnelhilfszüge umrüsten. Dabei wurden die 212 unter anderem mit Kameras, Suchscheinwerfern und Warnlichtern versehen und als Baureihe 214 eingereiht. Mit Gründung der Deutschen Bahn AG erfolgte ihre Einstufung als Baufahrzeuge der Baureihe 714.

1995 wurden schließlich die letzten 213 in den Thüringer Wald umgesetzt, wo sie bis zur 1998 erfolgten Stilllegung auf der Steilstrecke Plaue – Themar zum Einsatz kamen. Zusammen mit der letzten 211 023 wurden sie schließlich 2001 ausgemustert. Im Jahr 2005 folgten auch die stärkeren 212. Viele V 100 fanden bei deutschen Privatbahnen oder im Ausland eine neue Heimat. Zudem sind zahlreiche Maschinen bei Museumsbahnen betriebsfähig erhalten geblieben.

TECHNISCHE DATEN

Baureihe: V 100.10, (ab 1968 BR 211 (DB))		
		V100.20, (ab 1968 BR)
Verwendungszweck:	Universallokomotive	
Antrieb:	dieselhydraulisch	
Erstes Baujahr:	1958	1959
Achsfolge:	B'B'	B'B'
Spurweite (mm):	1435	1435
Dienstgewicht (t):	62	63
Vmax (km/h):	100	100
Leistung (kW):	809/993	993

TECHNISCHE DATEN

Baureihe: V 100.20, (ab 1968 BR 213 (DB))		
		BR 214, (ab 1996 BR)
Verwendungszweck:	Steilstreckenlokomotive	
		Universallokomotive
Antrieb:	dieselhydraulisch	dieselhydraulisch
Erstes Baujahr:	1965	1988 (Umbau)
Achsfolge:	B'B'	B'B'
Spurweite (mm):	1435	1435
Dienstgewicht (t):	63	63
Vmax (km/h):	100	100
Leistung (kW):	993	993

DR-Baureihe V 60 – die meistgebaute deutsche Diesellok

TECHNISCHE DATEN

Baureihe: V 60, (ab 1970 BR 106.0-1, ab 1992 BR 346.0-1 (DR))

Verwendungszweck:	Rangierlokomotive
Antrieb:	dieselhydraulisch
Erstes Baujahr:	1960
Achsfolge:	D
Spurweite (mm):	1435
Dienstgewicht (t):	55
Vmax (km/h):	55
Leistung (kW):	478

TECHNISCHE DATEN

Baureihe: V 60, (ab 1970 BR 106.2-9/105.0-1, ab 1994 BR 346.2-9/345.0-1 (DR))

Verwendungszweck:	Rangierlokomotive
Antrieb:	dieselhydraulisch
Erstes Baujahr:	1964
Achsfolge:	D
Spurweite (mm):	1435
Dienstgewicht (t):	60
Vmax (km/h):	60
Leistung (kW):	478

Für den mittelschweren Rangierdienst entwickelte der VEB Lokomotivbau Karl Marx Babelsberg (LKM) ab 1955 eine vierfachgekuppelte dieselhydraulische Lokomotive mit Mittelführerhaus, die gemäß dem seit 1925 gültigen Baureihenplan als V 60 bezeichnet wurde. Da die Deutsche Reichsbahn mit ihr gleich mehrere betagte Dampflokbaureihen unterschiedlicher Gewichts- und Leistungsklassen ersetzen wollte, waren die Anforderungen an die neue Rangierlok entsprechend hoch. Neben einer Leistung von rund 650 PS (478 kW), einer Achsfahrmasse von maximal 15 t und einer guten Bogenläufigkeit auch auf engen Radien, sollte auch die uneingeschränkte Befahrung von Ablaufbergen, der sichere Stand des Rangierpersonals und eine gute Rundumsicht bei der Planung berücksichtigt werden. In der finalen Version entschieden sich die Konstrukteure für ein asymmetrisch angeordnetes Führerhaus, das eine ausgewogenere Gewichtsverteilung erlaubte.

Im Februar 1959 wurde mit V 60 1001 die erste Vorserienmaschine an die DR übergeben. Im September des gleichen Jahres folgte V 60 1002. Beide Prototypen verfügten über einen Achtzylinder-Turbodiesel des VEB Johannisthal, der sich allerdings im sofort aufgenommenen Versuchsbetrieb als problembehaftet erwies. Aus diesem Grund erhielten die ab 1961 ausgelieferten V 60 1003 bis 1007 einen Zwölfzylinder-Saugmotor, der mit Turbounterstützung auch bei den Baureihen V 100 und V 180 zum Einsatz kam. Darüber hinaus war bei diesen Maschinen der Rahmen verstärkt und die Schaltstufen des Getriebes verändert worden. Da die überarbeiteten Maschinen voll und ganz überzeugen konnten, wurde 1962 mit der Serienfertigung begonnen. Bis 1964 lieferte LKM insgesamt 163 Serienmaschinen an die DR. Obwohl sich die Loks sehr gut bewährten, sahen vor allem die Betriebseisenbahner noch Raum für Verbesserungen. 1964 baute LKM daher die Baumusterlokomotive V 60 1201 mit einer auf 60 t erhöhten Reibungsmasse. Zudem wurde zum Schutz gegen Sonne und Regen das Führerhausdach bis über die Front- und Seitenflächen verlängert. Wegen der starken Auslastung des Werkes in Babelsberg übernahm ab 1964 der VEB Lokomotivbau Elektrotechnische Werke „Hans Beimler" Hennigsdorf (LEW) die V-60-Produktion.

1970 wurden beide V 60-Versionen in Baureihe 106 umbenannt. Als 1975 mit der Auslieferung von 106 999 die Nummernreihe belegt war, musste die DR die nachfolgenden Maschinen als Baureihe 105 einreihen. 1982 endete mit 105 165 die Produktion. Mit 2256 Maschinen ist die V 60 bis heute die meist gebaute deutsche Diesellok. 1135 davon gingen an die DR; die anderen verteilten sich auf Werksbahnen und den Export. Unter den ausländischen Kunden befanden sich unter anderem die Staatsbahnen Ägyptens, Algeriens, Bulgariens und der ČSSR.

Für den Rangierbetrieb im Fährhafen Mukran wurden 1987 insgesamt 14 Maschinen für die russische Breitspur ertüchtigt und mit einer Mittelpufferkupplung sowie einer Vielfachsteuerung ausgerüstet. Ab 1991 erfolgte zudem im Raw Chemnitz bei 81 Lokomotiven die Drosselung des Motors auf 365 kW zur Spritersparnis und eine Umzeichnung in Baureihe 104.

Mit Einführung des DB-konformen Baureihenschemas wurde 1992 aus der 104 die Baureihe 344, aus der 105 die Baureihe 345 und aus der 106 die Baureihe 346. Außerdem erhielten die Breitspurlokomotiven die Baureihenbezeichnung 347. Während die Lokomotiven der Baureihe 344 nach der Bahnreform umgehend abgestellt wurden, führt DB Cargo die anderen Baureihen bis heute in ihrem Bestand. Darüber hinaus setzen auch zahlreiche Werks- und Privatbahnen weiterhin auf die Leistungsfähigkeit der wegen ihrer ab Werk goldgelben Lackierung scherzhaft „Goldbroiler" genannten D-Kuppler.

TECHNISCHE DATEN

Baureihe:	104, (ab 1992 BR 344 (DR))
Verwendungszweck:	Rangierlokomotive
Antrieb:	dieselhydraulisch
Erstes Baujahr:	1991 (Umbau)
Achsfolge:	D
Spurweite (mm):	1435
Dienstgewicht (t):	55
Vmax (km/h):	60
Leistung (kW):	365

TECHNISCHE DATEN

Baureihe:	V 60, (ab 1970 BR 106.2-9, ab 1994 BR 346.2-9 (DR))
Verwendungszweck:	Rangierlokomotive
Antrieb:	dieselhydraulisch
Erstes Baujahr:	1964
Achsfolge:	D
Spurweite (mm):	1435
Dienstgewicht (t):	60
Vmax (km/h):	60
Leistung (kW):	478

TECHNISCHE DATEN

Baureihe:	106.9/105, (ab 1992 BR 347 (DR))
Verwendungszweck:	Rangierlokomotive
Antrieb:	dieselhydraulisch
Erstes Baujahr:	1987
Achsfolge:	D
Spurweite (mm):	1520
Dienstgewicht (t):	60
Vmax (km/h):	60
Leistung (kW):	478

DB-Baureihen 210/215/216/217/218/225 – die große V160-Familie

Für die Bespannung mittelschwerer Reise- und Güterzüge sah das vorläufige Typenprogramm der Deutschen Bundesbahn auch eine einmotorige Baureihe um die 1000 kW Leistung vor, die analog zur V 80 mit Mittelführerstand gebaut werden sollte. Weil mit der V 100 eine nur unwesentlich schwächere Ausführung bereits auf den Weg gebracht worden war, entschied man sich schließlich, die als V 160 projektierte mittlere Leistungsklasse mit Endführerständen zu bauen. Ab 1955 entwickelte Krupp eine 1397 kW starke Universallokomotive mit rundlich geformten Stirnseiten, die bei den ab 1960 ausgelieferten Vorserienmaschinen V 160 001 bis 009 für den Spitznamen „Lollo" (nach der Schauspielerin Gina Lollobrigida) sorgten. Erst mit der 1964 gebauten V 160 010 hielt das von der V 320 abgeleitete Design mit eckigen Stirnseiten Einzug. Von 1964 bis 1968 wurden mit V 160 011 bis 224 insgesamt 214 Serienlokomotiven in Dienst gestellt. Alle V 160 (ab 1968 BR 216) verfügten für den Einsatz vor Reisezügen über eine Dampfheizung.

Da sich der internationale Reisezugverkehr jedoch immer stärker in Richtung elektrischer Zugheizung bewegte, wurden bereits 1965 drei Prototypen der Baureihe V 162 (ab 1968 BR 217) in Dienst gestellt, die für die Versorgung der E-Heizung über einen zusätzlichen 386 kW-Hilfsantrieb verfügten. Daneben wurde mit V 169 001 auch eine Lok mit einer zusätzlichen Gasturbine beschafft, auf die in einem anderen Kapitel noch gesondert eingegangen werden soll. Um für den Hilfsantrieb Platz zu schaffen, musste die V 162 um 400 mm verlängert werden. Bei dem Zusatzmotor handelte es sich um ein 12-Zylinder-Aggregat von MAN, das später auch als Traktionsdiesel bei der Baureihe 614 Verwendung fand. Wie im Lastenheft vorgesehen, lieferte der Hilfsantrieb außerhalb des Heizbetriebes zusätzliche Traktionsleistung, sodass diese bedarfsweise auf 1813 kW gesteigert werden konnte. Da sich die 217 sehr gut bewährten, beschaffte die DB 1968 bei Krupp mit 217 011 bis 022 weitere zwölf Vorserienmaschinen. Alle 217 wurden vorrangig im Reisezugdienst eingesetzt. Eine Serienbestellung erfolgte nicht, weil der Industrie inzwischen stärkere Antriebe zur Verfügung standen, die einen Hilfsmotor überflüssig machten.

Folglich bestellte die DB bereits 1966 zwölf Vorserienlokomotiven der Baureihe V 164 mit einem neuentwickelten 1840 kW-Motor und E-Heizung, die ab 1968 als 218 001 bis 012 von Krupp geliefert wurden. Da weder Erfahrungen mit dem neuen Motor noch mit dem Direktantrieb der E-Heizung vorlagen, gab die DB parallel dazu zehn mit dem identischen Antrieb motorisierte V 163 mit Dampfheizung in Auftrag, die ebenfalls 1968 als 215 001 bis 010 ausgeliefert wurden. Da die 215 jederzeit zur 218 umgebaut werden konnte, stellte die DB zwischen 1969 bis 1971 mit 215 011 bis 150 noch einmal 140 Serienmaschinen in Dienst. Davon wurden später allerdings nur 215 030 bis 032 auf elektrischen Heizbetrieb umgerüstet.

Von 1971 bis 1979 erfolgte mit 218 101 bis 398 und 400 bis 499 die Serienfertigung der Baureihe 218. Lok 218 399 entstand dagegen aus dem unfallbedingten Wiederaufbau von 215 112. In die 218 flossen sämtliche mit den Vorgängerbaureihen gemachten Erfahrungen ein, sodass sie sich zu einem beispiellosen Rückgrat der Dieseltraktion der DB entwickelten. Von Intercity bis zum Touristikzug und von Citybahn bis zum Durchgangs-

güterzug bespannten die 218 nahezu jede Zuggattung. Dennoch bildeten nicht sie, sondern die Baureihe 210 den leistungsmäßigen Höhepunkt in der V 160-Familie.

Nachdem durch den Probeeinsatz von 219 001 bereits ausreichend Erfahrung mit einem leistungsunterstützenden Gasturbinenantrieb vorlag, gab die DB acht mit der 218 technisch weitgehend identische Maschinen mit einer von KHD in Lizenz gefertigten Avco-Lycoming-Gasturbine in Auftrag. Diese war lastabhängig zuschaltbar und generierte eine Zusatzleistung von 845 kW, was die ab 1970 ausgelieferten 210 001 bis 008 zu den stärksten und mit 160 km/h schnellsten Diesellokomotiven der DB machte. Die 210 verfügten im Vergleich zur 218 über verstärkte Gelenkwellen, eine verstärkte Klotzbremse sowie optimierte Drehgestelle. Zu hohe Fixkosten und ein Turbinenbrand im Dezember 1978 sorgten schließlich für den Umbau in 218 901 bis 908.

Im Zuge der Aufspaltung des DB-Konzerns in verschiedene Unternehmensteile, erfolgte 2001 der Umbau von 68 Maschinen der Baureihe 215 in eine reine Güterzuglok der Baureihe 225 für DB Cargo. 2003 und 2005 schloss sich der Umbau von sechs Vorserien-218 zur Baureihe 225.8 an. Alle 225 wurden mit einer Vielfachsteuerung versehen, die auch Doppeltraktionen mit den Baureihen 217 und 218 erlaubte. 225 023 bis 029 wurden für den Verkehr Aachen West – Montzen zudem mit dem belgischen Zugsicherungssystem Crocodile nachgerüstet.

Die Elektrifizierung und nicht zuletzt das hohe Alter sorgten in den 2000er Jahren für einen schrittweisen Abschied von der V 160-Familie. 2003 und 2004 wurden bei der DB die letzten 215 und 216 außer Dienst gestellt; 2011 und 2013 traf es auch 217 und 225. Neben den aktuell von der DB eingesetzten 218, haben inzwischen viele Maschinen bei Privatbahnen ein neues Betätigungsfeld gefunden. Unter ihnen auch die bereits 1998 im Auftrag der Firma OnRail mit neuen Antrieben, Führerständen und Karosserieelementen neu aufgebauten und als DH 1504 bezeichneten 216 014, 055, 111, 121, 123 und 158.

TECHNISCHE DATEN

Baureihe: V 160 001-009, (ab 1968 BR 216 (DB))
V 160, (ab 1968 BR 216 (DB))

Verwendungszweck:	Streckenlokomotive	
Antrieb:	dieselhydraulisch	
Erstes Baujahr:	1960	1964
Achsfolge:	B'B'	B'B'
Spurweite (mm):	1435	1435
Dienstgewicht (t):	74	76,7
Vmax (km/h):	120	120
Leistung (kW):	1397	1397

TECHNISCHE DATEN

Baureihe: V 162, (ab 1968 BR 217 (DB))
V 163, ausgeliefert als BR 215 (DB)

Verwendungszweck:	Streckenlokomotive	
Antrieb:	dieselhydraulisch	
Erstes Baujahr:	1965	1968
Achsfolge:	B'B'	B'B'
Spurweite (mm):	1435	1435
Dienstgewicht (t):	79,5	79
Vmax (km/h):	130	140
Leistung (kW):	1397+370	1840 (ab 215 011 1397)

TECHNISCHE DATEN

Baureihe:	V 164, ausgeliefert als BR 218 (DB)	210 (DB)
Verwendungszweck:	Streckenlokomotive	
Antrieb:	dieselhydraulisch	
Erstes Baujahr:	1968	1970
Achsfolge:	B'B'	B'B'
Spurweite (mm):	1435	1435
Dienstgewicht (t):	78,5	82
Vmax (km/h):	140	160
Leistung (kW):	1840/2061	2720

TECHNISCHE DATEN

Baureihe:	225 (DB)
Verwendungszweck:	Streckenlokomotive
Antrieb:	dieselhydraulisch
Erstes Baujahr:	2001 (Umbau)
Achsfolge:	B'B'
Spurweite (mm):	1435
Dienstgewicht (t):	79
Vmax (km/h):	140
Leistung (kW):	1397/1840

DB-Baureihe V 320 001 – die Kraft der zwei Herzen

Die überaus positiven Erfahrungen mit der Baureihe V 200 bestärkten die Deutsche Bundesbahn 1956 in ihrem Entschluss, auch bei zukünftigen Streckenlokomotiven bedarfsabhängig auf den zweimotorigen Antrieb zu setzen. Auf Basis der in der Entwicklung befindlichen Baureihe V 160, wurde eine schwere sechsachsige Großdiesellokomotive skizziert, die in der Lage sein sollte, sowohl die Baureihe 01 im Schnellzugdienst als auch die Baureihe 44 im Güterzugdienst zu ersetzen. Aus Kapazitätsgründen musste das Projekt jedoch zunächst zurückgestellt werden. Erst 1960 griffen DB und Fahrzeugindustrie das Thema wieder auf. Allerdings hatte die zügig voranschreitende Elektrifizierung eine derart schwere Diesellok vielerorts überflüssig werden lassen, sodass sich die DB aus der Entwicklung zurückzog. Die Firma Henschel fertigte daraufhin 1962 eine Probelokomotive auf eigene Rechnung und stellte sie der DB für die Erprobung zur Verfügung.

Die mit 1400 kW Leistung äußerst kraftvolle Maschine des Typs DH 4000 wurde bei der DB als V 320 001 eingereiht. Die Lok wurde dem Bw Hamm zugeteilt und gemeinsam mit V 300 001 in einem Dienstplan eingesetzt. Bereits bei den ersten Einsätzen zeigte sich, dass Henschel mit dieser Lok ein großer Wurf gelungen war. Die geplante Höchstgeschwindigkeit von 160 km/h wurde mühelos erreicht, was die Henschel-Techniker schließlich ermutigte, die Getriebeübersetzung für eine Vmax von 180 km/h zu optimieren. Auch diese Geschwindigkeit konnte mühelos gehalten werden. Vor diesem Hintergrund entschloss sich die DB im Jahr 1964, V 320 001 für die Dauer von zehn Jahren anzumieten. Heimatdienststelle wurde jetzt das Bw Kempten. 1967 wurde die Lok bei einem Unfall schwer beschädigt und musste für längere Zeit abgestellt werden. 1968 erfolgte die Umzeichnung in 232 001. Nach Ablauf der Mietzeit kehrte das Einzelstück 1975 ins Henschel-Werk zurück, wo es überholt und in eine reine Güterzuglok ohne Zugheizung umgebaut wurde. Hiermit verbunden war auch eine Reduzierung der Höchstgeschwindigkeit auf 120 km/h.

1976 erwarb die Hersfelder Eisenbahn-Gesellschaft die Lok und setzte sie als V 30 im schweren Kaliverkehr ein. Ab 1989 lief sie wieder unter ihrer ursprünglichen Bezeichnung V 320 bei der Teutoburger Wald-Eisenbahn. 1992 erfolgte in der Hauptwerkstatt Lengerich die Außerdienststellung. Zu diesem Zeitpunkt war bereits nur noch ein Antriebsmotor funktionsfähig. Erst zwei Jahre später gelang ein Weiterverkauf nach Italien. 1998 erfolgte die überraschende Rückkehr nach Deutschland in den Bestand der Gleisbaufirma Wiebe, die sie fortan vor Bauzügen einsetzte. Am 2. August 2015 ereilte die Lok in Donauwörth ein Achslagerschaden mit Brandbildung, wonach sie umgehend abgestellt werden musste. Da die Diagnose des Fahrwerks weitere Schäden erkennen ließ, verzichtete Wiebe auf eine Reparatur. Im August 2017 erfolgte die Überführung ins Bombardier-Werk in Kassel, wo die Lok ursprünglich dauerhaft ausgestellt werden sollte. Im Juli 2020 kehrte sie jedoch wieder zu Wiebe zurück, um zwei Monate später als Dauerleihgabe zum Historischen Lokschuppen Wittenberge überführt zu werden.

TECHNISCHE DATEN

Baureihe:	V 320, (ab 1968 BR 232 (DB))
Verwendungszweck:	Streckenlokomotive
Antrieb:	dieselhydraulisch
Erstes Baujahr:	1962
Achsfolge:	C'C'
Spurweite (mm):	1435
Dienstgewicht (t):	122
Vmax (km/h):	160
Leistung (kW):	1470

DR-Baureihe V 180 – die erste Dieselstreckenlok der DDR

Als Ersatz für die vielen noch aus der Länderbahnzeit stammenden Dampflokomotiven der mittleren Leistungsklasse, entwickelte der VEB Lokomotivbau Karl Marx Babelsberg (LKM) Ende der 1950er Jahre eine zweimotorige dieselhydraulische Streckenlokomotive, die optisch und konzeptionell an die DB-V 200 angelehnt war. 1960 konnte mit V 180 001 die erste Maschine für Testfahrten übergeben werden, die zugleich auch die erste dieselhydraulische Streckenlok der DDR war. Wenig später folgte mit V 180 002 die zweite Vorserienlok. Beide Maschinen verfügten über ein Voith-Strömungsgetriebe und eine Vielfachsteuerung von BBC, da beide Komponenten nicht aus DDR-Produktion erhältlich waren. V 180 001 und 002 dienten ausschließlich der Erprobung und wurden nicht von der DR übernommen. Bereits 1965/66 erfolgte ihre Verschrottung.

1961 genehmigte die DDR-Plankommission die Produktion von 128 Maschinen. Im darauffolgenden Jahr lieferte LKM mit V 180 002 und 003 zwei weitere Vorserienexemplare, die nun allerdings über eine elektrische Ausrüstung von LEW Hennigsdorf verfügten. Nach umfangreichen Versuchsfahrten mit fünf weiteren Probelokomotiven begann 1962 die Serienfertigung der 2 x 662 kW starken B'B'-Maschinen, die 1965 mit der Ablieferung von V 180 087 endete. Ihr schloss sich bis 1967 die Produktion der 2 x 736 kW starken V 180 101 bis 182 mit der gleichen Achsfolge an. Beide Versionen konnten die in sie gesetzten Erwartungen voll erfüllen, allerdings scheiterte die eigentlich vorgesehene Ablösung der Dampftraktion vielerorts an der mit 20 t relativ groß bemessenen Achsfahrmasse. Daher gab die DR auch eine sechsachsige Ausführung für Strecken bis 16 t Achslast in Auftrag, deren Prototyp V 180 201 ab 1964 für Versuchsfahrten zur Verfügung stand. Die Serienfertigung wurde 1966 mit V 180 202 aufgenommen und endete 1970 mit der bereits ab Werk umgezeichneten 118 406.

Nachdem eine stärkere Variante der V 180 (V 240 genannt) 1968 endgültig an den politischen Vorgaben gescheitert war, witterte die DR ihre Chance in der Remotorisierung und rüstete zahlreiche 118 nachträglich mit leistungsfähigeren Motoren aus. So wurden zwischen 1979 und 1987 insgesamt 52 Loks der ersten Lieferserie mit je 736 kW starken Motoren bestückt. Von 1981 bis 1989 erhielten zudem 179 Maschinen der Baureihe 118.2–4 die ursprünglich für die V 240 gedachten Motoren mit 883 kW Leistung.

Bis zur Auslieferung der Baureihe 132 (heute 232) wurden die V 180 vorwiegend im Schnellzugdienst eingesetzt. Eine Domäne war unter anderem die Beförderung von Transitzügen in die Bundesrepublik. Aufgrund ihrer universellen Verwendbarkeit – einige Unterbaureihen verfügten auch über eine Steilstreckenzulassung – kamen die Maschinen vor nahezu jeder Zuggattung der DR zum Einsatz. 118 548, 550 und 552 waren zudem die offiziellen Lokomotiven des DDR-Regierungszuges. 1992 erfolgte die Umzeichnung in Baureihe 228. Mit dem Rückgang der Verkehrsleistungen in der unmittelbaren Nachwendezeit wurden die ersten Maschinen abgestellt. Die Umstellung des Reisezugverkehrs auf elektrische Energieversorgung und die Stilllegung der befahrenen Steilstrecken beschleunigte schließlich das bevorstehende Ende. So wurden 1995 die 228.2–4 ausgemustert; drei Jahre später traf es auch die letzten 228.6–8.

TECHNISCHE DATEN

Baureihe: V 180, (ab 1970 BR 118, ab 1992 BR 228 (DR))

Verwendungszweck:	Streckenlokomotive
Antrieb:	dieselelektrisch
Erstes Baujahr:	1962
Achsfolge:	B'B'
Spurweite (mm):	1435
Dienstgewicht (t):	k.A.
Vmax (km/h):	140
Leistung (kW):	2 x 736

V 169 001 – Probelok mit Happy End

Da auch nach der Bestellung der mit einem Hilfsantrieb für die E-Heizung ausgerüsteten V 162 die generelle Erhöhung der Motorleistung weiterhin im Raum stand, wurde eine bauartgleiche Maschine mit einer zusätzlichen Gasturbine beschafft. Die als V 169 001 bezeichnete Probelok wurde am 4. Juni 1965 von KHD in Köln gebaut und danach auf der Internationalen Verkehrsausstellung in München ausgestellt. Bei der Gasturbine griffen die Entwickler auf eine Hubschrauber-Turbine des Typs LM 100-PA 104 von General Motors zurück, die dem Motor einen Leistungsschub von 662 kW bescherte. Anstelle von Kerosin, wurde sie mit Diesel betrieben. Die Lok wurde am 29. Oktober 1965 von der DB abgenommen und dem Bw Kempten zugeteilt. Nach diversen Anpassungsarbeiten kam sie ab März 1966 auf der Strecke München – Lindau zum Einsatz. 1968 erfolgte ihre Umzeichnung in 219 001.

TECHNISCHE DATEN	
Baureihe:	V 169, (ab 1968 BR 219 (DB))
Verwendungszweck:	Streckenlokomotive
Antrieb:	dieselhydraulisch
Erstes Baujahr:	1965
Achsfolge:	B'B'
Spurweite (mm):	1435
Dienstgewicht (t):	76,7
Vmax (km/h):	130
Leistung (kW):	2242 (davon 662 durch Gasturbine)

Die Testergebnisse bildeten wenig später die Grundlage für die Entwicklung der Baureihe 210, die jedoch aus der leistungsstärkeren V 164 abgeleitet wurde. Eine Serienfertigung der V 169 erfolgte nicht. Nach dem 1974 die Gasturbine schadhaft geworden war, wurde sie umgehend demontiert. Außerdem wurde die Zugheizung stillgelegt, was einen weiteren Einsatz im Reisezugverkehr verhinderte. 1975 kam die Maschine zum Bw Gelsenkirchen-Bismarck, das sie bis zum Fristablauf am 25. November 1977 im regulären Güterzugdienst einsetzte. 1978 wurde die Lok bei der DB ausgemustert und bis 1985 im AW Bremen abgestellt. Anschließend gelangte sie nach Italien, wo sie aufgearbeitet und im Gleisbaudienst eingesetzt wurde.

1998 kehrte 219 001 über einen Lokomotivhändler wieder nach Deutschland zurück, um in der Lokomotivfabrik Gmeinder erneut einer Revision unterzogen zu werden. Hier erhielt sie unter anderem einen neuen Caterpillar-Motor, eine Anpassung des Strömungsgetriebes sowie eine neue Verkabelung. Ab April 2000 wurde die Lok als DH 280 01 von der Bahngesellschaft Waldhof in Mannheim erworben und vorrangig im Müllverkehr zwischen Hildeshein und Krefeld eingesetzt. Im Oktober 2001 erfolgte die Weitergabe an die Eisenbahnen und Verkehrsbetriebe Elbe-Weser (EVB), die die jetzt als 240 01 bezeichnete Lok vor Containerzügen zwischen Bremen, Bremerhaven und Hamburg einsetzten. 2013 besiegelte ein Rahmenschaden das vorzeitige Aus. Erst 2021 wurde die geschichtsträchtige Einzelgängerin an die Firma LokRapid in Oldenburg verkauft und durch den Unternehmer und Lokführer Roland Sandkuhl betriebsfähig aufgearbeitet. Seit September 2022 befindet sie sich wieder im Betriebsdienst.

DR-Baureihe V 200 – Taigatrommel und Wumme

Der „Rat für gegenseitige Wirtschaftshilfe" als Wirtschaftsgemeinschaft des Ostblocks legte 1965 den Bau von schweren Großdiesellokomotiven in die Hände der UdSSR. Die Diesellokomotivfabrik Oktoberrevolution Lugansk leitete daraufhin aus der ursprünglich für das sowjetische Breitspurnetz entwickelten Baureihe M 62 eine Variante für Regelspur ab, die ab 1966 auch in die DDR geliefert wurde. Herzstück der Baureihe war ein langsamlaufender wassergekühlter Zwölfzylinder-Zweitakt-Dieselmotor mit Direkteinspritzung und nachgeschaltetem Traktionsgenerator, der seine Energie auf insgesamt sechs Gleichstrom-Tatzlager-Fahrmotoren verteilte. Durch eine externe Stromeinspeisung war es möglich, die Lokomotive auch ohne laufenden Dieselmotor über kurze Strecken zu bewegen. Der Dieselmotor selbst stammte aus dem Schiffsbau und fand auch bei verschiedenen Marinen des Warschauer Pakts Verwendung.

Im Dezember 1966 erhielt die Deutsche Reichsbahn zwei Probelokomotiven, denen 1967 die ersten 88 Serienlokomotiven folgten. Die sechsachsigen dieselelektrischen Maschinen wurden zunächst als V 200 bezeichnet und 1970 in Baureihe 120 umgezeichnet. Bis 1975 wurden insgesamt 378 Exemplare in Dienst gestellt. Die wegen ihres anfänglich ohrenbetäubenden Lärms von den Personalen schnell „Taigatrommeln" oder auch „Wumme" genannten Maschinen waren die ersten dieselelektrischen Großdiesellokomotiven der DR und erwiesen sich als ebenso robust, wie anspruchslos. Nach diversen Bauartänderungen konnte auch der Geräuschpegel deutlich reduziert werden, was ihre Akzeptanz innerhalb der Reichsbahn deutlich erhöhte. Aufgrund ihrer fehlenden Zugheizeinrichtung waren die Loks allerdings ausschließlich im Güterzugdienst einsetzbar, wo sie entscheidend zum Traktionswandel beitrugen. Dennoch sollten sie nach den Plänen der DR spätestens Ende der 1980er Jahre ausgemustert werden, da die Nachfolgebaureihe 130 deutlich bessere Leistungswerte aufwies. Aufgrund der hohen Schadanfälligkeit der aus Rumänien stammenden Baureihe 119 (später 219) konnte dieser Plan allerdings nicht realisiert werden, sodass das zuständige Raw Cottbus erst 1990 die Unterhaltung einstellte. Rund 250 Maschinen wurden 1992 noch zur DB-konformen Baureihe 220 umgezeichnet, allerdings waren von diesen bereits viele abgestellt oder nur noch für Bauzugeinsätze vorgehalten worden. Die offizielle Ausmusterung bei der DB AG erfolgte 1995.

Nachdem bereits 1993 der Einsatz der in den 1970er Jahren an das Braunkohlenkombinat Geiseltal gelieferten fünf V 200 beendet war, setzte nur noch die Wismut-Werksbahn die Baureihe planmäßig ein. Doch auch hier wurden 1998 die letzten der zwischen 1972 bis 1978 gelieferten 15 V 200 (501 bis 515) durch die Baureihe V 300 verdrängt. Neben der DB-Museumslok 120 274, ist heute mit der V 200 507 des Erfurter Bahnservice nur noch eine weitere Taigatrommel bzw. Wumme in Deutschland betriebsfähig. Letztere sogar als ganz „normale" Güterzuglok.

TECHNISCHE DATEN

Baureihe: V 200, (ab 1970 BR 120 (DR), ab 1992 BR 220)

Verwendungszweck:	Streckenlokomotive
Antrieb:	dieselelektrisch
Erstes Baujahr:	1966
Achsfolge:	Co'Co'
Spurweite (mm):	1435
Dienstgewicht (t):	116
Vmax (km/h):	100
Leistung (kW):	1470

BEG 5 – Brohltaler Unikat

Die BEG 5 der Brohltal Eisenbahn-Gesellschaft gehört zu den exotischsten Lokomotiven auf deutschen Gleisen, denn sie ist die einzige Schmalspurdiesellok mit Endführerständen in Deutschland. Die fälschlicherweise auch als „kleine V 160" bezeichnete Meterspurlok gehört zum Typ Henschel DHG 1000-1500 BB, der ab 1964 für Schmalspurbahnen unterschiedlicher Spurweiten in aller Welt angeboten wurde. Vor allem die Bahnen Afrikas und Asiens galten zu dieser Zeit als expansiver Markt, da hier nach dem Rückzug der Kolonialmächte die überalterten Dampflokomotiven durch moderne Diesellokomotiven ersetzt werden mussten. Durch den überwiegend leichten Oberbau, der nur geringe Achslasten zuließ, kam in den meisten Fällen nur eine leichte Lokomotive mit hoher Leistung und optimaler Traktion infrage. Mit den Erfahrungen aus der 1958 für die Südafrikanischen Eisenbahnen gebauten dieselhydraulischen Klasse 61, entwickelte Henschel eine neue Baureihe mit Endführerständen, für dessen Design die ebenfalls von Henschel gebaute Baureihe 2050 der ÖBB Pate stand. Die neue Schmalspurgeneration umfasste Nennleistungen von 1000 bis 1500 PS, die sich für Henschel typisch in der jeweiligen Baureihenbezeichnung wiederfanden.

Von 1964 bis 1966 lieferte Henschel 27 DHG 1200 BB nach Thailand, zwei DHG 1100 BB nach Togo und eine DHG 1500 BB in den Sudan. Aber auch in Europa fanden die äußerst gelungenen Maschinen ihre Abnehmer. Zwischen 1965 und 1966 stellten die Bulgarischen Staatsbahnen zehn speziell für den Einsatz auf der gebirgigen Rhodopenbahn ertüchtigte DHG 1100 BB in Dienst, die noch bis vor wenigen Jahren dort ihren Plandienst versahen. Fünf DHG 1200 BB gingen zudem an die Ferrocarril Minero de Sierra Menera in Spanien, die nach dem Ende der Bergbauaktivitäten von der staatlichen Schmalspurbahn FEVE übernommen wurden. Eine dieser ehemaligen spanischen Lokomotiven konnte 1998 von der Brohltalbahn übernommen werden. Nach ihrer Aufarbeitung und der optischen Angleichung an die DB-Baureihe V 160, wird sie seitdem im Personen- und Güterverkehr auf der landschaftlich reizvollen Schmalspurbahn zwischen Brohl und Engeln eingesetzt

Bis 1945 beschaffte die Reichsbahn insgesamt 1236 Kleinlokomotiven der Leistungsgruppe II mit Verbrennungsmotor. Da die Deutsche Bundesbahn hiervon nur 428 Stück übernehmen konnte, ließ sie zwischen 1948 und 1965 bei Deutz, Gmeinder, Jung und Orenstein & Koppel noch einmal 736 Köf nachfertigen. Alle Neubaulokomotiven verfügten über eine hydraulische Kraftübertragung und einen Dieselmotor von Deutz oder Kaelble mit 107 bis 128 PS Leistung. Ab 1954 wurde damit begonnen, auch die Altbaulokomotiven sukzessive auf diese Motoren umzustellen. Drei Jahre später erhielten die Maschinen anstelle des schwarzen Anstrichs den bis heute bekannten roten. Mit Einführung der EDV-Nummern erfolgte schließlich 1968 die Umbennung in Baureihe 321 bis 324, wobei 321/322 für 30 km/h und 323/324 für 45 km/h Höchstgeschwindigkeit standen.

Auch bei der DDR-Reichsbahn spielten die Kleinlokomotiven der Leistungsgruppe II noch viele Jahre eine wichtige Rolle im leichten Rangierverkehr. Allerdings unterblieb hier eine großangelegte Neubeschaffung wie bei der DB. Neben zwei Neubauten aus noch vorhandenen Ersatzteilen, entstanden hier lediglich 32 zusätzliche Loks durch Umbau. Ab 1970 wurden die Kö(f) bei der DR als Baureihe 100 geführt. Mit Gründung der Deutschen Bahn AG wurde daraus die Baureihe 310. Nachdem bereits zahllose Maschinen bei Werks- oder Museumsbahnen eine neue Verwendung gefunden hatten, wurden 1998 bzw. 1999 die letzten 310 bzw. 323 abgestellt.

TECHNISCHE DATEN

Baureihe:	DHG 1100 BB
Verwendungszweck:	Streckenlokomotive
Antrieb:	dieselhydraulisch
Erstes Baujahr:	1966
Achsfolge:	B'B'
Spurweite (mm):	1000
Dienstgewicht (t):	48
Vmax (km/h):	70
Leistung (kW):	883

DR-Baureihe V 300 – Kraftprotz aus Lugansk

Der kostenintensive Dampfbetrieb führte auch bei der Deutschen Reichsbahn vergleichsweise früh zu der Absicht, die letzten Dampflokomotiven bis spätestens 1975 auszumustern. Da die Elektrifizierung in der DDR nur sehr schleppend vorankam, andererseits aber ein enormer Bedarf an neuen Lokomotiven bestand, wurde bei Neuentwicklungen vorrangig auf die Dieseltraktion gesetzt. Hinzu kam, dass der Staat preisgünstig und zuverlässig Erdöl aus der Sowjetunion importieren konnte, was den Aufbau einer zukunftsfähigen Fahrdrahtinfrastruktur nach Ansicht des Ministeriums für Verkehrswesen eigentlich überflüssig machte. Somit wurde das Hauptaugenmerk auf die Entwicklung einer schweren Personen- und Güterzuglokomotive gelegt, die sowohl die Schnellzugbaureihen 01 und 03, als auch die Güterzugbaureihen 44 und 50.35 ersetzten konnte.

1970 lieferte die Diesellokomotivfabrik Oktoberrevolution Lugansk die erste Vorserienmaschine V 300 001, die sogleich auf der Leipziger Frühjahrsmesse der Öffentlichkeit präsentiert wurde. Die Entwicklung des dieselelektrischen 2200 kW starken Sechsachsers war in enger Kooperation mit den zuständigen Reichsbahnstellen erfolgt, die allerdings einen dieselhydraulischen Antrieb favorisiert hatten, den der sowjetische Hersteller nicht liefern konnte. Da noch keine betriebssichere elektrische Zugheizung zur Verfügung stand, wurden die ersten 80 Maschinen als reine Güterzuglokomotiven ausgeliefert und bei der DR als Baureihe 130 eingereiht. Erst 1972 standen mit 130 101 und 102 zwei versuchsweise mit E-Heizung ausgerüstete Maschinen für Testfahrten zur Verfügung. Da die Heizung noch sehr unzuverlässig funktionierte, entschied man sich, auch die bereits bestellte zweite Lieferserie als reine Güterzugausführung zu beschaffen. Die DR ließ die Maschinen mit einer geänderten Getriebeübersetzung für maximal 100 km/h und einer vereinfachten Bremsanlage ausliefern, und bezeichnete sie als 131 001 bis 076. Erst 1973 funktionierte die elektrische Heizanlage endlich soweit stabil, dass mit 132 001 die erste wirkliche Universallok in Dienst gestellt werden konnte. Ihr folgten bis 1982 weitere 708 Exemplare.

Für den schweren Ölverkehr zwischen Rostock Ölhafen und Schwedt, bei dem bis zu 3600 t schwere Tankzüge zu bewältigen waren, wurden 1977/78 sechs weitere V 300 mit einer Motorleistung von 2940 kW beschafft und als 142 001 bis 006 dem Bw Halle G zugeteilt. 1979 wurden die zu diesem Zeitpunkt stärksten einmotorigen Diesellokomotiven Europas zum Bw Stralsund versetzt, das sie fortan auch vor Urlauberzügen einsetzte.

1992 wurden alle 130 bis 142 durch Änderung der ersten Ziffer in eine Zwei dem DB-Baureihenschema angepasst. Da es für die Maschinen auch nach der Wiedervereinigung keinen adäquaten Ersatz gab, startete die DR zur Sicherung eines längerfristigen Betriebes noch im selben Jahr ein umfangreiches Modernisierungsprogramm. In einem ersten Schritt wurden 64 Exemplare der Baureihe 232 für eine Höchstgeschwindigkeit von 140 km/h ertüchtigt. Um diese auch vor IC- und IR-Zügen einsetzen zu können, erhielten 35 von ihnen eine speziell auf diese Zuggattungen abgestimmte Zentrale Energieversorgung. Darüber hinaus wurden 23 Maschinen mit einer Wendezugsteuerung ausgerüstet. Zur besseren Unterscheidung erhielten die modernisierten Lokomotiven die Baureihenbezeichnung 234.

In einem zweiten Schritt wandte man sich der Remotorisierung zu. Hierfür wurden zunächst sechs 234 versuchsweise mit Motoren von Caterpillar, MaK und Kolomna bestückt. Während sich der Einbau der amerikanischen und deutschen Motoren als sehr aufwendig und damit kostenintensiv erwies, konnte das vom Ursprungsmotor abgeleitete russische Aggregat durch einen einfachen Einbau und den niedrigsten Anschaffungspreis punkten. Dennoch konnten sich die Verantwortlichen nicht zu einer Remotorisierung durchringen, da sie wegen der politisch instabilen Lage in der ehemaligen UdSSR einen Engpass bei der Beschaffung und Ersatzteilversorgung befürchteten.

Unmittelbar nach der Übernahme durch die DB AG wurde die Baureihe 230 außer Dienst gestellt. Ihr folgten nur ein Jahr später auch die Baureihen 231 und 242. Damit verblieben von den beiden ersten Lieferserien nur die bislang von der VES-M Halle als Erprobungsträger eingesetzten 230 101 und 102 im Bestand. Nach ihrer im Januar 1995 erfolgten Eingruppierung als Bahndienstfahrzeuge 754 101 und 102, wurden auch sie 1997 abgestellt. Ab 2002 wurden von DB Cargo 64 Maschinen mit dem neuen Kolomna-Motor 12D49M remotorisiert. Hiermit verbunden war auch die Umzeichnung in Baureihe 233.

Bereits zuvor hatten 1999 und 2001 jeweils fünf 232 für den grenzüberschreitenden Güterverkehr nach Holland und Belgien einen neuen Kolomna-Motor mit 2940 kW Leistung erhalten. Die als Baureihe 241 eingereihten Maschinen verfügten über die landesspezifischen Sicherungseinrichtungen und für Belgien sogar über ein angepasstes Lichtraumprofil. Mit der Elektrifizierung der Strecke Aachen West – Montzen wurden die Maschinen 2009 nach Sachsen beordert und hier bis zu ihrem Fristablauf im Programmverkehr eingesetzt. Aufgrund der großen Reparaturanfälligkeit und des vergleichsweise hohen Verbrauchs, wurden bis 2014 auch die restlichen 241 abgestellt. Ein Jahr später ereilte das gleiche Schicksal auch die ebenfalls störanfälligen 234. Seitdem führt die DB AG ausschließlich 232 und 233 in ihrem Bestand. Alle anderen Baureihen sind heute „privat" unterwegs.

TECHNISCHE DATEN

Baureihe: V 300, (ab 1970 BR 130 (DR), ab 1992 BR 230 (DB))

Verwendungszweck:	Streckenlokomotive
Antrieb:	dieselelektrisch
Erstes Baujahr:	1970
Achsfolge:	Co'Co'
Spurweite (mm):	1435
Dienstgewicht (t):	115
Vmax (km/h):	140
Leistung (kW):	2200

TECHNISCHE DATEN

Baureihe: BR 130.1 (DR), (ab 1994 BR 754.1 (DB))

Verwendungszweck:	Streckenlokomotive
Antrieb:	dieselelektrisch
Erstes Baujahr:	1972
Achsfolge:	Co'Co'
Spurweite (mm):	1435
Dienstgewicht (t):	120
Vmax (km/h):	140
Leistung (kW):	2200

DB-Baureihe 202 – aller guten Dinge sind drei

Während sich der dieselelektrische Antrieb bei ausländischen Staatsbahnen längst etabliert hatte, setzte die DB auch Mitte der 1960er Jahre noch ausschließlich auf die hydraulische Kraftübertragung. Hauptargumente gegen die Dieselelektrik waren vor allem die höheren Anschaffungs- und Unterhaltungskosten, was in der betrieblichen Praxis allerdings längst wiederlegt war. Um die DB endlich von den Vorteilen des dieselelektrischen Antriebs zu überzeugen, entwickelten Henschel (Mechanik) und BBC (Elektrik) auf eigene Rechnung eine Versuchslokomotive mit Drehstrom-Asynchron-Fahrmotoren und der Achsfolge Co'Co'. Nach mehr als sechsjähriger Entwicklungszeit konnte die als DE 2500 bezeichnete Maschine 1971 auf der Hannover-Messe präsentiert werden. Bereits das Äußere der ganz in weiß lackierten Neuheit unterschied sich wesentlich von den gerade in der Auslieferung befindlichen DB-Baureihen und nahm mit seinem schlicht-funktionalen Design bereits die Formensprache nachfolgender E- und Diesellokgenerationen vorweg. Der „Weiße Riese", wie die Lok in Anlehnung an das damals allseits bekannte Waschmittel von den Eisenbahnern genannt wurde, erhielt die Baureihenbezeichnung 202 002 (001 war bereits vergeben) und wurde umgehend von der DB getestet. Aufgrund der überaus positiven Messergebnisse lieferten Henschel/BBC 1973 zwei weitere Maschinen nach, die als 202 003 und 004 eingereiht wurden. Die orange lackierte 202 003 verfügte über die Achsfolge Bo'Bo', während die hellblau lackierte 202 004 die gleiche Achsfolge wie 202 002 aufwies. Da die Entwickler das Fahrwerk in Modulbauweise konzipiert hatten, konnten unterschiedliche Achsfolgen, Spurweiten und Achslasten problemlos berücksichtigt werden. Der Lokkasten war rahmenlos in selbsttragender Bauweise ausgeführt worden. Ein zentraler Längsträger diente zur Aufnahme der Zug- und Stoßkräfte. Als Antrieb fungierte in allen drei Maschinen ein MAN-Dieselmotor mit vier Abgasturboladern und Ladeluftkühlung, der bei 1500 U/min eine Leistung von 1840 kW generierte. Zusammen mit dem Hauptgenerator und dem Kühlgebläse bildete der Motor einen Antriebsblock. Der erzeugte Drehstrom wurde mit Hilfe eines Gleichrichters in Gleichstrom umgewandelt und den Fahrmotoren zugeführt. Hierdurch war es möglich, den Antrieb auch für den Oberleitungsbetrieb zu nutzen, was 1974 bei 202 002 durch den Ausbau des Selbstzünders auch erprobt wurde. Gekuppelt mit einem Steuerwagen, der dafür eigens mit einem Stromabnehmer und einem Trafo versehen worden war, fanden sowohl Schnellfahrten als auch Testfahrten vor Reise- und Güterzügen statt. 1977 wurde 202 002 für die Niederländischen Staatsbahnen gelb lackiert und zu einer Versuchs-E-Lok umgebaut.

1974 kam 202 004 auch im harten Werksbahnalltag zum Einsatz. Da der Gemeinschaftsbetrieb Eisenbahn und Häfen praktische Erfahrungen für

die Beschaffung einer neuen Lokomotivgeneration mit Drehstromtechnik sammeln wollte, mietete das Duisburger Unternehmen die Lok für einen mehrwöchigen Testbetrieb an. Dabei musste unter anderem am Streckenpunkt „Nordpol" ein 3532 Tonnen schwerer Versuchszug eine Steigung von 1:100 hinaufbefördert werden, was die Lok mit Bravour meisterte.

Bei der DB waren alle drei 202 im Bw Mannheim beheimatet, das sie sowohl vor Test- als auch vor Planzügen einsetzte. 1980 wurde 202 003 für Hochgeschwindigkeitsfahrten ertüchtigt. Optisch fiel vor allem die jetzt rundlich gestaltete Frontpartie von Führerstand 1 auf, die zusammen mit dem neuen „schnellen" Farbdesign, für ein dynamisches Aussehen sorgte. Die Drehgestelle waren für eine mögliche Höchstgeschwindigkeit von 350 km/h mit einer veränderbaren Umsteuerung der Antriebsmassen ausgestattet, weshalb die umgebaute Versuchslok auch als UM-AN-Lok bezeichnet wurde. Nach den Schnellfahrten erhielt die Lok wieder ihr altes Aussehen zurück und wurde bis zum Ende der Mietzeit im Juni 1985 weiterhin von Mannheim aus eingesetzt. 202 004 war nach einem Generatorschaden bereits zwei Jahre zuvor an den Hersteller zurückgegeben worden. Nach erfolgter Reparatur kam die Lok testhalber bei der Hersfelder Eisenbahn Gesellschaft zum Einsatz.

Auch wenn keine Auftragserteilung durch die DB erfolgte, führten die drei Versuchsträger schließlich bei Henschel/BBC zur Entwicklung und Lieferung der dänischen Baureihe ME sowie der norwegischen Baureihe Di 4. Darüber hinaus bildeten die aus dem Betrieb gewonnenen Erfahrungen die Basis für die Entwicklung der ebenfalls mit Drehstromantrieb ausgerüsteten Baureihe 120. Die UmAn-Technik hielt zudem Einzug bei der Baureihe 101 sowie bei den ICE-Baureihen 410, 401 und 402. Damit gehört die Baureihe 202 zu den innovativsten und technisch nachhaltigsten Schienenversuchsträgern überhaupt.

TECHNISCHE DATEN

Baureihe:	202 (DB)	202 003 (DB)
Verwendungszweck:	Streckenlokomotive	
Antrieb:	dieselhydraulisch	
Erstes Baujahr:	1971	1982 (Umbau)
Achsfolge:	Co'Co'/Bo'Bo'	Bo'Bo'
Spurweite (mm):	1435	1435
Dienstgewicht (t):	80	84
Vmax (km/h):	140	250
Leistung (kW):	1840	2020

DB-Baureihe 240 – die Glücklose

Da bei der Beschaffung neuer DB-Streckendiesellokomotiven seit der Auslieferung der letzten 218 im Juni 1979 Stillstand herrschte, entschloss sich Krupp-MaK zehn Jahre später, den Markt durch eine neue dieselelektrische Baureihe zu beleben. Am 2. Oktober 1989 präsentierten die Kieler eine völlig neu entwickelte sechsachsige dieselelektrische Mehrzwecklokomotive mit der Verkaufsbezeichnung DE 1024. Mit finanzieller Unterstützung durch das Land Schleswig-Holstein und der Europäischen Gemeinschaft, entstanden insgesamt drei Exemplare auf eigene Rechnung. Alle drei wurden zwischen Januar und April 1990 bahnamtlich zugelassen und von der DB zu Testzwecken angemietet. für das niederländische Streckennetz. Nachdem DE 11 und 12 nach einem Führerhausbrand abgestellt werden mussten, war DE 13 bis zu ihrem Fristablauf 2014 die letzte einsatzfähige Maschine. Auf eine Aufarbeitung wurde von Seiten der HGK verzichtet und DE 11 (ex 240 001) und 13 (ex 240 003) im Jahr 2020 in der Hauptwerkstatt Brühl zerlegt. DE 12 gelangte dagegen 2009 zur Firma Voith nach Kiel, wo sie im Rahmen eines EU-Förderprojekts in die Hybridlok Voith Futura umgebaut wurde. Da es für sie jedoch keine Verwendung gab, stand sie von 2010 bis zu ihrer Verschrottung 2021 ungenutzt im Hafen Kiel-Wik abgestellt.

Umfangreiche Messfahrten führten die als Baureihe 240 001 bis 003 eingereihten Versuchsträger unter anderem auch nach Norwegen und zur Deutschen Reichsbahn. Einsatzschwerpunkt war jedoch der schwere Reise- und Güterzugdienst ab Hamburg. Leider zeigten sich die 160 km/h schnellen Loks hier äußerst störanfällig. 240 002 erlitt am 12. November 1992 vor dem IC 827 sogar einen Maschinenraumbrand, sodass sie im Werk aufgearbeitet werden musste. Als letzten Test bespannte die 240 003 zwischen 18. Januar und 6. Februar 1993 schwere Stahlzüge zwischen den Krupp-Werken in Duisburg und Bochum, bei dem unter anderem ein Anfahrversuch auf einer 11 Promille-Rampe mit 3080 t Zuglast bewältigt wurde. Trotzdem sah die DB von einer Bestellung ab, da durch die Wiedervereinigung genügend Großdiesellokomotiven von der Deutschen Reichsbahn zur Übernahme anstanden. Alle drei 240 wurden 1996 von der Häfen und Güterverkehr AG Köln (HGK) übernommen und vorzugsweise auf DB-Strecken eingesetzt. 1998 erhielten die als DE 11 bis 13 bezeichneten Loks auch die Zulassung

TECHNISCHE DATEN

Baureihe:	240 (DB)
Verwendungszweck:	Streckenlokomotive
Antrieb:	dieselelektrisch
Erstes Baujahr:	1989
Achsfolge:	Co'Co'
Spurweite (mm):	1435
Dienstgewicht (t):	117
Vmax (km/h):	160
Leistung (kW):	2650

DB-Baureihe 229 – Ostlok made in Essen

Die aus der Baureihe 219 entwickelte Baureihe 229 zählt ganz sicher zu den fragwürdigsten Lokomotivprojekten der Nachwendezeit. Obwohl bereits fest stand, dass die Hauptstrecken in den neuen Bundesländern schnellstmöglich elektrifiziert werden sollten, sahen Bahn und Politik Bedarf für eine 140 km/h schnelle Diesellokomotive, die vor allem IC-Züge von und nach Berlin bespannen sollte. Da eine Neuentwicklung zu viel Zeit in Anspruch genommen hätte, einigte man sich auf die Rekonstruktion einer bestehenden Baureihe, was dem westlichen Sprachduktus folgend als Remotorisierung bezeichnet wurde. Die Wahl fiel dabei auf die Baureihe 219, die mit ihrer zweimotorigen Bauweise als perfekt geeignete Basis schien. Den Auftrag zum Umbau von zunächst 20 Maschinen erhielt 1991 die Firma Krupp in Essen. Die 219 wurden im Werk komplett entkernt, was defacto einem Neubau gleichkam. Der enorme Arbeitsumfang führte schließlich zu deutlich höheren Kosten als veranschlagt, sodass man von einer zweiten Serie Abstand nahm.

Der Umbau umfasste den Einbau von jeweils zwei MTU-Motoren mit einer Gesamtleistung von 2480 kW, womit die Baureihe 229 die ihrerzeit stärkste dieselhydraulische Lok der DB war. Für die Versorgung des IC-Bordnetzes wurden zwei Generatoren mit zusammen 800 kW installiert. Moderner Zugbahnfunk und der Einbau der Indusi PZ80 brachten die Loks auch sicherungstechnisch auf den neuesten Stand. Für einen verbesserten Bedienkomfort sorgten zudem von der Baureihe 240 übernommene Fahrpulte sowie eine optimierte Geräuschdämmung. Neue Strömungsgetriebe und für 140 km/h ertüchtigte Drehgestelle samt Bremsanlage rundeten den Umbau ab.

Die erste Lok 229 100 konnte am 2. April 1992 fertiggestellt werden; die weiteren folgten bis 1993. Die formschönen Loks wurden in Berlin-Pankow stationiert, wo sie während der Elektrifizierung der Berliner Stadtbahn IC-Züge zwischen den Bahnhöfen Michendorf und Berlin-Lichtenberg bespannten. 229 113 wurde am 9. April 1993 bei einem Frontalunfall bei Berlin-Wannsee schwer beschädigt und kehrte erst im September 1994 wieder in den aktiven Bestand zurück. Nachdem der Fahrdraht ganz Berlin erreicht hatte, wurden die Maschinen 1995 nach Erfurt umgesetzt, wo sie die die Beförderung der neu eingeführten InterRegio-Züge übernahmen. Die schweren Züge sorgten auf den zum Teil topografisch anspruchsvollen Strecken für eine hohe Ausfallquote, sodass sich die letzten 229 bereits 2001 aus dem Reisezugdienst verabschieden mussten. Einige Maschinen wurden anschließend von DB Bahnbau und der DB-Tochter MEG übernommen.

TECHNISCHE DATEN

Baureihe:	229 (DR)
Verwendungszweck:	Streckenlokomotive
Antrieb:	dieselhydraulisch
Erstes Baujahr:	1992 (Umbau aus BR 219)
Achsfolge:	C'C'
Spurweite (mm):	1435
Dienstgewicht (t):	103
Vmax (km/h):	140
Leistung (kW):	2 x 1240

ADtranz Blue Tiger – das blaue Wunder

Mit der 1994 in Deutschland in Kraft getretenen Bahnreform und dem damit verbundenen freien Netzzugang für private Bahnunternehmen, öffnete sich auch für die Lokomotivindustrie ein neuer Markt für schwere Streckenlokomotiven. Während die meisten Hersteller darauf mit speziell für den europäischen Markt zugeschnittene Lokomotivtypen reagierten, bot die Firma ADtranz ab 1996 seine ursprünglich für Asien entwickelte DE-AC33C unter dem Markennamen Blue Tiger" auch in Deutschland an. Der Blue Tiger wurde von ADtranz in Zusammenarbeit mit dem US-Hersteller General Electric entwickelt und im Werk Kassel sowie in Lizenz von der Pakistan Locomotive Factory gebaut. Von 1996 bis 2004 entstanden insgesamt 61 Exemplare in unterschiedlichen Gewichtsklassen und Spurweiten. 30 Maschinen gingen an die Pakistan Railways, 20 konnten an eine Malaysische Privatbahn verkauft werden.

Der als 250 001 eingereihte Prototyp erlangte bei seiner Vorstellung 1996 in Deutschland eine enorme Popularität, was nicht nur an seinem progressiv gestalteten 22 m langen Aufbau lag, sondern auch an seiner Leistungsfähigkeit. Im Jahr 1997 vor Kalizügen zwischen Unterbreizbach und Vacha durchgeführte Testfahrten bescheinigten dem 2426 kW starken Kraftpaket eine mehr als doppelt so hohe Anfahrzugkraft in der Steigung, wie die dort planmäßig eingesetzte Baureihe 232. Unter DB-Regie folgten weitere Versuchsfahrten im Ruhrgebiet, bei denen die Lok schwere Stahlzüge zwischen Duisburg und Bochum bespannte. Obwohl der Blue Tiger bei allen Versuchen die Vorteile seines Drehstromantriebs voll ausspielen konnte, meldete die Deutsche Bahn AG keinen Bedarf für eine weitere schwere Güterzuglokomotive neben der Baureihe 232 an. Auch andere Bahngesellschaften, wie zum Beispiel die RAG Bahn- und Hafenbetriebe, zeigten sich zwar bei Testeinsätzen von dem Gesamtpaket überzeugt, verzichteten aber auf eine Bestellung. Somit fanden nur zehn fabrikneue Blue Tiger in Deutschland einen Kunden. Prototyp 250 001 wurde zunächst von BASF eingesetzt. Nach einem Gastspiel bei der Mindener Kreisbahn, kam die Maschine zu den Osthannoverschen Eisenbahnen (OHE), die sie nach Aufgabe ihrer Güterverkehrssparte an die Havelländische Eisenbahn (hvle) weiterverkauften. Hier wurde die Lok schließlich im Februar 2022 zerlegt.

Die Auslieferung der zehn in Deutschland neu beschafften Blue Tiger erfolgte zwischen 2002 und 2003 bereits durch den Hersteller Bombardier, der die Geschäftstätigkeit von ADtranz zuvor übernommen hatte. Im Jahr 2004 wurde der Baureihe die deutsche Zulassung für Steilstrecken erteilt. Mit gleich vier ab Werk gelieferten Maschinen (250 003, 005, 009 und 009) waren die OHE der erste Hauptnutzer in Deutschland. Heute ist dies die hvle, die nach Übernahme der OHE-Loks über gleich acht Blue Tiger verfügt. Darüber hinaus sind zwei weitere Maschinen (250 006 und 007) für Captrain/ITL im Einsatz.

TECHNISCHE DATEN	
Baureihe:	ADtranz DE-AC33C „Blue Tiger"
Verwendungszweck:	Streckenlokomotive
Antrieb:	dieselelektrisch
Erstes Baujahr:	1996
Achsfolge:	Co'Co'
Spurweite (mm):	1435
Dienstgewicht (t):	126
Vmax (km/h):	120
Leistung (kW):	2460

Vossloh G 2000 BB – Erfolgsmodell aus Kiel

Die erfolgreiche Öffnung des Güterverkehrsmarktes für private Eisenbahnverkehrsunternehmen, führte ab 1994 zu einer bis dahin nicht gekannten Nachfrage nach streckentauglichen Privatbahnlokomotiven. Behalfen sich viele Bahnen am Anfang noch mit gebrauchten Staats- oder Werksbahnmaschinen, wurde mit Zunahme des Auftragsvolumens plötzlich auch der Kauf oder das Leasing von neuen Lokomotiven interessant. Die Lokomotivindustrie konnte auf diese Nachfrage jedoch nur sehr unzureichend reagieren, da ihre Produktpalette fast ausnahmslos Werksbahnlokomotiven mit Mittelführerstand beinhaltete. Als erster deutscher Hersteller entwickelte daher Vossloh eine neue dieselhydraulische Streckenlokomotive mit Endführerständen, die im September 2000 auf der Innotrans in Berlin als Vossloh G 2000 BB präsentiert wurde. Die Lok fiel bereits auf den ersten Blick durch ihr außergewöhnliches Design mit zwei asymmetrisch angeordneten Endführerständen auf, die auf der rechten Seite Platz für eine Rangierbühne ließen. Damit wurde deutlich, dass die Konstrukteure bei der Entwicklung auch an die berühmte „letzte Meile" gedacht hatten, bei der die Lok auch für das Rangieren des von ihr zugestellten Zuges genutzt werden konnte. Eine optional erhältliche Funkfernsteuerung machte sie zudem zu einer vollwertigen Rangierlokomotive.

Mit einer Leistung von 2240 kW war die G 2000 BB die bis dahin leistungsstärkste Lokomotive des Herstellers. Die Vorserienlokomotiven G 2000.01 und G 2000.02 wurden ab September 2001 auf einen regelrechten Vorführmarathon geschickt, bei dem sich Eisenbahnverkehrsunternehmen im In- und Ausland von den Vorzügen der neuen Streckenlokomotiven überzeugen konnten. Erster Hauptnutzer in Deutschland waren die RAG Bahn- und Hafenbetriebe in Gladbeck, die 2001 gleich vier G 2000 BB in Dienst stellten.

2003 brachte Vossloh mit der G 2000-2 BB auch eine Variante mit symmetrischen Endführerständen heraus, womit das Unternehmen auf die Forderung italienischer Kunden nach einem Sitzplatz für einen zweiten Lokführer reagierte. Noch im gleichen Jahr wurden die symmetrischen Führerstände unter der Modellbezeichnung G 2000-3 BB auch für den übrigen Markt angeboten. Hierbei allerdings mit einem rechts angeordneten Führerpult. Da sich die G 2000-Reihe inzwischen bei den Privatbahnen etabliert hatte, legte Vossloh im Jahr 2004 mit einer leistungsstärkeren Ausführung nach: Wiederum auf der Innotrans zeigte die Kieler Lokomotivfabrik die Version G 2000-4 BB „Boreas", die über einen 2700 kW starken MTU-Motor mit Partikelfilter zur Abgasreinigung verfügte. Wenig später folgte die Version G 2000-5 BB „Nordlok", die für den grenzüberschreitenden Verkehr nach Skandinavien mit Zugsicherungssystemen für Dänemark, Deutschland und Schweden ausgerüstet war.

Mit insgesamt 101 gebauten Lokomotiven ist die G 2000-Reihe die bis heute kommerziell erfolgreichste deutsche Privatbahnlokomotive mit Endführerständen. Während von der G 2000 BB 21 Stück, von der G 2000-2 BB 30 Stück und von der G 2000-3 BB 48 Stück verkauft werden konnte, blieben die beiden leistungsstärkeren Ausführungen dagegen Einzelstücke.

TECHNISCHE DATEN

Typ:	MaK G 2000 BB (1-3)	MaK G 2000 BB (4-5)
Verwendungszweck:	Streckenlokomotive	
Antrieb:	dieselhydraulisch	
Erstes Baujahr:	2000	2004
Achsfolge:	B'B'	B'B'
Spurweite (mm):	1435	1435
Dienstgewicht (t):	87,3	90
Vmax (km/h):	120	120
Leistung (kW):	2240	2700

Voith Maxima – die stärkste der Welt

Die von 2006 bis 2010 gebaute Voith Maxima ist die bis heute leistungsstärkste einmotorige Diesellok der Welt. Die Maxima war die erste eigenständig entwickelte Lokomotive der Firma Voith, die seit den 1930er Jahren zu den Weltmarktführern im Bereich Antriebs- und Strömungstechnik gehört. Bereits Mitte der 1990er Jahre hatte das Unternehmen ein neues Turbosplitgetriebe für besonders leistungsstarke Lokomotiven entwickelt, das der Lokomotivhersteller MaK für eine neue Großdiesellokomotive verwenden wollte. MaK hoffte, dass diese bei der Deutschen Bahn AG eine neue Lokomotivgeneration begründen könnte und rechnete sich Chancen für eine Großbestellung aus. Da aber die DB AG erst kurz zuvor eine große Anzahl sowjetischer Großdiesellokomotiven von der Deutschen Reichsbahn übernommen hatte, bestand für eine neue schwere Diesellok auf absehbare Zeit kein Bedarf. Vor diesem Hintergrund sah die Firma Vossloh, die zwischenzeitlich MaK in ihren Besitz gebracht hatte, von einer Weiterentwicklung ab. Um die Entwicklungskosten für das Getriebe wieder hereinzubekommen und sich angesichts der unsicheren Zukunft ihres einstigen Großabnehmers MaK ein weiteres Standbein zu verschaffen, gründete Voith eine eigene Lokomotivbausparte. Auf dem Gelände des Kieler Nordhafens entstand eine neue Lokomotivfabrik; zudem wurde mit der Firma Legios in Tschechien eine Lizenzfertigung vereinbart.

Nach einer intensiven Entwicklungsarbeit konnte 2006 auf der Innotrans in Berlin die neue Voith Maxima 40 CC vorgestellt werden. Die dieselhydraulische sechsachsige Großdiesellok war speziell für den schweren Güterzug-Streckendienst konzipiert worden, konnte allerdings optional auch mit einer zusätzlichen Energieversorgung für den Einsatz im Reisezugverkehr geordert werden. Als Antrieb diente ein 16-Zylindermotor des belgischen Herstellers A.B.C.; für die Leistungsübertragung fanden fast ausschließlich Voith-Komponenten Verwendung. Herzstück der neuen Lokomotive war das noch einmal gründlich überarbeitete Turbosplitgetriebe, das eine vollständige Entkoppelung der Drehgestelle ermöglichte. Neben einem selektiven Schleuder- und Gleitschutz, versprach diese Bauart auch deutlich niedrigere Wartungs- und Unterhaltungskosten. Mit einer installierten Leistung von 3600 kW übertraf die Maxima 40 CC alle bis dahin gebauten einmotorigen Diesellokomotiven. Zwei Jahre nach der 40 CC folgte die um 850 kW schwächere Maxima 30 CC mit einem 12-Zylindermotor von A.B.C. 2008 erweiterte Voith das Angebot um die vierachsige Maxima 20 BB mit 2000 kW Leistung. Hiermit bewarb sich das Unternehmen auch auf eine Ausschreibung der Deutschen Bahn AG über die Lieferung von 200 Streckenlokomotiven. Der Zuschlag ging jedoch an die Firma Bombardier mit ihrer Traxx DE ME. Da auch weitere Aufträge für die vergleichsweise leicht dimensionierte Maxima 20 BB ausblieben, wurde schlussendlich auf ihre Realisierung verzichtet. Doch auch die beiden stärkeren Varianten entwickelten sich zu regelrechten Ladenhütern. Zwar lagen im Jahr der amtlichen Zulassung 2008 bereits Bestellungen für 77 Maschinen vor, doch entfielen davon die meisten auf die holländische Ox-traction NV, die sich zu 44 Prozent im Besitz von Voith befand. 2010 stellte die Vermietungsgesellschaft ihren Geschäftsbetrieb ein, was die vollständige Stornierung der Bestellung zur Folge hatte. Da bislang nur 13 Maxima 40 CC und sechs Maxima 30 CC abgesetzt werden konnten, wurde noch im selben Jahr die Maxima-Produktion beendet. 2014 wurde die Lokomotivfertigung schließlich ganz aufgegeben.

TECHNISCHE DATEN

Typ:	Voith Maxima 30 CC	Voith Maxima 40 CC
Verwendungszweck:	Streckenlokomotive	
Antrieb:	dieselhydrodynamisch	
Erstes Baujahr:	2008	2008
Achsfolge:	C'C'	C'C'
Spurweite (mm):	1435	1435
Dienstgewicht (t):	126	135
Vmax (km/h):	120	120
Leistung (kW):	2750	3600

Alstom Prima H3 – Rangieren für den Umweltschutz

2004 begann der Hersteller Alstom mit der Entwicklung einer Hybridlokomotive auf Basis der DB-Baureihe 203.7 (ex DR-V 100), von der insgesamt elf Exemplare im Werk Stendal gebaut wurden. Die bei diesem Umbau gewonnenen Erfahrungen flossen in eine neue Generation Hybridlokomotiven mit der Verkaufsbezeichnung Alstom Prima H3 ein, deren Prototyp 2012 auf der Innotrans vorgestellt wurde. Dabei handelte es sich um eine Rangierlok mit Mittelführerstand und der nicht alltäglichen Achsfolge A'AA'. Die einzeln gelagerten Achsen verfügen über eine mit modernen Autos vergleichbare Hinterachslenkung (hier hydraulische Radsatzkupplung mit passiver Radialeinstellung genannt), die ein Eindrehen der hinteren Achse bei Bogenfahrten bewirkt, sodass auch sehr kleine Gleisradien verschleiß- und geräuscharm durchfahren werden können. Angetrieben werden die drei Achsen durch je einen Asynchronfahrmotor, die von einem 360 kW-Deutz-V-6-Dieselmotor mit nachgeschaltetem 1000 kW-Generator mit Strom versorgt werden. Als Stromspeicher dient ein Akku mit 360 kW Leistung.

Dank des Hybridantriebs verbraucht die Prima H3 im Vergleich mit konventionellen Rangierlokomotiven bis zu 50 Prozent weniger Diesel und emittiert dabei bis zu 70 Prozent weniger CO_2. Die Lärmemissionen konnte ebenfalls deutlich reduziert werden. Abhängig vom Einsatzbereich kann die Lok zwischen 50 und 75 Prozent ihrer Betriebszeit im Batteriebetrieb laufen. Die Prima H3 erreicht eine Höchstgeschwindigkeit von 100 km/h und ist somit auch problemlos für Übergabefahrten auf Hauptstrecken einsetzbar.

Der Probeeinsatz der ersten Prototypen erfolgte 2014. Ein Jahr später begann die Auslieferung der Serienmaschinen. Zu den ersten Kunden gehörten Volkswagen in Wolfsburg, Audi in Ingolstadt und die im Hamburger Hafen tätige Metrans. Im Juli 2017 übernahm auch die DB AG mit den als 1002 007 und 008 eingereihten H3 ihre beiden ersten Hybridlokomotiven. Hier allerdings mit einer Höchstgeschwindigkeit von nur 60 km/h. Mit Chemion, SBB Cargo und MEG konnten weitere Abnehmer gefunden werden. Eine Ausführung mit Wasserstoffantrieb wurde 2022 vorgestellt. Ihre Serienfertigung ist noch für 2024 geplant.

TECHNISCHE DATEN

Baureihe:	Alstom Prima H3
Verwendungszweck:	Rangierlokomotive
Antrieb:	dieselelektrisch (Hybrid)
Erstes Baujahr:	2013
Achsfolge:	A'AA'
Spurweite (mm):	1435
Dienstgewicht (t):	67,5
Vmax (km/h):	100
Leistung (kW):	350

DB-Baureihe 1018 – Hightech für die Güterbahn

Weil die über 50 Jahre alten DB-Rangierlokomotiven der Baureihe V 90 längst nicht mehr den aktuellen Anforderungen an Umweltschutz und Wirtschaftlichkeit genügten, ließ DB Cargo 2019 in Zusammenarbeit mit Toshiba Railway Europe 294 789 in eine Hybridlok mit Dieselmotor und Batterieantrieb umbauen. Die Lok wurde als 1092 001 eingereiht und als Erprobungsträger für eine zukünftig zu beschaffende Hybridlokomotivgeneration im Rangierbahnhof München Nord getestet. Parallel dazu entwickelte Toshiba eine zunächst für den Oberleitungsbetrieb ausgelegte Hybridlok mit der Verkaufsbezeichnung HDB 800, die im ehemaligen MaK-Werk in Kiel gebaut und ebenfalls 2019 der Öffentlichkeit präsentiert wurde. Bei ihrer Entwicklung wurde großen Wert auf eine modulare Bauweise gelegt, sodass auch eine Variante mit dieselelektrischen Antrieb und Traktionsbatterie Berücksichtigung fand. DB Cargo beabsichtigt mindestens 100 Maschinen dieser Ausführung zu beschaffen, um einen betrieblich gleichwertigen Ersatz für die Baureihe V 90 zur Verfügung zu haben. Als mittelfristiges Ziel wurden Energieeinsparungen von rund 30 Prozent sowie eine Reduzierung des Treibstoffverbrauchs von mindestens eine Million Liter Diesel pro Jahr ausgegeben. Mit einer Höchstgeschwindigkeit von 100 km/h sollen die bei der DB als Baureihe 1018 vorgesehenen Hybridloks auch im Streckendienst einsetzbar sein. Eine Serienfertigung war ursprünglich ab Sommer 2024 unter Federführung von Toshiba im DB Cargo-Werk Rostock Seehafen geplant, dann jedoch abgesagt. Der neue Fertigungsstandort wird derzeit verhandelt – vorne mit dabei: Talbot in Aachen.

TECHNISCHE DATEN

Baureihe:	1018 (NVR-Nummer), vrsl. BR 280.5
Verwendungszweck:	Personenzuglokomotive
Antrieb:	dieselelektrisch
Erstes Baujahr:	2019
Achsfolge:	Bo'Bo'
Spurweite (mm):	1435
Dienstgewicht (t):	k.A.
Vmax (km/h):	100 (Prototyp 120)
Leistung (kW):	940

Deutsche Triebwagen

Als Triebwagen werden Eisenbahnfahrzeuge für die Fahrgast- oder Güterbeförderung bezeichnet, die über einen eigenen Antrieb verfügen und somit keine Lokomotive für ihre Fortbewegung benötigen. Gleiches gilt für Triebzüge, bei denen es sich ebenfalls um motorisierte Fahrzeuge für die Fahrgastbeförderung handelt, die jedoch aus mehreren, dauerhaft miteinander verbundenen Einzelfahrzeugen bestehen.

Die Entwicklung von Triebwagen begann in Deutschland bereits Ende des 19. Jahrhunderts und setzte sich fort, als die Nachfrage nach effizienteren und flexibleren Schienenfahrzeugen für den Fernverkehr zunahm. Erste Schnellfahrversuche mit Triebwagen erfolgten bereits 1903 durch die Studiengesellschaft für Elektrische Schnellbahnen. Ein Drehstrom-Triebwagen erreichte auf der mit einer dreipoligen Drehstrom-Fahrleitung ausgestatteten Versuchsstrecke Marienfelde–Zossen bei Berlin eine Höchstgeschwindigkeit von knapp 210 km/h. Ein erstes Ausrufezeichen im Triebwagenbau setzte in Deutschland der Schnellverbrennungstriebwagen SVT 877 der Deutschen Reichsbahn, mit dem 1933 zwischen Berlin und Hamburg die seinerzeit schnellste Zugverbindung der Welt in Betrieb genommen wurde.

Ein weiterer wichtiger Meilenstein in der Geschichte der deutschen Triebwagen war der sogenannte Schienenbus, auch unter den Baureihen VT 95 und VT 98 bekannt, der in den 1950er Jahren von der Deutschen Bundesbahn eingeführt wurde. Diese Dieseltriebwagen waren eine kostengünstige Lösung für den Regionalverkehr und zeichneten sich durch ihre einfache Wartung und Flexibilität aus. Der Schienenbus wurde aufgrund seiner geringen Größe und seiner Vielseitigkeit auf weniger stark frequentierten Strecken eingesetzt und entwickelte sich besonders in ländlichen Regionen zu einem wichtigen Verkehrsmittel. Auch die Deutsche Reichsbahn der DDR folgte diesem Beispiel und stellte ab 1962 mit dem im Volksmund „Ferkeltaxe“ genannten VT 2.09 ein konzeptionell vergleichbares Fahrzeug in Dienst.

Bis heute werden Triebwagen kontinuierlich weiterentwickelt und dem aktuellen Stand der Technik angepasst. Ein zukunftsweisendes Beispiel ist der Coradia iLint, der weltweit erste Triebwagen mit Wasserstoffantrieb. Entwickelt von Alstom, nutzt der Coradia iLint

Wasserstoff als Energiequelle und produziert dabei keine schädlichen Emissionen, sondern nur unbedenklichen Wasserdampf. Diese innovative Technologie stellt einen bedeutenden Schritt in Richtung einer nachhaltigeren Mobilität im Schienenverkehr dar und zeigt, wie derart motorisierte Triebfahrzeuge auch in Zukunft eine umweltfreundliche Alternative zu herkömmlichen Diesel- oder Elektroantrieben sein können.

Mit der Entscheidung der Deutschen Bahn AG, im Regional- und Fernverkehr zukünftig möglichst ganz auf mit Lokomotiven bespannte Züge verzichten zu wollen, tragen Triebwagen und Triebzüge schon heute die Hauptlast des Fahrgastverkehrs. Auch private Eisenbahnverkehrsunternehmen setzen inzwischen fast ausnahmslos auf die betrieblichen Vorteile der Triebwagen und Triebzüge, die weder in den Endbahnhöfen umgesetzt, noch getrennt nach Lokomotive und Wagenpark gewartet werden müssen. Von der S-Bahn bis zum ICE-Hochgeschwindigkeitsverkehr bestimmen somit elektrisch betriebene Hochleistungstriebzüge den Bahnalltag, während auf den meisten Nebenbahnen längst Neubauverbrennungstriebwagen mit zumeist schadstoffreduzierten Dieselantrieben den Gesamtverkehr übernommen haben.

Der Schienenzeppelin – Luftfahrttechnik auf der Schiene

Der noch heute durch die Modellbahnindustrie populäre Schienenzeppelin war ein 25,85 m langer Triebwagen mit Propellerantrieb, der durch die Verwendung eines mit Segeltuch bespannten Aluminiumskeletts lediglich 18,6 t auf die Waage brachte. Die Luftschraube am Fahrzeugheck wurde von einem Zwölfzylinder-Flugmotor von BMW angetrieben, der eine Leistung von 368 kW generierte.

Der Schienenzeppelin wurde 1930 im Auftrag der Flugbahn-Gesellschaft im DRG-Ausbesserungswerk Hannover-Leinhausen gebaut. Seine Konstrukteure, die Ingenieure Franz Kruckenberg und Curt Stedefeld, die bereits 1928 mit dem Patent für eine Leitschienenbahn für Aufsehen gesorgt hatten, bezeichneten den Propellerzug zunächst als „Flugbahnwagen". Am 18. Oktober 1930 wurde dieser im Rahmen einer über 180 km/h schnellen Pressefahrt zwischen Hannover und Celle der Öffentlichkeit vorgestellt. Für Vortrieb sorgte allein der sogenannte Pusher-Effekt, wofür die Luftschraube um sieben Grad nach oben geneigt war, um den Triebwagen auf die Schienen zu pressen. Eine Kraftübertragung auf die beiden Achsen erfolgte nicht.

Am 10. Mai 1931 übertraf der Flugbahnwagen zwischen Plockhorst und Lehrte erstmals die 200 km/h-Marke. Am 21. Juni desselben Jahres stellte er auf einer Schnellfahrt Hamburg – Berlin zwischen Karstädt und Wittenberge mit 230,2 km/h einen neuen Geschwindigkeitsweltrekord für Schienenfahrzeuge auf. Auch die ermittelte Durchschnittsgeschwindigkeit von 157,3 km/h fiel nicht weniger beeindruckend aus. Die DRG zeigte sich von den Ergebnissen zwar positiv überrascht, sah jedoch keinerlei Potenzial für eine zukünftige Verwendung, zumal der offene Propeller mit seiner Sogwirkung eine Gefahrenquelle für am Bahnsteig wartende Reisende darstellte. Auch Kruckenberg und Stedefeld mussten sich nach Auswertung aller Testergebnisse eingestehen, dass der Vorteil des Propellerantriebs erst oberhalb von 200 km/h eintritt, was eine Nutzung parallel zum normalen Bahnbetrieb praktisch unmöglich machte. Aus diesem Grund wandte man sich 1932 einem neuen Projekt zu, wofür der Schienenzeppelin hinter der Vorderachse durchtrennt und mit einem neuen Vorderwagen mit einem zweiachsigen Drehgestell versehen wurde. Der Propeller wurde ausgebaut und das Drehmoment wurde hydraulisch mit Hilfe von zwei von Flugbahn-Miteigentümer Hermann Föttinger patentierten Flüssigkeitsgetrieben auf die Vorderachsen übertragen. Anfang 1933 wurden erste Versuchsfahrten mit 180 km/h unternommen. Ein Jahr später ersetzte ein neuer Maybach-Dieselmotor mit 440 kW den BMW-Flugmotor. Für weitere Schnellfahrten wurde der ehemalige Schienenzeppelin schließlich an die Reichsbahn verkauft, die ihn jedoch nicht mehr einsetzte und 1939 verschrotten ließ.

TECHNISCHE DATEN

Bezeichnung:	Schienenzeppelin
Verwendungszweck:	Versuchstriebwagen
Antrieb:	Luftschraube
Erstes Baujahr:	1930
Achsfolge:	1'1'a
Spurweite (mm):	1435
Dienstgewicht (t):	20,3
Vmax (km/h):	230
Leistung (kW):	324
Sitzplätze:	24

VT 877 a/b – der Fliegende Hamburger

Der als „Fliegender Hamburger" bezeichnete VT 877 a/b begründete 1933 die Ära des Triebwagenschnellverkehrs in Deutschland. Bereits 1930 war bei der DRG die Entscheidung gefallen, einen planmäßigen Schnellverkehr einzurichten, der mittelfristig die wichtigsten Städte im Reich miteinander verbinden sollte. Da die Dampftraktion für einen solchen Verkehr wenig geeignet erschien, wurde 1932 bei der Firma WUMAG ein zweiteiliger Dieseltriebzug beschafft, mit dem man erste Erfahrungen im laufenden Betrieb sammeln wollte. Weil der hydrodynamische Antrieb noch in den Anfängen steckte, wurde der neue Versuchsträger mit einer dieselelektrischen Kraftübertragung gebaut. Die beiden in den Enddrehgestellen gelagerten, je 302 kW starken Maybach-Motoren übertrugen ihre Leistung auf zwei Fahrmotoren im mittleren Drehgestell, wodurch eine nahezu perfekte Gewichtsbalance erreicht wurde. Die Stirnseiten mit den weit herunter gezogenen Dachkanten waren das Resultat ausgiebiger Versuche im Windkanal und trugen mit dazu bei, dass der Triebwagen trotz seiner vergleichsweise geringen Leistung mühelos 160 km/h erreichte.

Nach diversen Test- und Präsentrationsfahrten nahm der VT 877 a/b am 15. Mai 1933 den planmäßigen Triebwagenschnellverkehr auf der Strecke Berlin – Hamburg auf. Die Fahrzeit des als FDt 1/2 „Fliegender Hamburger" bezeichneten Zugpaares betrug 138 Minuten. Der als Reserve vorgehaltene Wagenzug mit einer für 140 km/h zugelassenen Baureihe 03 war allerdings nur zehn Minuten langsamer. Kleinere Pannen und die unvermeidlichen Kinderkrankheiten sorgten in der ersten Phase des Planbetriebs für eine Ausfallquote von fast 25 Prozent.

Mit der Serienbeschaffung des aus dem VT 877 a/b abgeleiteten SVT 137 gingen die Einsätze spürbar zurück. Nachdem im laufenden Betriebsjahr nicht einmal mehr 40.000 km zurückgelegt worden waren, wurde der Triebwagen mit Kriegsausbruch nach Bludenz überführt und dort betriebsfähig abgestellt. Nach 1945 befand er sich somit auf dem Besatzungsgebiet der französischen Streitkräfte, die ihn konfiszierten und ab Januar 1946 von Landau (Pfalz) aus im Besatzungsverkehr einsetzten. Ab 1949 wurde der geschichtsträchtige Schnelltriebwagen von den Südwestdeutschen Eisenbahnen (SWDE) unter der Bezeichnung „Schnelltriebwagen Rhein-Main" zwischen Basel Badischer Bahnhof und Frankfurt Hbf eingesetzt und in 04 000 a/b umnummeriert. Mit Inkrafttreten des Winterfahrplans 1950/1951 wurde der Schnellverkehr bereits wieder eingestellt und der Triebwagen dadurch arbeitslos. Nach der Eingliederung der SWDE in die Deutsche Bundesbahn erfolgte 1952 die Umbeheimatung des bei der DB als VT 04 000 eingereihten Unikats nach Dortmund. Nach einem kurzen Aufenthalt in Frankfurt-Griesheim, wurde ab Mai 1956 das Bw Hamburg-Altona zu seiner letzten Heimat. Nach sporadischen Einsätzen als Kopenhagen-Express schied er bereits ein Jahr später aus dem aktiven Dienst aus. Eine Fahrzeughälfte kann heute im DB Museum Nürnberg besichtigt werden; die andere wurde bereits 1960 ungeachtet ihres historischen Werts verschrottet.

TECHNISCHE DATEN

Baureihe:	VT 877 a/b (ab 1951 VT 04 000 a/b) „Fliegender Hamburger"
Verwendungszweck:	Schnelltriebwagen
Antrieb:	dieselelektrisch
Erstes Baujahr:	1932
Achsfolge:	2Bo'2C'
Spurweite (mm):	1435
Dienstgewicht (t):	85
Vmax (km/h):	160
Leistung (kW):	2 x 302
Sitzplätze:	102

SVT 137 155 – Innovation für die Zukunft

Wohl kaum ein Versuchsfahrzeug hat die Entwicklung von Triebzügen so nachhaltig beeinflusst, wie der von Franz Kruckenberg konstruierte SVT 137 155. Die Erfahrungen mit dem zum dieselhydraulischen Leichttriebwagen umgebauten Schienenzeppelin bildeten 1938 die Grundlage für den Bau des neuartigen dreiteiligen Komforttriebwagens, dessen Detaillösungen und zukunftsweisendes Design erst zwei Jahrzehnte später für die Triebzüge VT 10.5 und VT 11.5 (DB) sowie VT 18.16 (DR) übernommen wurden. Von Kruckenberg entwickelte Innovationen, wie die nach außen zu öffnenden Schwenkschiebetüren oder Einzelsitze auf der gegenüberliegenden Gangseite wurden sogar erst im ICE realisiert.

Ein Meilenstein in der Fahrzeuggestaltung war die aerodyamisch gestaltete Frontpartie mit dem über der Maschinenanlage platzierten Führerstand. Außerdem verfügte der von Westwaggon in Leichtbauweise gefertigte SVT bereits über spoilerartige Bodenwannen, die den geschwindigkeitshemmenden Luftwirbel im Bereich der Drehgestelle auf ein Minimum reduzierten. Für eine Reisegeschwindigkeit von 160 km/h sorgten zwei der bereits im Schienenzeppelin verwendeten Maybach-Dieselmotoren mit zusammen 880 kW, die ihre Leistung jeweils über ein hydrodynamisches Zwei-Wandler-Getriebe der Bauart Föttinger auf die Antriebsachsen der beiden Enddrehgestelle übertrugen. Diese waren gegenüber den beiden mittleren Jacobs-Drehgestellen durch die Verwendung von Gummifederbalgen nur unwesentlich schwerer ausgefallen, was für eine exzellente Laufruhe sorgte. Für eine gute Verzögerung sorgten eine Klotzbremse der Bauart Hildebrand-Knorr sowie die bei DR-Schnelltriebwagen obligatorische Magnetschienenbremse. Als Abschlepphilfe verfügten die Motorwagen über Scharfenbergkupplungen ohne Kontaktstücke. Auf eine Vielfachsteuerung wurde wegen des Einzelwagenstatus verzichtet.

Der hohe Allgemeinkomfort setzte sich im Innenraum fort, der als Großraumabteil über insgesamt 100 Sitzplätze verfügte. Ein Gepäck- bzw. Postraum und eine Küche in den beiden Maschinenwagen komplettierte das gediegene Interieur. Der Bordservice sollte nach den Vorgaben Krucken-

TECHNISCHE DATEN

Baureihe: SVT 137 149 ff. (ab 1947 DB-VT 04.1/04.5, ab 1970 DR-183.0/183.2)

Verwendungszweck:	Schnelltriebwagen
Antrieb:	dieselelektrisch
Erstes Baujahr:	1935
Achsfolge:	2Bo'2C'
Spurweite (mm):	1435
Dienstgewicht (t):	99,3
Vmax (km/h):	160
Leistung (kW):	2 x 302
Sitzplätze:	77

bergs nach südländischem Muster am Sitzplatz erfolgen, sodass auf einen separaten Speisewagen aus Gewichtsgründen verzichtet werden konnte.

Obwohl der SVT 137 155 der Konkurrenz weit voraus war, verhinderten die laufenden Kriegsvorbereitungen seinen Verkaufserfolg. Zwar konnte der elegante Schnelltriebwagen seine Leistungsfähigkeit im Rahmen einer 215 km/h schnellen Rekordfahrt am 23.Juni 1939 noch unter Beweis stellen, allerdings musste er bereits mit Kriegsausbruch zusammen mit den anderen DR-Verbrennungstriebwagen abgestellt werden. Nach dem Krieg wurde das Fahrzeug in den Schadbestand der Reichsbahn Ost übernommen und schließlich 1958 ausgemustert. Eine zwischenzeitliche Verwendung erfolgte nicht mehr. 1967 wurde der Zug im Raw Wittenberge dem Alteisen zugeführt. Ein Triebdrehgestell samt Strömungsgetriebe blieb im Verkehrsmuseum Dresden erhalten. Ein Teil des Wagenkastens konnte 2014 in einer Kleingartenanlage in Wittenberge geborgen werden. Es befindet sich heute ebenfalls im Besitz des Verkehrsmuseums.

Baureihe ET 91 – der Gläserne Zug

Für touristische Ausflugsfahrten im Alpenraum beschaffte die Reichsbahndirektion München 1935 zwei elektrische Aussichtstriebwagen, die wegen ihrer großzügigen Verglasung den Spitznamen „Gläserner Zug" erhielten. Dieser wurde wenig später von der DRG übernommen und für die Vermarktung des Zugangebots genutzt.

Bei den Triebwagen handelte es sich um Sonderanfertigungen der Waggonfabrik Fuchs in Heidelberg mit der eher seltenen Achsfolge Bo'2'. Die elektrische Ausrüstung stammte von AEG. Die 120 km/h schnellen Ausflugszüge wurden bei der DRG anfänglich als elT 1998 und 1999 bezeichnet. Heimatdienstelle war das Bahnbetriebswerk München Hbf. Mit einem Stückpreis von 212.500 Reichsmark zählten die beiden Exoten zu den teuersten Einzelbeschaffungen der DRG. elT 1998 wurde noch ohne elektrische Ausrüstung vom 14. Juli bis 13.Oktober 1935 auf der Ausstellung „100 Jahre deutsche Eisenbahn" präsentiert und ab Januar 1936 für Testfahrten eingesetzt. Die Abnahme erfolgte am 27. Februar 1936 auf der Strecke München – Kufstein. Sein Pendant elT 1999 war bereits am 30. Juli 1935 an die DRG übergeben worden. Seine Abnahme erfolgte jedoch erst am 14. September, da er für den Einsatz bei der großen Jubiläumsparade am 8. Dezember 1935 geschont werden sollte.

Im Frühjahr 1936 fanden erstmals öffentliche Sonderfahrten mit beiden Fahrzeugen statt. Darüber hinaus erfolgten erste Charterfahrten für geschlossene Gesellschaften. Da sich die Triebwagen schnell einer wachsenden Beliebtheit erfreuten, wurden bereits im Winter 1936/37 erste Sonderfahrten mit Fahrzielen in Österreich angeboten. Allerdings war der Aktionsradius durch die wenigen elektrifizierten Strecken noch sehr begrenzt. Obwohl beide Triebwagen über reguläre Zug- und Stoßeinrichtungen verfügten, wurde auf die Ausweitung des Ausflugsverkehrs durch das Vorspannen einer Dampflok wegen der zu großen Geruchsbelästigung verzichtet. 1940 wurden beide Fahrzeuge in ET 91 01 und 02 umgezeichnet. Am 9. März 1943 brannte E 91 02 nach einem Luftangriff vollständig aus, sodass er drei Monate später ausgemustert werden musste. ET 91 01 wurde daraufhin bis 1946 im Lokschuppen des Landbahnhofs Bichl untergebracht, wo er den Krieg ohne Schaden überstand. Nach einem kurzen Intermezzo in Wolfratshausen erfolgte 1949 in München die Wiederinbetriebnahme.

Spätestens mit dem Einsetzen des Wirtschaftswunders konnte der Gläserne Zug wieder an alte Zeiten anknüpfen. Bis 1959 erfolgte die Unterhaltung durch das Bahnbetriebswagenwerk München-Pasing; danach war wieder das Bw München Hbf zuständig. Für Fahrten in die Schweiz wurde später einer der beiden Stromabnehmer mit einem Schleifstück der SBB-Bauart bestückt. Am 1. Januar 1968 erhielt der ET seine EDV-gerechte Betriebsnummer 491 001. Die reisefreudigen 1970er Jahre führten ihn schließlich nach Frankreich, Italien und Jugoslawien, wo er wegen des unterschiedlichen Stromsystems allerdings aus eigener Kraft nur für die Einfahrt in die Grenzbahnhöfe schaffte. Ein unverschuldeter Auffahrunfall sorgte schließlich am 12. Dezember 1995 im Bahnhof Garmisch-Partenkirchen für das unerwartete Ende. Durch den Zusammenprall mit einer ÖBB-Lok wurde der Triebwagen so stark beschädigt, dass sogar seine Verschrottung im Raum stand. 1997 wurde der Triebwagen vom DB-Museum übernommen. 2005 konnte er dank einer Spendenaktion restauriert und im Bahnpark Augsburg als nicht betriebsfähiges Exponat ausgestellt werden.

TECHNISCHE DATEN

Baureihe: elT 1998 und 1999, (ab 1940 ET 91, ab 1968 BR 491 (DB))

Verwendungszweck:	Aussichtstriebwagen
Antrieb:	Tatzlager
Erstes Baujahr:	1935
Achsfolge:	Bo'2'
Spurweite (mm):	1435
Dienstgewicht (t):	51
Vmax (km/h):	120 (zuletzt 110)
Leistung (kW):	350
Sitzplätze:	70

LVT Typ Hannover – der Wismarer Schienenbus

Die von 1932 bis 1941 gebauten Triebwagen der Waggonfabrik Wismar waren der erste erfolgreiche Versuch, den kostenintensiven Dampfbetrieb auf Kleinbahnstrecken durch Fahrzeuge mit Verbrennungsmotoren zu ersetzen. Aus Kostengründen erhielten die insgesamt 57 gebauten Exemplare Großserientechnik aus dem Lkw-Bau und wurden von zwei Ford-Benzinmotoren (einer je Fahrtrichtung) mit 30 bzw. 37 kW Leistung angetrieben. Der vom Hersteller als LVT Typ Hannover vermarktete Kleintriebwagen ermöglichte auch finanziell schlechter gestellten Bahngesellschaften die Aufrechterhaltung des Eisenbahnverkehrs und verhinderte noch lange Zeit vor dem Uerdinger Schienenbus die Stilllegung zahlreicher Nahverkehrsverbindungen oder ihre Umstellung auf Omnibusbetrieb. Von den 57 verkauften Exemplaren gingen allein 25 Stück in die preußische Provinz Hannover, die damit Einsatzschwerpunkt der im Volksmund „Wismarer Schienenbusse" oder „Schweineschnäutzchen" genannten Zweiachser war.

Obwohl die Waggonfabrik Wismar ab 1934 damit begonnen hatte, die vielen unterschiedlichen Varianten auf dem Papier zu typisieren, glich in der Realität kaum ein Fahrzeug dem anderen. Die Außenmaße variierten je nach verwendetem Motor, Spurweite und Nutzungspriorität ebenso, wie der Achsstand oder die zur Verfügung stehenden Sitzplätze. Eine Praxis, die auch nach der Typisierung beibehalten wurde. So verfügten beispielsweise vier der insgesamt acht für die Eisenbahnen des Saargebietes gebauten Triebwagen aufgrund ihres mit 6 Metern vergleichsweise langen Achsstands über Lenkachsen, die von Deutz-Dieselmotoren angetrieben wurden. Außerdem fertigte die Waggonfabrik Wismar für dasselbe Unternehmen zwei Gütertriebwagen, die für den Stückgut- und Expressfrachtverkehr besonders große Seitentüren erhalten hatten. Insgesamt 13 Triebwagen wurden auch für Schmalspurbahnen gebaut, wobei auch hier nahezu jeder Besteller seine individuellen Vorlieben berücksichtigen ließ.

Der im Normalfall dreiteilige Innenraum nahm zwischen 24 und 40 feste Sitzplätze auf und war wahlweise über Klapp- oder Schiebetüren zugänglich. Zudem standen für den Bedarfsfall 14 bis 16 Klappsitze zur Verfügung, deren Stellfläche auch zum Abstellen von Gepäck genutzt werden konnte.

Seine Hochzeit erlebte der Wismarer Schienenbus in den Jahren 1933 und 1934, als gleich 19 bzw. 34 Fahrzeuge einen neuen Besitzer fanden. Da auch die Konkurrenz in den Folgejahren vergleichbare oder bessere Fahrzeuge auf den Markt brachte, ging der Absatz danach sprunghaft zurück. Daran konnte auch die 1936 erfolgte „echte" Standardisierung ebenso wenig ändern, wie die schrittweise Reduzierung des Verkaufspreises. 1938 erreichte der Absatz mit lediglich drei verkauften Fahrzeuge einen neuen Negativrekord. Nach der am 24. Juni 1941 erfolgten Auslieferung des 57sten in Wismar gebauten LVT wurde die Produktion eingestellt. Zwischen 1933 und 1936 wurden die Triebwagen in Lizenz auch in Saragossa von der Firma MMC für den spanischen Markt gebaut. Unter der Bezeichnung Tipo Zaragoza entstanden dort 14 Meterspurfahrzeuge sowie 18 Trieb- und drei Beiwagen für die iberische Breitspur.

In den 1950er Jahren gelangte in Deutschland der Kleinbahnbetrieb und mit ihm der Wismarer Schienenbus noch einmal zu voller Blüte. Auch wenn sich viele Kleinbahnen aus Kostengründen auf ein oder zwei Zugpaare pro Tag beschränken mussten, gehörte die Fahrt zur Arbeit oder zum Markt noch zum festen Tagesablauf vor allem der ländlichen Bevölkerung. Mit Übernahme der Prignitzer Kreiskleinbahnen gingen zwei schmalspurige Wismarer in den Bestand der DDR-Reichsbahn über, die sie als VT 133 524 und 525 einreihte. Ihr Einsatz endete erst 1968 bzw. 1969. Und auch die junge DB führte noch Wismarer Schienenbusse in ihrem Bestand: Vier der ursprünglich acht ehemaligen SAAR-Triebwagen, die 1935 auf die DRG übergegangen waren, wurden von der DB übernommen und in VT 88 900 bis 902 und VT 89 900 umgezeichnet. Ihre Ausmusterung erfolgte allerdings bereits 1950. Mit Zunahme des Individualverkehrs traf es schließlich bald auch die meisten anderen Wismarer im Land. Als letzte planmäßig eingesetzte Regelspurfahrzeuge wurden 1966 die beiden T 4 und T 6 der Wittlager Kreisbahn außer Dienst gestellt; die beiden letzten planmäßig eingesetzten Schmalspurschienenbusse, T1 und T 2 der Borkumer Kleinbahn, folgten erst zehn Jahre später. Mindestens 11 Fahrzeuge sind museal erhalten geblieben, davon die meisten betriebsfähig.

TECHNISCHE DATEN

Bezeichnung:	Wismarer Schienenbus Typ Hannover*				
Typ:	A	B	C	D	E
Radstand:	4400	4000	3500	4000	3500
Antrieb:	mechanisch				
Achsfolge:	AA	AA	AA	AA	AA
Spurweite (mm):	1435	1435	1435	Schmalspur	750 bis 1000
Dienstgewicht (t):	6,6	6,2	6,6	6,2	5,8
Vmax (km/h):	50 bis 60				
Leistung (kW):	2 x 40 PS, ab 1936 2 x 50 PS				
Sitzplätze:	56	46	40	35	38
Besonderheiten:	–	-	Abort	Abort	–
			Holzvergaser	Gepäckabteil	

*Alle Angaben beziehen sich auf die ab 1936 erfolgte Standardisierung.

Baureihen 795 und 798 – die Retter der Nebenbahnen

Da sich die Dampftraktion auf dem immerhin 11.700 km umfassenden westdeutschen Nebenbahnnetz zu einem unwirtschaftlichen Kostenfaktor entwickelt hatte, stellte die Deutsche Reichsbahn der Westzonen bereits 1948 einen Forderungskatalog für einen leichten Verbrennungstriebwagen auf, der bereits die Grundzüge der späteren Uerdinger Schienenbusse erkennen ließ. Für das Schienenbuskonzept sprach vor allem seine preisgünstige Anschaffung und Unterhaltung, da man hierbei fast vollständig auf Serienelemente aus dem Kraftomnibus- und Straßenbahnbau zurückgreifen konnte.

Das Lastenheft sah einen zweiachsigen Leichttriebwagen mit einem dieselhydraulischen Antrieb vor, bei dem auf normale Zug- und Stoßeinrichtungen verzichtet werden sollte. Stattdessen waren für das Mitführen spezieller Beiwagen Mittelpufferkupplungen der Bauart „Scharfenberg leicht" vorgesehen. Im Innenraum sollten mindestens 40 Sitzplätze und ein WC-Abteil Platz finden. Gemessen am Sitzplatzvolumen sollten sich die Motorwagen preislich auf dem Niveau eines Straßenomnibusses bewegen und von diesem auch Motor, Getriebe und diverse Kleinteile übernehmen. Als Antriebsquelle bot sich der gerade in Serie gegangene Büssing-Unterflurmotor U9 an, der bei einem Hubraum von 9000 ccm zwischen 80 und 110 kW leistete. Mit der Entwicklung wurde die Waggonfabrik Uerdingen beauftragt, die bereits über eine langjährige Erfahrung auf dem Gebiet der ÖPNV-Fahrzeuge verfügte. In enger Zusammenarbeit mit dem späteren BZA München entstanden zehn einmotorige Prototypen mit 80 kW Leistung, die zwischen Mai und August 1950 als VT 95 901 bis 910 der zwischenzeitlich gegründeten Deutschen Bundesbahn übergeben wurden. Hinzu kamen sechs als VB 140 701 bis 706 bezeichnete Beiwagen. Da die Vorserienfahrzeuge unter sehr unterschiedlichen topografischen Bedingungen getestet werden sollten, wurden sie den Bahnbetriebswerken Flensburg, Heiligenhafen und Husum im Norden sowie Kempten im Süden der Bundesrepublik zugeteilt. Außerdem beteiligten sich auch die noch eigenständigen Eisenbahnen des Saarlandes mit ihrem VT 911 genannten Prototyp an der Erprobung, die letztlich zur vollsten Zufriedenheit zum Abschluss gebracht werden konnte. Im ersten Betriebsjahr erreichten die Vorserienfahrzeuge Laufleistungen von durchschnittlich 114.000 km, wobei 3060 Einsatztage nur 281 Ausfalltagen gegenüberstanden! Für Kritik sorgte allerdings die Pedal-Bremsanlage der Bauart Knorr, die bei den Serienfahrzeugen durch ein herkömmliches Führerbremsventil ersetzt wurde. Außerdem erwies sich der Radstand mit 4,50 m als recht unkomfortabel, sodass er ab VT 95 912 auf 6 m verlängert wurde. Neben der DB und den Eisenbahnen des Saarlandes, beschafften auch die luxemburgische CFL zehn Prototypen; weitere vier gingen an Privatbahnen. Zwischen 1952 und 1958 stellte die DB insgesamt 557 Serien-VT 95 in Dienst, die sich durch einen moderneren Wagenkasten von den Prototypen unterschieden. Mit 80 Heimatdienststellen waren die VT 95 die geografisch meist verbreiteten DB-Triebfahrzeuge. 1968 erfolgte die Umbenennung in Baureihe 795. Im Zuge des Nebenbahnsterbens schieden 1983 die letzten DB-Fahrzeuge aus.

Aufgrund der nicht auf allen Strecken zufriedenstellenden Leistungsfähigkeit der VT 95, ließ die DB 1953 drei zweimotorige Exemplare bauen, die aus der zweiten Lieferserie abgezweigt wurden. Im Gegensatz zu den ab Juli 1955 gelieferten Serienfahrzeugen der Baureihe VT 98.95, verfügten die drei beim Bw Passau stationierten Versuchsträger VT 98 901 bis 903 somit noch nicht über Regelpuffer und Schraubenkupplungen. Um die Einsätze der Schienenbusse auf Hauptstrecken und steigungsreiche Nebenbahnen ausweiten zu können, erhielten die VT 98 zwei jeweils 95 kW (ab Serie 110 kW) starke Unterflurmotoren des Typs Büssing U9A, die ab 1961 durch den neuentwickelten 110 kW starken Büssing U10 ersetzt wurden. Das gleiche Aggregat wurde übrigens auch bei den 1962/63 von den Saarbahnen übernommenen VT 9901 bis 9915 nachgerüstet, die zwischen 1956 und 1958 in Lizenz bei der Saarbrücker Waggonfabrik Lüttgens gebaut und mit Berliet-Motoren ausgeliefert worden waren.

Die Maschinenanlagen der Serien-VT 98 waren vom Führerstand eines jeden Motor- und Steuerwagens bedienbar, sodass das beim VT 95 erforderliche Umsetzen in den Endbahnhöfen entfiel. Maximal konnten bis zu sechsteilige Schienenbusverbände gebildet werden, womit die VT 98 auch im stark frequentierten Vorortverkehr einsetzbar waren.

Da man die ersten Serienfahrzeuge anfänglich für „Spezialaufgaben" wie das Mitführen von Güterwagen vorgesehen hatte, erfolgte die Beheimatung zunächst in ausgewählten Bahnbetriebswerken, die bereits über Erfahrung mit VT 95 verfügten. Eine Ausnahme bildete lediglich das Bw Gemünden, dem 1956 ohne jegliche Schienenbuserfahrung zwölf fabrikneue Fahrzeuge zugeteilt wurden. Auch der zweimotorige Schienenbus eroberte mit zunehmender Stückzahl (fast) das gesamte Streckennetz der DB, wobei nur die Bundesbahndirektion Köln und das Ruhrgebiet wegen der hier stationierten ETA 150 ohne Zuteilung blieben. Insgesamt stellte die DB 329 VT 98.9 in Dienst, die ab 1968 die Baureihenbezeichnung 798 erhielten. Hinzu kamen acht für die Zahnradstrecken Erlau – Wegscheid und Honau – Lichtenstein beschaffte baugleiche Schienenbusse mit Zahnradantrieb, die zwischen 1961 und 1965 von der Waggonfabrik Uerdingen in Zusammenarbeit mit SLM Winterthur gebaut und von der DB als VT 97 901 bis 908 (ab 1968 BR 797) bezeichnet wurden.

Ungeachtet der Stilllegung vor allem ländlicher Bahnlinien, blieben die 798 vergleichsweise lange von der Ausmusterung verschont. Bis 1979 waren lediglich elf Exemplare außer Dienst gestellt worden. Dies sollte sich jedoch schon bald ändern. Zum Stichtag 1. Januar 1984 waren deutschlandweit nur noch 200 Fahrzeuge vorhanden. Als bereits viele mit der vollständigen Ausmusterung rechneten, sorgte ausgerechnet das Eisenbahnjubiläumsjahr 1985 für eine unerwartete Wende. Aufgrund ausstehender Stilllegungsgenehmigungen und einer aufgeschobenen Auslieferung der Nachfolgebaureihe 628, übernahmen vielerorts Fahrzeuge der Baureihe 798 wieder die Hauptlast des Nahverkehrs: Im September 1985 gingen im Westerwald sämtliche Leistungen der Baureihe 515 auf die BR 798 über; ein halbes Jahr später folgte auch die Strecke Ludwigshafen – Wörth. 1986 erhielten drei 798 für einen Modellversuch zwischen Hof und Selb eine neue Innenausstattung mit Stoffpolstern. Ein Jahr später wurden 798 652 und 653 nebst Steuerwagen 998 896 sogar dem Qualitätsstandard des neuen Bahnprodukts „RegionalBahn" angepasst und im Einmannbetrieb auf der Nebenbahn Prien – Aschau eingesetzt. Hiermit verbunden war auch eine Neulackierung in lichtgrau-türkis. Entgegen den ursprünglichen Planungen, blieben die Modernisierungen jedoch Ausnahmen. Somit wurden 1988 weitere 47 zwei- und dreiteilige Garnituren ohne „Aufhübschung" für den Einmannbetrieb umgebaut und in Baureihe 796 bzw. 996 umgezeichnet. Mit der Auslieferung immer weiterer 628 verloren die „roten Brummer" in der Folgezeit weiter an Boden. Nachdem 1995 auch die Bahnbetriebswerke Nürnberg Hbf und Siegen ihre Fahrzeuge abgestellt hatten, war das typische Knattern der Unterflurmotoren planmäßig nur noch im Raum Tübingen zu hören. Hier endete auch am 27. Februar 2000 mit der Abstellung von 796 702 und 724 die Schienenbus-Ära bei der DB.

TECHNISCHE DATEN

Baureihe:	VT 95 901-912 (DB)	
	VT 95 9113 ff, (ab 1968 BR 795 (DB))	
Verwendungszweck:	Nebenbahntriebwagen	
Antrieb:	dieselmechanisch	
Erstes Baujahr:	1950	1952
Achsfolge:	A1	A1
Spurweite (mm):	1435	
Dienstgewicht (t):	10,5 (VT 95 112 13,26)	13,2/13,9
Vmax (km/h):	90	90
Leistung (kW):	81	96/111
Sitzplätze:	41 (VT 95 112 51)	60/63

TECHNISCHE DATEN

Baureihe:	VT 98.9, (ab 1968 BR 798 (DB))	
	VT 97.9, (ab 1968 BR 797 (DB))	
Verwendungszweck:	Nebenbahntriebwagen	
	Zahnradnebenbahntriebwagen	
Antrieb:	dieselmechanisch	dieselmechanisch
Erstes Baujahr:	1955	1961
Achsfolge:	A1	A1
Spurweite (mm):	1435	
Dienstgewicht (t):	20,3	24,4
Vmax (km/h):	90	90
Leistung (kW):	222	222
Sitzplätze:	58	57

SVG Leichttriebwagen – der Schienen-Borgward

Für den zu Beginn der 1950er Jahre wieder aufblühenden Tourismus benötigte die Sylter Inselbahn dringend neue Triebfahrzeuge. Die vorhandenen Dampflokmotiven und Triebwagen waren in einem heruntergewirtschafteten Zustand und befanden sich, wie die gesamte Bahn, noch bis 1952 im Besitz der Bundesvermögensverwaltung als Rechtsnachfolger der britischen Besatzungsmacht. Da das gesamte meterspurige Streckennetz mit einem leichten Oberbau mit Sandbettung trassiert war, kamen allerdings nur Fahrzeuge mit einer geringen Achslast infrage, die jedoch auf dem Gebrauchtmarkt so gut wie nicht verfügbar waren. Eine Bestellung „nach Maß" schied aus Kostengründen aus, sodass der zukünftige Betreiber der Inselbahn, der Omnibusunternehmer Ruy Prahl auf die Idee kam, auf Basis eines normalen Straßen-Lkw einen Triebwagen in der Inselbahnwerkstatt bauen zu lassen. Die Wahl fiel auf einen 66 kW starken Borgward B 4000 als Zugmaschine, dem ein neuer Wagenkasten in Omnibusbauweise aufgesattelt wurde. Ein bauartähnliches Fahrzeug hatte Prahl als Straßenfahrzeug bereits in seinem Bestand. Bei einer Gesamtlänge von 15,40 m bot die Eigenkreation Platz für 53 Sitz- und 35 Stehplätze. Die Borgward-Technik wurde nahezu unverändert für den „Triebkopf" übernommen. Lediglich das Straßenfahrwerk musste für den Eisenbahnbetrieb angepasst und mit eigens von der Firma Köhler in Elmshorn angefertigten Eisenbahnachsen umgerüstet werden.

Während Konstruktion und Bau des ersten, als Leichttriebwagen LT 1 bezeichneten Sattelzuges sehr schnell von der Hand gingen, bereitete den Inselbahnern das Wenden in den Endbahnhöfen noch Kopfzerbrechen. Weil der Triebwagen als Einrichtungsfahrzeug nur mit der Zugmaschine voraus verkehren konnte, musste er in den Endbahnhöfen gedreht werden. Da eine zunächst diskutierte mechanische Drehhilfe wie bei einer Draisine aus Gewichts- und Praktikabilitätsgründen schnell wieder verworfen wurde, mussten hierfür zunächst in den Endbahnhöfen Hörnum, List und Westerland Drehscheiben gebaut werden.

Nach dem auch dieses Problem zufriedenstellend gelöst war, konnte der LT 1 am 5. Oktober 1952 zu seiner Jungfernfahrt aufbrechen. Da er die Erwartungen mehr als erfüllte, wurden bis 1954 weitere vier Fahrzeuge gebaut und als LT 2 bis 5 inventarisiert. Während die ersten vier bis auf kleinere Änderungen an der Belüftung des Aufliegers nahezu identisch waren, erhielt LT 5 eine völlig eigenständige Aufliegerkonstruktion. Als Stoßeinrichtung war bei allen Zugfahrzeugen lediglich eine Prallplatte an der Stoßstange vorhanden, mit der man unliebsame Rangierschäden vermeiden wollte. Jeder Auflieger verfügte über eine Balancierkupplung, um damit die ebenfalls in der eigenen Werkstatt gebauten Beiwagen B 6 bis 8 über die Insel befördern zu können.

Nach der Stilllegung der Sylter Inselbahn im Dezember 1970 wurden bis auf den LT 4 alle Leichttriebwagen verschrottet. Der LT 4 gelangte 1971 zur Selfkantbahn, die gerade mit dem Aufbau eines Museumsbahnbetriebes auf einem Teilstück der Geilenkirchener Kreisbahn beschäftigt war. Bis 1978 im Freien abgestellt, wurde der Triebwagen anschließend an das Deutsche Straßenbahnmuseum in Hannover weitergereicht. Ein erster Restaurierungsversuch scheiterte dort am schlechten Allgemeinzustand. 2013 wurde das Fahrzeug vom Geschäftsführer der Sylter Adler-Schiffe GmbH mit dem Ziel der Wiederaufarbeitung erworben. Die in Kooperation mit der Selfkantbahn durchgeführten Arbeiten konnten leider wegen der immensen Kosten bis heute nicht zum Abschluss gebracht werden.

TECHNISCHE DATEN

Typ:	SVG Leichtriebwagen
Verwendungszweck:	Nahverkehrstriebwagen
Antrieb:	mechanisch
Erstes Baujahr:	1952
Achsfolge:	2Bo'2C'
Spurweite (mm):	1000
Dienstgewicht (t):	10,6
Vmax (km/h):	50
Leistung (kW):	66/70
Sitzplätze:	53

Baureihe VT 08.5 – der Weltmeisterzug

Für den 1950 reaktivierten Schnelltriebwagenverkehr reichten die vorhandenen Vorkriegsfahrzeuge alleine nicht aus, weshalb die Deutsche Bundesbahn noch im selben Jahr die Entwicklung einer neuen Triebwagengeneration in Angriff nahm. Nur zwei Jahre später konnte mit dem VT 08.5 ein dreiteiliger dieselhydraulischer Fernverkehrstriebwagen präsentiert werden, dessen rundliche Frontpartie stilprägend für die junge DB werden sollte. Ein technisch und optisch nahezu identisches Pendant konnte zuvor als VT 12.5 mit einer auf den Nahverkehr ausgerichteten Bestuhlung und Türaufteilung vorgestellt werden.

Eine VT 08-Grundeinheit bestand aus einem Motorwagen sowie je einem antriebslosen Mittel- und Steuerwagen. Insgesamt standen 114 Sitzplätze der ersten Wagenklasse zur Verfügung. Bei Bedarf konnten weitere Mittelwagen eingestellt werden. In jedem Motorwagen waren ein Speiseabteil und eine Bordküche vorhanden. Lediglich bei den sechs im Jahr 1954 beschafften Motorwagen wurde auf den Einbau von Speiseabteil und Küche verzichtet, da sie ausschließlich als zusätzliche Motorwagen für eine vier- bis fünfteilige Zugbildung vorgesehen waren. Von 1952 bis 1954 wurden insgesamt 20 Motorwagen, 22 Mittelwagen und 13 Steuerwagen in Dienst gestellt. Jeder Motorwagen verfügte über eine Leistung von 2 x 736 kW, die eine Höchstgeschwindigkeit von 140 km/h ermöglichten. Neu war, dass der Motor nicht mehr fest im Fahrzeugrahmen lag, sondern im Maschinendrehgestell ruhte.

Eine enorme Popularität erlangte der VT 08.5 nach dem Gewinn der Fußball-Weltmeisterschaft 1954, als die deutsche Nationalmannschaft mit einem feierlich geschmückten Triebwagen von der Schweiz zurück nach Deutschland reiste. Nur drei Jahre später kam die Baureihe auch zu TEE-Ehren: Da noch nicht genügend VT 11.5 zur Verfügung standen, wurde am 2. Juni 1957 in Deutschland der planmäßige TEE-Verkehr mit VT 08.5 aufgenommen. Noch im selben Jahr begann man damit, die durch den vermehrten Einsatz von zwei Motorwagen freigesetzten Steuerwagen VS 509 bis 513 für den Nahverkehr umzurüsten. Durch die fortschreitende Elektrifizierung der Hauptstrecken und der Dominanz der VT 11.5 im hochwertigen Reisezugverkehr, wurden die VT 08.5 in der Folgezeit mehr und mehr in den Hintergrund gedrängt. Als es kaum noch betrieblich sinnvolle Einsatzmöglichkeiten gab, entschloss sich die DB schließlich, sie zu zwei Wagenklassen führende VT 12.6 umzubauen. Ab 1963 fanden die ehemaligen Luxuszüge als Eil- und Nahverkehrszüge in Norddeutschland eine neue Verwendung. Darüber hinaus waren sie kurzzeitig auch im Großraum Köln heimisch.1968 wurden die VT 12.6 in Baureihe 613 umbenannt. Die zu diesem Zeitpunkt noch nicht umgebauten VT 08.5 wurden zur Baureihe 608. 1971 war das Kapitel 608 beendet. Die Umbauvariante 613 verblieb dagegen noch bis Ende Mai 1985 im Einsatzbestand. Letzte Heimatdienststelle war ab 1982 das Bw Braunschweig 1. Von dem ersten DB-Prestigezug blieb mit den Motorwagen 613 603/620, den Mittelwagen 913 510/512 und dem Steuerwagen 913 603 lediglich ein vollzähliges Exemplar erhalten. Die dem DB Museum gehörende Garnitur ist seit 2007 nicht mehr betriebsfähig und wartet seit dem auf ihre Wiederaufarbeitung.

TECHNISCHE DATEN

Baureihe:	VT 08.5 (ab 1968 DB-608)
Verwendungszweck:	Schnelltriebwagen
Antrieb:	dieselhydraulisch
Erstes Baujahr:	1952
Achsfolge:	B'2'+2'2'+2'2'
Spurweite (mm):	1435
Dienstgewicht (t):	120
Vmax (km/h):	140
Leistung (kW):	2 x 736
Sitzplätze:	114

Baureihen ET 56 und ET 30 – die Spurtstarken

Für die Bedienung der elektrifizierten Nahverkehrstrecken um Nürnberg und Stuttgart, benötigte die DB nach dem Krieg dringend neue Fahrzeuge. Neben der Verwendung bereits bewährter bzw. noch auf Lager befindlicher Bauteile, wurde ein hohes Beschleunigungsvermögen gefordert, mit dem vor allem der Pendlerverkehr zügiger abgewickelt werden konnte. Unter Federführung des BZA München entwickelten die Hersteller BBC, Fuchs, Maschinenfabrik Esslingen und Rathgeber einen neuen dreiteiligen Nahverkehrstriebzug, dessen Erstausgabe ET 56 001 a/b im Mai 1952 an die DB geliefert wurde. Bis Dezember desselben Jahres konnten auch die restlichen sechs Garnituren fertiggestellt werden. Beheimatet wurden die ET 56 zunächst in den Bahnbetriebswerken Nürnberg Hbf und Tübingen.

Die in Anlehnung an den Flugzeugbau in selbsttragender Spanten- und Schalenbauweise entstandenen Triebzüge verfügten über eine Antriebsleistung von 1020 kW und erreichten eine Höchstgeschwindigkeit von 90 km/h. Die drei Einzelwagen waren über druckstabile, federnde Hülsenkupplungen miteinander verbunden und durch Übergangstüren untereinander begehbar. An den Stirnseiten befanden sich selbsttätige Mittelpufferkupplungen der Bauart Scharfenberg. Die Fahrmotoren und Transformatoren stammten aus Kostengründen von kriegszerstörten ET 25 und ET 31; vereinzelt wurden auch unbenutzte Komponenten aus dem Ersatzteillager verwendet.

Obwohl sich die ET 56 recht gut bewährten, wurde für die Elektrifizierung des Nahverkehrs im Ruhrgebiet ein weiterer bauartgleicher Triebzug entwickelt. Neben einer noch besseren Beschleunigung, standen hier vor allem ein schneller Fahrgastwechsel, eine höhere Endgeschwindigkeit und ein modernerer Innenraum auf der Agenda. Zudem sollten bei den ET 30 genannten Ruhrgebietszügen neu entwickelte Fahrmotoren zum Einsatz kommen, die auch die Entwicklung einer Ausführung für den Fernverkehr erlaubten. Da die hierfür angestrebte Höchstgeschwindigkeit von 160 km/h andere Drehgestelle erforderlich machte, wurde für den ET 30 gleich ein ganz neues Fahrwerk entwickelt.

Die Auslieferung der optisch stark an die ET 56 angelehnten ET 30 begann im März 1956. Bis zum Jahresende waren alle 24 bestellten Garnitu-

ren einsatzbereit. An der Fertigung beteiligt waren die Hersteller Fuchs und MAN (Mechanik Triebköpfe), WMD und Westwaggon (Mittelwagen) sowie AEG, BBC und SSW (Elektrik). Die mit modernen zehnpoligen Reihenschlussfahrmotoren ausgestatteten ET 30 verfügten über eine Leistung von 1760 kW und waren damit fast doppelt so stark wie ihre Schwesterbaureihe. Auch die Höchstgeschwindigkeit lag mit 120 km/h deutlich höher. Die Bauausführung der hier allerdings mit Schrauben-Kurzkupplungen verbundenen drei Einzelwagen entsprach der der ET 56. Für den geforderten schnellen Ein- und Ausstieg sorgten insgesamt sieben Falttüren je Fahrtrichtung.

TECHNISCHE DATEN

Baureihe:	ET 56, (ab 1968 BR 456 (DB))	ET 30, (ab 1968 BR 430 (DB))
Verwendungszweck:	Nahverkehrstriebwagen	
Antrieb:	Tatzlager	Tatzlager
Erstes Baujahr:	1952	1956
Achsfolge:	Bo'2'+2'2'+2'Bo'	Bo'2'+2'2'+2'Bo'
Spurweite (mm):	1435	1435
Dienstgewicht (t):	121	148
Vmax (km/h):	90	120
Leistung (kW):	1020	1760
Sitzplätze:	262	222

Da die erste elektrifizierte Strecke im Ruhrgebiet erst am 2. Juni 1957 in Betrieb genommen wurde, musste die Erprobung in Süddeutschland erfolgen. Hierfür erhielten München fünfzehn und Nürnberg neun Garnituren. Drei der Münchener ET 30 wurden kurzzeitig auch dem Bw Freilassing zugeteilt. Für den anfänglichen elektrischen Inselbetrieb auf der Strecke Düsseldorf – Essen – Wattenscheid – Dortmund – Hamm wechselten im Frühjahr 1957 insgesamt 18 ET 30 zum Bw Dortmund Bbf. Die restlichen sechs verblieben in Nürnberg, wo sie bis zur ihrer Abgabe 1972 ins Ruhrgebiet als Nahverkehrs- und Eilzüge bis Bamberg, Würzburg oder Regensburg eingesetzt wurden. Seit 1967 war im Ruhrgebiet das Bw Hamm P Heimatdienststelle, das die „Eierköpfe" über den Nahverkehr hinaus, planmäßig auch bis Bielefeld, Frankfurt/Main, Köln, Münster und Paderborn einsetzte.

Die ET 56 wurden nach Inbetriebnahme der moderneren ET 27 aus dem Stuttgart-Verkehr abgezogen und bis 1970 zwischen Tübingen und Waiblingen sowie zwischen Bietigheim und Heilbronn eingesetzt. 1970 wurden sie dem Bw Heidelberg zugeteilt, wo die seit 1968 als Baureihe 456 eingereihten Triebzüge im Mai 1986 ausgemustert wurden. Im Ruhrgebiet hatte die Umstellung der ersten Nahverkehrsstrecken auf S-Bahnbetrieb bereits ab 1974 das Ende der jetzt Baureihe 430 genannten Sprinterzüge eingeläutet, sodass 1980 die ersten Garnituren abgestellt wurden. Die übermäßig starke Korrosion und der Zugang neuer Fahrzeuge sorgten dann zum Sommerfahrplan 1984 für das endgültige Aus. Von beiden Baureihen ist heute leider keine Garnitur mehr erhalten.

Baureihe VT 10.5 – Deutschlands erster Gliedertriebzug

Hatte der Zweite Weltkrieg die Entwicklung von nicht kriegswichtigen Eisenbahnfahrzeugen quasi über Nacht gestoppt, setzte mit dem beginnenden Wirtschaftswunder ein ebenso rascher Wettlauf um die Konstruktion neuer innovativer Lokomotiven, Triebzüge und Wagen ein. Neben der Weiterentwicklung von vor 1939 bewährter Fahrzeugkonzepte, wandte man sich im Nachkriegsdeutschland auch der Entwicklung eines neuen Triebzugkonzepts zu, dessen Prototypen bereits auf der Deutschen Verkehrsausstellung 1953 vorgestellt werden sollten.

Auf Grundlage der in Spanien bereits erfolgreichen Talgo-Technik, hatte die Waggonbauindustrie zusammen mit DB und Deutsche Schlafwagen- und Speisewagengesellschaft (DSG) einen Gliedertriebzug entworfen, der gleich in zwei unterschiedlichen Ausführungen verwirklicht werden sollte. Für die Entwicklung zeichnete ein Ingenieursteam um Franz Kruckenberg verantwortlich, der damit endlich die mit seinem wegweisenden SVT 137 155 gesammelten Erfahrungen in eine vergleichbare Konstruktion einbringen konnte. Die als VT 10 501 (Sitzwagenzug) und VT 10 551 (Schlafwagenzug) bezeichneten Prototypen entstanden somit ebenfalls in Leichtbauweise, wobei ihr spezifisches Metergewicht von 1,12 t selbst nach heutigen Maßstäben einen absoluten Spitzenwert darstellt.

Die Fertigung des von der DB bestellten VT 10 501 erfolgte bei Linke-Hofmann-Busch in Salzgitter; sein von der DSG in Auftrag gegebenes Nachtzugpendant VT 10 551 wurde von Wegmann in Kassel gebaut. Beide Garnituren wiesen im Fahrzeugdesign große Ähnlichkeiten mit dem SVT 137 155 auf. Auch in der technischen Ausführung war die Handschrift von Franz Kruckenberg zu erkennen: So verfügte der siebenteilige Tagzug über Einzelachslaufgestelle des Systems Kruckenberg, während der achteilige Nachtzug auf weiterentwickelten Jacobs-Drehgestellen ruhte. Als Antrieb fanden jeweils sechs aufgeladene, knapp 120 kW starke Achtzylinder-Dieselmotoren von MAN Verwendung, deren Leistung später zwecks Anhebung der Höchstgeschwindigkeit von 120 auf 160 km/h um 37 kW gesteigert wurde.

Beide Gliederzüge wurden 1954 (VT 10 551 am 15. Mai/VT 10 501 am 1. Juli) in Dienst gestellt, wonach sie nach diversen Test- und Präsentationsfahrten als Ft Komet bzw. Senator ab Hamburg-Altona zum Einsatz kamen. Hierbei zeigte sich allerdings, dass nicht alle technischen Innovationen für den harten Alltagsbetrieb geeignet waren. So verschlechterten sich nicht nur die Laufeigenschaften des Tagzuges mit Zunahme der Laufleistung deutlich, sondern auch der Antrieb selbst sorgte wegen seiner schlechten Wartungszugänglichkeit für eine hohe Störanfälligkeit. Folglich mussten schon bald Reservezüge vorgehalten werden, um auf die immer häufiger vorkommenden Totalausfälle reagieren zu können. Als Konsequenz wurde schließlich die Ausmusterung der mit vielen Vorschusslorbeeren bedachten Triebzüge zum 12. Juni 1956 (Tagzug) bzw. 20. Dezember 1960 (Nachtzug) beschlossen, womit sie die kürzeste Lebensdauer aller DB-Neubaufahrzeuge erreichten. Von einer Serienfertigung wurde aus verständlichen Gründen abgesehen.

TECHNISCHE DATEN

Baureihe:	VT 10 501 (DB)	VT 10.551 (DB)
Verwendungszweck:	Fernverkehrstriebzug	Schlafwagentriebzug
Antrieb:	hydromechanisch	hydromechanisch
Erstes Baujahr:	1954	1953
Achsfolge:	B'1'1'1'1'1'1'B'	B'2'2'2'2'2'2'B
Spurweite (mm):	1435	1435
Dienstgewicht (t):	104	122
Vmax (km/h):	120	120
Leistung (kW):	4 x 118 + 2 x 92	4 x 118 + 2 x 92
Sitzplätze:	135	24 Betten und 12 Liegesitze

Baureihe 515 – der Steckdosen-IC

Noch bevor in Deutschland die erste elektrische Vollbahn planmäßig unter Fahrdraht verkehrte, hatte sich bei der Königlich Preußischen Eisenbahn-Verwaltung (KPEV) der elektrische Triebwagen mit Speicherbatterien längst etabliert. Der Vorteil des Akkumulatorbetriebs lag vor allem in der Beibehaltung der vorhandenen Infrastruktur, so dass auch wenig frequentierte Haupt- und Nebenbahnen ohne den Bau einer Oberleitung elektrisch betrieben werden konnten. Der technische Durchbruch gelang 1907 den KPEV-Triebwagen AT3 Bauart Wittfeld, die dank ihrer leistungsstarken Batterien bereits eine Reichweite von bis zu 150 km erreichten. Die später als ETA 177, 178 und 180 bezeichneten Fahrzeuge bewährten sich so gut, dass sie bei der DB erst 1964 ausgemustert wurden.

Die positiven Erfahrungen hatten bereits 1952 zur Beschaffung von acht Neubautriebwagen der Baureihe ETA 156 geführt, die ein Jahr später die Grundlage für die Entwicklung einer ganz neuen Generation von Akkutriebwagen für den Nah- und Eilzugverkehr bildeten. Die von den Herstellern DWM, MAN, Orenstein & Koppel und Rathgeber in Zusammenarbeit mit dem BZA München entwickelten Triebwagen der Baureihe ETA 150 hatten eine Leistung von 2 x 100 kW und erreichten eine Höchstgeschwindigkeit von 100 km/h. Im Gegensatz zum Schienenbus, verfügten die später scherzhaft als „Steckendosen-IC" oder „Akku-Blitz" bezeichneten Akkutriebwagen über ein vergleichsweise aufwendig konstruiertes Fahrwerk mit zwei vierachsigen Drehgestellen der Bauart München-Kassel, was für einen ausgezeichneten Fahrkomfort sorgte. Die Auslieferung der beiden Vorserienfahrzeuge ETA 150 001 und 002 erfolgte 1954. Ein Jahr später begann die Serienfertigung. In vier Baulosen – die sich unter anderem in der Anzahl der Sitzplätze und der Kapazität der Batterien unterschieden – wurden bis 1965 insgesamt 232 Triebwagen und 216 optisch nahezu identische Steuerwagen (ESA 150) gebaut.

Da die ETA/ESA 150 über normale Zug- und Stoßeinrichtungen verfügten, konnten sie auch für die Beförderung von Güter- oder Postwagen genutzt werden, wovon in vielen Einsatzstellen auch rege Gebrauch gemacht wurde. Einsatzschwerpunkte waren neben dem Großraum Rhein/Ruhr, weite Teile Norddeutschlands, der Westerwald, Südhessen und Südbaden. Darüber hinaus kamen die beim Personal und Fahrgästen gleichermaßen beliebten Triebwagen in Bayern auch auf den topografisch flachen Strecken rundum Augsburg und Nördlingen zum Einsatz.

Ab 1968 wurden die Motorwagen als Baureihe 515 und die Steuerwagen als 815 eingereiht. Zwischen 1978 und 1988 erreichten sie zwischen Aachen und Maastricht erstmals auch planmäßig das Ausland. Zur gleichen Zeit begann die DB damit, die emissionsfreien Züge verstärkt auf das Abstellgleis zu schieben. Da man aber noch nicht vollständig auf ihre Dienste verzichten konnte, wurden 35 Stück für den Einmannbetrieb umgebaut und hierfür unter anderem mit pneumatischen Türschließanlagen, Zahltischen und Außenspiegeln nachgerüstet. Zum Sommerfahrplan 1993 standen nur noch 25 Triebwagen in den beiden letzten Heimatdienststellen Mönchengladbach und Wanne-Eickel für Einsätze bereit. Darunter mit 515 548, 554 und 556 auch drei für die neu eröffnete „Nokia-Bahn" Bochum Hbf – Gelsenkirchen Hbf optisch modifizierte und mit Werbung des finnischen Sponsors versehene Exemplare, die nur zwei Jahre später als die letzten 515 der DB ausgemustert wurden.

TECHNISCHE DATEN

Baureihe:	ETA 150.5, (ab 1968 BR 515.5 (DB))
Verwendungszweck:	Nahverkehrstriebwagen
Antrieb:	Tatzlager
Erstes Baujahr:	1957
Achsfolge:	Bo'2'
Spurweite (mm):	1435
Dienstgewicht (t):	57
Vmax (km/h):	100
Leistung (kW):	200
Sitzplätze:	66-71

Baureihe VT 11.5 – Star des TEE-Verkehrs

Weil die bundesdeutschen TEE-Triebzüge nach Vorstellung der DB einen Spitzenplatz im internationalen Vergleich einnehmen sollten, wurde ihr Lastenheft gegenüber der regulären TEE-Norm deutlich erweitert. Basierend auf den Erfahrungen mit VT 08 und VT 10.5, entwarf das BZA München einen siebenteiligen Dieseltriebzug, dessen Fahr- und Motorleistung gleich für einen zehnteiligen Einsatz bemessen war. Hierdurch erreichten die VT 11.5 genannten Luxuszüge ihre Höchstgeschwindigkeit von 140 km/h selbst bei maximaler Auslastung und bewältigten die obligatorische 16-Promille-Steigung noch mit 80 km/h. Die Optik der wohl elegantesten europäischen Triebwagenkonstruktion lehnte sich sichtbar am SVT 135 155 von Franz Kruckenberg an, wobei jedoch die markanten Lufteinlässe an den Stirnseiten einem erhabenen TEE-Emblem auf glattem Grund weichen mussten. Gebaut wurden die VT 11.5 von MAN (Triebköpfe), Linke-Hofmann-Busch und Wegmann (Mittelwagen).

Eine Grundeinheit bestand aus zwei Triebköpfen, zwei Abteilwagen, einem Großraumwagen, einem Speisewagen mit Bar und Sitzraum sowie einem Küchenwagen mit Speiseraum. Alle Wagen stützen sich auf zweiachsige Drehgestelle der Bauart München-Kassel, die für einen möglichen Fährschiffeinsatz auch engste Gleisbögen durchfahren konnten. Bei der Karosserie folgte man dem inzwischen bewährten Leichtbaukonzept: Wagenkasten und Unterbau entstanden weitgehend aus Aluminum, das auf ein selbsttragendes Stahlgerüst gelötet bzw. genietet wurde. Der gesamte Wagenkasten lagerte auf einer stoßgedämpften Wiegekonstruktion, die für einen bis dahin nicht gekannten Fahrkomfort sorgte. Als Antrieb dienten zwei je 808 kW starke Zwölfzylinder-Motoren mit Abgasturbolader von Daimler-Benz, MAN und Maybach. Motor und Getriebe waren im Wagenkasten untergebracht, sodass sich im eigentlichen Maschinendrehgestell nur die Achsgetriebe befanden. Hierdurch wurde nicht nur eine optimale Gewichtsverteilung erreicht, sondern die bei VT 08 und V10.5 bemängelte schlechte Wartungszugänglichkeit entscheidend verbessert.

Der Innenraum überzeugte je nach Wagenart durch eine rauchblaue, grüne, kupfer- oder beigefarbene Polsterung sowie eine Wandverkleidung aus Birnbaum- bzw. Krischbaumfurnier. Eine Klimaanlage, eine öffentliche Telefonzelle und ein kleines Zugsekretariat rundeten den außergewöhnlichen Komforteindruck ab.

Die Ablieferung der ersten Einheit VT 11.5 5001/5002 der insgesamt 19 Triebköpfe und 48 Mittelwagen umfassenden Serie erfolgte am 11. Mai 1957 und damit nur zwei Wochen vor Aufnahme des TEE-Verkehrs. Zeit für ausgiebige Testfahrten war somit kaum vorhanden, sodass kleinere Mängel „unter dem laufenden Rad" behoben werden mussten. Nach der offiziellen Eröffnung des TEE-Verkehrs am 2. Juni 1957 übernahmen daher zunächst VT 08 den Planbetrieb. Erst ab 15. Juli 1957 wurde der VT 11.5 planmäßig als TEE Saphir Dortmund – Oostende eingesetzt. Mit der Inbetriebnahme der restlichen Garnituren bis zum 18. Januar 1958 konnten auch die TEE

Helvetia, Rhein-Main, Paris-Ruhr, Parsifal, Diamant und Mediolanum auf VT 11.5 umgestellt werden. Alle Umläufe verkehrten grundsätzlich mit zwei Triebfahrzeugführern, wobei das Fahrpult im jeweiligen Grenzbahnhof von einem Lokführer der ausländischen Bahnverwaltung übernommen wurde, während ein deutscher Kollege den Zug bis zum Endbahnhof als Maschinenwart begleitete.

Die Buchungen für den VT 11.5 übertrafen die kühnsten Erwartungen, sodass die DB noch im Frühjahr 1958 vier zusätzliche Abteilwagen nachbestellen musste, die zwischen September und Oktober desselben Jahres geliefert wurden. Da der erhöhte Bedarf zur Ausdünnung des betriebswichtigen Reservebestands geführt hatte, wurden 1961 noch einmal drei Abteilwagen beschafft.

Die anfängliche Euphorie konnte allerdings nicht darüber hinwegtäuschen, dass die Zukunft des TEE-Verkehrs in der Elektrifizierung lag. Nachdem immer mehr Strecken im In- und Ausland unter Fahrdraht verliefen, wurde zum Sommerfahrplan 1965 mit dem Helvetia auch der erste deutsche TEE auf Lokomotivbetrieb umgestellt. Die zur gleichen Zeit zum TEE hochgestuften Rheingold und Rheinpfeil gingen sogar sofort als Wagenzüge an den Start. Am 20. August 1972 endete schließlich mit der Elektrifizierung des Mediolanum die Ära im prestigeträchtigen TEE-Verkehr. Die Bilanz nach 15 Jahren Dauerbetrieb bestätigte noch einmal die enorme Zuverlässigkeit der DB-Vorzeigezüge: Bei einer Laufleistung von rund 4 Millionen km pro Einheit lag der störungsfreie Betrieb bei durchschnittlich 1,7 Millionen km, was bei Dieselfahrzeugen bis heute fast unerreicht ist.

Bereits 1968 hatten die jetzt als Baureihe 601 bezeichneten Triebzüge vier Leistungen des IC-Vorlaufbetriebs übernommen, wofür ihre Höchstgeschwindigkeit auf 160 km/h heraufgesetzt worden war. Der noch immer zeitgemäße Fahrkomfort sorgte auch nach ihrem Ausscheiden aus dem TEE-Dienst für eine große Akzeptanz ihrer neuen Zugleistungen, sodass die DB versuchsweise vier Triebköpfe zur Leistungssteigerung mit Hubschrauber-Gasturbinen ausrüsten ließ. Hierdurch konnte die Antriebsleistung nahezu verdoppelt werden, sodass „Durchhänger" an Steigungsstrecken der Vergangenheit angehörten. Am 14. Juli 1974 übernahmen die 217 km/h schnellen Versuchsträger erstmals reguläre IC-Leistungen, nachdem sie zuvor ausschließlich im simulierten Planbetrieb oder für Sonderfahrten eingesetzt hatte. Allerdings erwies sich der Gasturbinenantrieb als wenig betriebssicher und die als Baureihe 602 eingereihten Exoten wurden bereits 1978 abgestellt. Noch im selben Jahr schieden auch die 601 aus dem IC-Dienst aus und fanden fortan im Touristikverkehr ein neues Betätigungsfeld. Als Alpen-See-Express verkehrten sie turnusmäßig aus den Ballungsräumen Hamburg und Rhein/Ruhr nach Süddeutschland und Österreich. Um den besonderen Anforderungen an einen Ferienzug gerecht zu werden, wurden insgesamt 13 Triebköpfe und 47 Mittelwagen mit Gepäckabteilen, Reiseleiterabteil, Beschallungsanlage und Liegesitzen umgerüstet. Am 1. September 1981 wurden alle 601 von Hamm aus eingesetzt. Im Frühjahr 1988 erfolgte dort die Ausmusterung. 601 006, 013 und 015 fanden mit ihren Mittelwagen in Italien eine vorübergehende Heimat, wo sie als „Italy Express" im luxuriösen Charterverkehr Verwendung fanden. 1990 wurde eine zehnteilige Einheit nach Deutschland „zurückverliehen", um zwischen Juli und September 1990 von der Deutschen Reichsbahn als IC „Max Liebermann" zwischen Hamburg und Berlin eingesetzt zu werden. Nachdem die bereits begonnene Restaurierung der DB-Museumsgarnitur 601 008/014/019 an den hohen Kosten gescheitert war, existiert heute kein betriebsfähiges Exemplar des einstigen DB-Flaggschiffs mehr.

TECHNISCHE DATEN

Baureihe:	VT 11.5 (ab 1968 DB-601)
Verwendungszweck:	TEE-Schnelltriebwagen
Antrieb:	dieselhydraulisch
Erstes Baujahr:	1957
Achsfolge:	B'2'+2'2'+2'2''+2'2'+2'2'+B'
Spurweite (mm):	1435
Dienstgewicht (t):	211
Vmax (km/h):	140
Leistung (kW):	2058
Sitzplätze:	122

Baureihen 771 und 772 – die Ferkeltaxen der DR

Nach 1945 verblieben in der sowjetischen Besatzungszone rund 100 Verbrennungstriebwagen, die sich auf sechs verschiedene Bauarten verteilten. Mit der Verstaatlichung der Klein- und Privatbahnen erhöhte sich die Zahl 1949 auf über 200 Fahrzeuge, von denen viele beschädigt oder abgestellt waren. Obwohl an eine wirtschaftliche Unterhaltung wegen der „babylonischen" Typenvielfalt nicht zu denken war, begann die DR ab 1951 mit der Aufarbeitung der ersten schadhaften Triebwagen. Da sich jedoch sehr schnell abzeichnete, dass die Altbautriebwagen wegen der prekären Ersatzteilsituation nur eine Notlösung sein konnten, regte die DR-Generaldirektion 1955 die Entwicklung eines neuen Nebenbahntriebwagens an. Die als

Leichtverbrennungstriebwagen (LVT) bezeichnete Neukonstruktion sollte vor allem den Personalaufwand auf den Nebenstrecken reduzieren und so für einen deutlich wirtschaftlicheren Betrieb sorgen. Parallelen mit dem zur gleichen Zeit in Betrieb genommenen DB-Schienenbus VT 95.7 waren offensichtlich.

Mit der Entwicklung und dem Bau wurde der VEB Waggonbau Bautzen beauftragt, dessen Rechtsvorgänger Linke-Hofmann-Busch bereits über langjährige Erfahrungen im Triebwagenbau verfügte. Bereits Ende 1957 stand der später als VT 2.09.001 bezeichnete Prototyp für erste Testfahrten zur Verfügung. Da in der DDR noch kein geeigneter Unterflurmotor verfügbar war, griffen die Entwickler beim Antrieb vollständig auf westdeutsche Technik zurück. Neben dem bereits aus dem DB-Schienenbus bekannten Büssing-Motor U10 mit 95 kW Leistung, fanden auch ein Elektroschaltgetriebe von ZF sowie ein Achswendegetriebe von Gmeinder Verwendung.

Der Wagenkasten wurde als selbsttragende Stahlleichtbaukonstruktion ausgeführt und entsprach damit weitgehend der im Straßenbahn- und Kraftomnibusbau verwendeten Bauweise. Der Fahrgastraum verfügte über 54 Sitzplätze und war über zwei je Fahrtrichtung angeordnete Drehfalttüren mit elektropneumatischer Betätigung zugänglich. Der bauartgleiche Beiwagen der Baureihe VB 2.07 besaß 45 Sitzplätze und eine eigene Stromversorgung. Wegen der fehlenden Vielfachsteuerung musste der Triebwagen in den Endbahnhöfen umgesetzt werden. Auch das Kuppeln mehrerer LVT-Einheiten untereinander war somit nicht möglich. Als Zug- und Stoßeinrichtung war an jedem Fahrzeugende eine automatische Mittelpufferkupplung der Bauart Scharfenberg vorhanden. Für das Abschleppen mit einer Hilfskupplung waren zur Vermeidung von Blechschäden Notpuffer aus Hartplastik montiert.

Wegen der schwachen Währung und der sich dramatisch zuspitzenden politischen Lage, drängte die Ostberliner Führung schon bald auf die Entwicklung eines zweiten Erprobungsträgers mit DDR-Technik, der 1959 als VT 2.09.002 fertiggestellt werden konnte. Für den Einsatz auf Hauptstrecken wurde der etwas schwachbrünstige Büssing-Motor durch ein 132 KW starkes Sechszylinder-Aggregat des VEB Motorenwerk Johannisthal ersetzt. Das Elektroschaltgetriebe und das Achswendegetriebe stammten jetzt vom VEB Maschinen- und Zahnradwerk Gotha.

Nach einer ausgiebigen Erprobung wechselten beide Triebwagen im Januar 1960 zur DR. 1962 wurden mit den Vorserienfahrzeugen VT 2.09.003 bis 007 und VB 2.07.003 bis 007 fünf weitere Doppelgarnituren ausgeliefert. 1963 begann mit VT 2.09.008 und dem dazu passenden Beiwagen die Auslieferung des ersten Serienfahrzeugs. Als Antrieb diente jetzt ein vom VEB Elbebwerk Roßlau gebauter unterfluriger Sechszylinder-Vorkammerdieselmotor mit ebenfalls 132 kW Leistung. Da sich das Umsetzen der Motorwagen an den Endstellen als äußerst störend erwiesen hatte, folgte 1965 mit VT 2.09.101 bis 116 eine 16 Triebwagen umfassende zweite Lieferserie, die endlich über eine Vielfachsteuerung für den Betrieb mit Steuerwagen (VS 2.08.101 bis 116) verfügte.

1969 lieferte der jetzt in der sozialistischen Planwirtschaft für den Triebwagenbau zuständige VEB Waggonbau Görlitz weitere 73 Motor- und Steuerwagen an die DR, die als VT 2.09.201 bis 273 und VS 2.08.201 bis 273 eingereiht wurden. Ab 1970 wurden die im Volksmund auch als „Ferkeltaxen“ oder „Blutblasen“ bekannten LVT ohne Vielfachsteuerung in Baureihe 171 und mit Vielfachsteuerung in Baureihe 172 umgezeichnet. Ihr Einsatzgebiet umfasste nahezu die gesamte DDR, wobei sowohl planmäßige Grenzübertritte mit Betriebspersonal, als auch Einsätze auf Hauptbahnen an der Tagesordnung waren.

Zum 1. Januar 1992 erhielten die LVT die DB-Baureihenbezeichnung 771 und 772. Da die Bahn auf Nebenbahnen noch lange nicht auf die Dienste der genügsamen Triebwagen verzichten konnte, wurden ab Oktober 1991 die ersten Fahrzeuge modernisiert. Neben einer zeitgemäßen Inneneinrichtung mit Stoffpolstern und hellen Wandverkleidungen, gab es erstmals auch einen abgeschlossenen Arbeitsplatz für den Triebwagenführer und neue Fahrpulte. Da sich bereits das Betriebsende der verschlissenen Originalmotoren andeutete, erhielten 771 009 und 073 zudem versuchsweise einen Austauschmotor von MAN.

Im weiteren Verlauf wurden bis 1996 insgesamt 55 Triebwagen einer Modernisierung unterzogen, die vielfach einem Neubau gleichkam. Zudem wurden 771 014 und 971 614 sowie 771 050 und 971 650 der Usedomer Bäderbahn auf Erdgasbetrieb umgerüstet. Da sich die Erdgastanks in den Steuerwagen befanden, mussten diese nun fest mit dem jeweiligen Motorwagen verbunden werden.

Am 4. Januar 2004 wurde mit dem in Stendal beheimateten 772 155 letztmalig ein LVT im Planverkehr der DB eingesetzt. Glücklicherweise sind im In- und Ausland zahlreiche Fahrzeuge erhalten geblieben.

TECHNISCHE DATEN

Baureihe: VT 2.09.0, (ab 1970 BR 171.0, ab 1992 BR 771 (DR))	
Verwendungszweck:	Nahverkehrstriebwagen
Antrieb:	mechanisch
Erstes Baujahr:	1960
Achsfolge:	1'A'
Spurweite (mm):	1435
Dienstgewicht (t):	19,3
Vmax (km/h):	90
Leistung (kW):	132
Sitzplätze:	54*

TECHNISCHE DATEN

Baureihe: VT 2.09.1, ab 1970 BR 172.0, (ab 1992 BR 772.0 (DR))	
Verwendungszweck:	Nahverkehrstriebwagen
Antrieb:	mechanisch
Erstes Baujahr:	1964
Achsfolge:	1'A'
Spurweite (mm):	1435
Dienstgewicht (t):	19,4
Vmax (km/h):	90
Leistung (kW):	132
Sitzplätze:	54*

Baureihe VT 18.16 – der DDR-Prestigezug

Am 21. Dezember 1950 nahm die Deutsche Reichsbahn zwischen Berlin und Prag ihre erste internationale Schnelltriebwagen-Verbindung in Betrieb, die zunächst ausschließlich mit Vorkriegstriebwagen der Bauarten Hamburg, Köln und Leipzig bedient wurde. Mit der steigenden Nachfrage kamen bald auch drei in Ungarn beschaffte Neubautriebwagen des Herstellers Ganz zum Einsatz, die jedoch kaum den Komfortansprüchen des internationalen Fernreiseverkehrs genügten. Da inzwischen auch die Vorkriegstriebwagen ihre Verfallsgrenze erreicht hatten, reifte bei der DR schon bald der Entschluss, die Entwicklung eines neuen Komforttriebzuges in Auftrag zu geben. Als Aushängeschild des Sozialismus sollte sich der Zug am Komfort der westlichen TEE-Triebwagen orientieren und diese hinsichtlich Leistung und Ausstattung noch überflügeln. Das Lastenheft sah einen vierteiligen dieselhydraulischen Schnelltriebwagen mit einer Höchstgeschwindigkeit von 160 km/h vor, dessen windschnittige Formgebung fast exakt dem Design des 1938 von Franz Kruckenberg entwickelten SVT 137 155 entsprach. Motor- und Mittelwagen sollten die gleichen Längen aufweisen und möglichst viele technische Komponenten von anderen Baureihen übernehmen. Den Auftrag für die Entwicklung und die Fertigung erhielt 1962 der VEB Waggonbau Görlitz, dessen privatwirtschaftlicher Vorgänger WUMAG schon den legendären Fliegenden Hamburger auf die Schienen gestellt hatte.

Bereits im Februar 1963 absolvierte das neue DR-Flaggschiff seine erste Probefahrt. Anschließend wurde der als VT 18.16.01 bezeichnete Prototyp auf der Leipziger Frühjahrsmesse der Öffentlichkeit präsentiert. Die beiden ersten Zahlen standen dabei für 1800 PS und 160 km/h Höchstgeschwindigkeit. Am 27. Mai 1963 erreichte der Zug bei einer Schnellfahrt zwischen Jüterbog und Luckenwalde eine Geschwindigkeit von 178 km/h. Am 23. Oktober 1963 wurde er an die DR übergeben und die Serienfreigabe erteilt. Die zwischen 1965 und 1968 gebauten VT 18.16.02 bis 08 (plus VT 18.16.09 und 10 als Reservetriebköpfe) erhielten abweichend Motoren mit 1000 PS bzw. 735 kW Leistung, ohne dass sich dieses in der Baureihenbezeichnung widerspiegelte. Alle VT 18.16 wurden dem Bw Berlin-Karlshorst zugeteilt, das sie als Expresszüge Neptun (Berlin – Kopenhagen), Vindobona (Berlin – Wien), Berlinaren (Berlin – Malmö), Karlex und Karola (Berlin – Karlsbad) sowie Hungaria (Berlin – Budapest) im Fernreiseverkehr einsetzte. Hinzu kamen Binnenleistungen nach Magdeburg und Leipzig.

Mit der voranschreitenden Elektrifizierung und der Rückbesinnung auf den klassischen Lok-Wagen-Zug, verloren die ab 1970 als Baureihe 175 eingereihten DR-Vorzeigetriebzüge mehr und mehr an Bedeutung. Bereits 1980 wurde der nicht mit den anderen Triebzügen kuppelbare Prototyp zurückgestellt. 1981 endete mit den Expresszügen Karlex und Karola auch der internationale Einsatz. Zwischen 1982 und 1984 übernahmen die 175 Schnellzugleistungen zwischen Berlin und Bautzen. Hinzu kamen zur Messezeit Sonderverkehre zwischen Berlin und Leipzig. Da weitere wirtschaftlich sinnvolle Einsatzmöglichkeiten fehlten, wurde 1985 175 005/006 zum „Rollenden Jugendklub Ernst Thälmann" umgebaut und als temporäres Freizeitheim auf DR-Großbaustellen eingesetzt. Das Fahrzeug befindet sich heute im Sächsischen Eisenbahn-Museum Chemnitz-Hilbersdorf. Die Übernahme in das DB-Baureihenschema erlebte 1992 nur noch die Museumsgarnitur 675 014/019 alias 175 014/019, die als Dauerleihgabe des DB-Museums seit 2019 von der eigens gegründeten SVT Görlitz gGmbH mit viel Akribie wieder in den betriebsfähigen Ablieferungszustand zurückversetzt wird.

TECHNISCHE DATEN

Baureihe:	VT 18.6 (ab 1970 DR-175, ab 1992 DB-675)
Verwendungszweck:	Schnelltriebwagen
Antrieb:	dieselhydraulisch
Erstes Baujahr:	1963
Achsfolge:	B'2'+2'2'+2'2''+2'2'+2'2'+B'
Spurweite (mm):	1435
Dienstgewicht (t):	211
Vmax (km/h):	160
Leistung (kW):	2058
Sitzplätze:	122

Baureihe 420 – der Olympiatriebzug

Wohl kaum ein anderes Triebfahrzeug hat den modernen Nahverkehr in Deutschland so nachhaltig geprägt, wie die S-Bahn-Triebzüge der Baureihe 420. Nachdem München 1966 den Zuschlag für die Olympischen Sommerspiele 1972 erhalten hatte, begann man in der bayerischen Landeshauptstadt damit, ein 412 km umfassendes S-Bahn-Netz aufzubauen. Pläne dafür gab es schon 1941 und auch die Deutsche Bundesbahn hatte bereits 1956 eine S-Bahn München in ihren Bedarfsplan aufgenommen. Was jedoch fehlte, war ein dafür passender Zug.

Basierend auf den Erfahrungen mit den seit 1964 im Stuttgarter Vorortverkehr eingesetzten ET 27, wurde mit der Entwicklung eines ebenfalls dreiteiligen Triebzuges begonnen, dessen drei Prototypen 420 001 bis 003 bereits 1969 an die DB übergeben wurden. Am 30. Oktober 1969 fand mit 420 001 die erste Pressefahrt statt; am 27. Februar 1970 konnten sich erstmals auch „normale" Fahrgäste von den Vorzügen der neuen Baureihe überzeugen.

Die 2400 kW starken „Olympia-Triebwagen" verfügten über Allachsantrieb und eine seinerzeit ultramoderne Thyristor-Leistungsübertragung, was im direkten Zusammenspiel für eine enorme Sprintfähigkeit sorgte. Die Höchstgeschwindigkeit von 120 km/h wurde nach nur 44 Sekunden erreicht, sodass auch kurze Halteabstände kein Problem darstellten. Für einen schnellen Fahrgastwechsel waren je Fahrtrichtung 12 Doppelschiebetüren mit Schließautomatik vorhanden. Bei späteren Serien wurden doppelflügelige Schwenktüren verwendet. Durch den Verzicht auf Übergänge zwischen den Einzelwagen erhofften sich die Konstrukteure eine bessere Kanalisierung der Fahrgastströme, was in der Praxis allerdings eher zu ungleichmäßig besetzten bzw. partiell überfüllten Wagen führte. Auch auf den Einbau einer Bordtoilette wurde wegen der prognostizierten mehrheitlichen Kurzstreckennutzung verzichtet. Dank Vielfachsteuerung konnten bis zu drei 420 miteinander gekuppelt werden. Die Wagenkästen wurden in einer verwindungssteifen, selbsttragenden Aluminiumleichtbauweise (Vorserie Stahl) gefertigt. Bis zum Beginn der Spiele wurden insgesamt 120 Garnituren für die S-Bahn München gebaut.

Da sich die 420 bestens bewährten, wurden sie wenig später auch für die anderen im Aufbau befindlichen S-Bahn-Netze in Stuttgart, Rhein/Ruhr und Rhein/Main beschafft, wobei sie in Frankfurt/Main wegen des erst 1978 eröffneten S-Bahn-Tunnels zunächst im normalen Nahverkehr Verwendung fanden. Die fehlenden Bordtoiletten und nicht zuletzt der politische Druck zur Stützung der heimischen Lokomotiv- und Waggonbauindustrie, führten ab 1981 im Rhein-/Ruhrgebiet zur Umstellung des S-Bahn-Verkehrs auf lokbespannte Wendezüge. Erst 2004 kehrten die 420 wieder an Rhein und Ruhr zurück. Von 2004 bis 2014 war auch München „420-freie Zone". Ein Engpass bei der Nachfolgebaureihe führte hier zu einem Comeback der bei Personal und Fahrgästen gleichermaßen beliebten Züge.

Für eine langfristige Weiternutzung wurden 2006 die beiden Triebzüge 420 400 und 416 im Ausbesserungswerk Krefeld-Oppum einem Redesign unterzogen, bei dem unter anderem eine Klimaanlage, eine neue Inneneinrichtung, Fahrgastmonitore und eine LED-Außenbeleuchtung nachgerüstet wurden. Außerdem erhielten die Wagenkästen an den innenliegenden Stirnseiten Sichtfenster. Die beiden plakativ als ET 420plus bezeichneten Fahrzeuge wurden ab April 2006 für zunächst drei Jahre probehalber im Stuttgarter S-Bahn-Netz eingesetzt, wo sie allerdings durch eine hohe Störanfälligkeit auf sich aufmerksam machten. Von der Modernisierung weiterer Fahrzeuge wurde daher abgesehen und die beiden Erprobungsträger schließlich im Januar 2014 ausgemustert. Noch im selben Jahr verloren auch die 420 im Rhein-Main-Gebiet sämtliche Leistungen an modernere Baureihen. 2016 wiederholte sich das gleiche Vorgehen in Stuttgart.

Bis 1997 stellten Deutsche Bundesbahn und Bahn AG in insgesamt acht Lieferserien 480-Garnituren in Dienst. Neben den noch im Einsatz befindlichen Fahrzeugen, werden (Stand März 2024) fünf 420 museal erhalten.

TECHNISCHE DATEN

Baureihe:	BR 132, ab 1992 BR 232 (DR)
Verwendungszweck:	Streckenlokomotive
Antrieb:	dieselelektrisch
Erstes Baujahr:	1973
Achsfolge:	Co'Co'
Spurweite (mm):	1435
Dienstgewicht (t):	122
Vmax (km/h):	100
Leistung (kW):	2200

TECHNISCHE DATEN

Baureihe:	BR 233 (DB)
Verwendungszweck:	Streckenlokomotive
Antrieb:	dieselelektrisch
Erstes Baujahr:	2002 (Umbau)
Achsfolge:	Co'Co'
Spurweite (mm):	1435
Dienstgewicht (t):	124
Vmax (km/h):	100
Leistung (kW):	2200

TECHNISCHE DATEN

Baureihe:	BR 234 (DR)
Verwendungszweck:	Streckenlokomotive
Antrieb:	dieselelektrisch
Erstes Baujahr:	1991 (Umbau)
Achsfolge:	Co'Co'
Spurweite (mm):	1435
Dienstgewicht (t):	122
Vmax (km/h):	140
Leistung (kW):	2200

TECHNISCHE DATEN

Baureihe:	420/421 (DB)
Verwendungszweck:	S-Bahn-Triebzug
Antrieb:	Tatzlager
Erstes Baujahr:	1971
Achsfolge:	Bo'Bo'+Bo'Bo'+Bo'Bo'
Spurweite (mm):	1435
Dienstgewicht (t):	139
Vmax (km/h):	120
Leistung (kW):	2400
Sitzplätze:	194

TECHNISCHE DATEN

Baureihe:	BR 131, (ab 1992 BR 231 (DR))
Verwendungszweck:	Streckenlokomotive
Antrieb:	dieselelektrisch
Erstes Baujahr:	1972
Achsfolge:	Co'Co'
Spurweite (mm):	1435
Dienstgewicht (t):	115
Vmax (km/h):	100
Leistung (kW):	2200

TECHNISCHE DATEN

Baureihe:	BR 241 (DB)
Verwendungszweck:	Streckenlokomotive
Antrieb:	dieselelektrisch
Erstes Baujahr:	1999 (Umbau)
Achsfolge:	Co'Co'
Spurweite (mm):	1435
Dienstgewicht (t):	127
Vmax (km/h):	100
Leistung (kW):	2941

Baureihe 403 – Abschied auf Flughöhe Null

Die für 1971 geplante Einführung des Intercity-Verkehrs sah zunächst den ausschließlichen Betrieb mit 200 km/h schnellen Wagenzügen vor, die im Zweistundentakt die wichtigsten Städte in der Bundesrepublik bedienen sollten. Als Zuglokomotive war die Baureihe 103 vorgesehen. Am 29. September 1968 nahm die DB den IC-Vorlaufbetrieb auf, mit dem sie praktische Erfahrungen für den zukünftigen Taktverkehr sammeln wollte. Zum Einsatz kamen zum Teil überzählige Triebzüge und Wagen des TEE-Verkehrs. Bereits nach wenigen Monaten zeigte sich, dass die Züge zu bestimmten Tageszeiten nur mäßig ausgelastet waren. Eine Zählung der Fahrgäste ergab, dass dafür auch der Einsatz eines kürzeren Triebzuges ausreichend sein würde, sodass die DB 1970 die Lieferung von drei neuen elektrischen Erster-Klasse-Triebzügen in Auftrag gab. Auftragnehmer waren AEG, BBC und Siemens (Elektrik) sowie Linke-Hofmann-Busch, MAN und Messerschmidt-Bölkow-Blohm (Mechanik).

Die Wahl fiel auf einen vierteiligen Triebzug mit Allachsantrieb und der Achsfolge Bo'+Bo'+Bo'+Bo', der sich zahlreiche Baugruppen mit dem gerade in Auslieferung befindlichen S-Bahn-Triebwagen der Baureihe 420 teilte. Insgesamt standen 183 Sitzplätze zur Verfügung, davon 24 im Halbspeisewagen. Durch die temporäre Montage von Esstischen konnten im sich anschließenden Großraumbereich 18 zusätzliche Speiseplätze geschaffen werden.

Um auf nicht modernisierten Strecken mit hohem Tempo fahren zu können, wurden die als Baureihe 403 bezeichneten IC-Triebzüge mit einer gleisbogenabhängigen Wagenkastensteuerung beschafft, die eine um 30 Prozent höhere Kurvengeschwindigkeit erlaubte. Die Wagen konnten um bis zu vier Grad geneigt werden, was jedoch in der Praxis nicht möglich war, da der fest auf dem Dach montierte Stromabnehmer lediglich eine Neigung von zwei Grad zuließ. Dennoch sorgte die Neigetechnik bei vielen Reisenden für Übelkeit, sodass sie später deaktiviert wurde. Die eigens dafür installierte Luftfederung blieb dagegen als Komfortfeature erhalten.

Die Auslieferung der ersten Einheit 403 001 und 002 erfolgte im März 1973, wobei jeder Wagen als eigenständiges Triebfahrzeug behandelt wurde. Die ebenfalls angetriebenen Mittelwagen wurden als Baureihe 404.0 (Großraumwagen) und 404.1 (Halbspeisewagen) bezeichnet. Im April 1973 fanden erste Testfahrten im Raum München statt. Bei Schnellfahrten erreichte der Zug wenig später 225 km/h. Als reguläre Höchstgeschwindigkeit wurden 200 km/h festgelegt. Bis zum Jahresende standen auch die beiden anderen Garnituren zur Verfügung, sodass am 16. April 1974 auf der IC-Linie 4 München – Bremen der Planbetrieb aufgenommen werden konnte. Dank ihrer Gesamtleistung von 3840 kW waren die in Pop-Farben lackierten 403 mühelos in der Lage, den für die 103 berechneten Fahrplan einzuhalten. Dennoch erwiesen sich die Triebzüge im Gesamtkonzept des IC-Verkehrs als unliebsame Exoten, die bei einem Ausfall durch Wagenzüge ersetzt werden mussten. Nachdem zum Sommerfahrplan 1979 ein geplanter Regeleinsatz als TEE „Diamant“ zwischen München und Hamburg nicht zustande kam, wurden die wegen ihrer Frontansicht im Volksmund als

TECHNISCHE DATEN

Baureihe:	403/404 (DB)
Verwendungszweck:	IC-Triebzug
Antrieb:	Gummiring-Kardan
Erstes Baujahr:	1973
Achsfolge:	Bo'Bo'+Bo'Bo'+Bo'Bo'+Bo'Bo'
Spurweite (mm):	1435
Dienstgewicht (t):	235,7
Vmax (km/h):	200
Leistung (kW):	3840
Sitzplätze:	153

„Donald Duck“ bezeichneten Züge zum Bw Hamm umgesetzt, das sie als Sonderzüge und „Notnagel“ im TEE-Verkehr einsetzte.

Als sich die DB bereits mit der Abstellung befasste, signalisierte die Lufthansa überraschend Interesse, die drei äußerst repräsentativen Triebzüge für ein befristetes Experiment anzumieten. Als „Airport Express“ sollten diese zwischen Düsseldorf Hbf und Frankfurt Flughafen durch das Rheintal pendeln und so als Flughafen-Zubringer bzw. Alternative für Inlandsflüge dienen. Bis Februar 1982 wurden alle drei Garnituren bei LHB in Salzgitter in den Produktfarben der Lufthansa lackiert und ab 27. März desselben Jahres probeweise auf Flughöhe Null eingesetzt. Bei den Zugfahrten handelte es sich offiziell um Flüge, die somit auch nicht im DB-Kursbuch standen, sondern nur im Lufthansa-Buchungssystem veröffentlicht wurden. Ab 27. März 1983 starteten die viermal täglich verkehrenden 403 in Düsseldorf Flughafen. Ein Jahr später wurden sie in Düsseldorf beheimatet. Bis zur Einstellung des „Flugverkehrs“ wurden rund 1,5 Millionen Passagiere befördert. Die zurückgehenden Buchungen und die anstehenden Hauptuntersuchungen sorgten schließlich am 22. Mai 1993 für das Ende der eigentlich nur auf ein Jahr befristeten Geschäftsidee. Nur zwei Monate später wurden die 403 außer Dienst gestellt. Alle Garnituren blieben zunächst vollständig erhalten. 2014 konnten 403 001 und 002 dank des Engagements einiger „ET 403-Freunde“ wieder rollfähig aufgearbeitet werden. Die zunächst angedachte betriebsfähige Aufarbeitung eines kompletten Zuges ruht derzeit.

Baureihe 410 – der InterCityExperimental

Nachdem in der zweiten Hälfte der 1960er Jahre die Planungen für den Intercity-Verkehr zu einem erfolgreichen Abschluss gebracht worden waren, reifte in Deutschland der Plan zum Aufbau eines Hochgeschwindigkeitsnetzes, wie es in Japan bereits seit 1964 in Betrieb war. Auch die Politik zeigte sich für dieses Vorhaben offen, zumal der Streckenneubau und die Entwicklung von hochgeschwindigkeitstauglichen Zügen auch die Sicherung und Schaffung von Arbeitsplätzen bedeuteten. Da der Ost-West-Verkehr in den Zeiten des Kalten Krieges planerisch keine Rolle spielte, wurde mit der Neubaustrecke Hannover – Würzburg eine neue Nord-Süd-Verbindung projektiert, die planmäßig mit 250 km/h befahren werden sollte. 1973 erfolgte der erste Spatenstich; 1986 konnten zwischen Burgsinn und Hohe Wart die ersten Schnellfahrten durchgeführt werden.

Für die Entwicklung des Hochgeschwindigkeitsverkehrs hatte das Bundesministerium für Forschung und Entwicklung bereits 1968 umfangreiche Mittel bereitgestellt. 1972 wurde beim BZA Minden der Arbeitskreis Rad/Schiene gebildet, der die Möglichkeiten für die Umsetzung des Hochgeschwindigkeitsverkehrs auf der Schiene erarbeiten sollte. Die Politik favorisierte dagegen die Magnetschnellbahn als Schnellverkehrsträger der Zukunft. Um die Vorteile des Rad/Schiene-Systems demonstrieren zu können, ließ die DB 1973 einen knapp 28 km langen Streckenabschnitt zwischen Gütersloh und Neubeckum für Schnellfahrten ertüchtigen. Im September 1973 erreichte dort ein mit der Baureihe 103 bespannter Versuchszug erstmals eine Geschwindigkeit von 252,9 km/h. Bis 1978 wurden rund 500 Messfahrten durchgeführt, deren Ergebnisse in die Entwicklung eines neuen schienengebundenen Hochgeschwindigkeitszuges einflossen.

Nach dem bereits mehrere Vorschläge aus den Reihen der Industrie an den zu hohen Kosten oder der schlechten Umsetzbarkeit gescheitert waren, wurde 1979 die Forschungsgemeinschaft Rad/Schiene zur besseren Koordinierung ins Leben gerufen, die sich aus Vertretern von DB, Hochschulen und Industrie zusammensetzte. Unter ihrer Federführung wurde noch im selben Jahr ein dreiteiliger Versuchszug gebaut, mit dem erste Tests unter Laborbedingungen stattfanden. Da die Ergebnisse durchaus vielversprechend waren, wurde im Frühjahr 1980 der Bau eines zweiten Erprobungsträgers für den Einsatz unter Realbedingungen beschlossen. Im August 1982 sicherte die DB daraufhin eine Kostenbeteiligung in Höhe von 12 Millionen DM für die Realisierung des Versuchszuges zu, für den erstmals die Bezeichnung ICE (hier für InterCityExperimental) verwendet wurde. An seiner Fertigung waren mehrere Hersteller beteiligt: Die Triebköpfe wurden bei Krupp (410 001) und Thyssen-Henschel (410 002) gebaut. Die integrierten Führerstände stammten von Krauss-Maffei. Für die Montage und Ausrüstung der Mittelwagen waren die Firmen MBB, Duewag und LHB zuständig. Die elektrische Ausrüstung lieferten AEG, BBC und Siemens.

Die als Vorführfahrzeuge gedachten Mittelwagen 810 001 und 002 verfügten über eine unterschiedliche Raumaufteilung: Im Wagen 1 war ein Großraumabteil der ersten Klasse mit 28 Sitzplätzen in Dreierreihen und ein Gesellschaftsraum mit Tisch und Bänken vorhanden. Wagen 2 erhielt ein Großraumabteil der ersten Klasse mit 15 Sitzplätzen und ein Großraumabteil der zweiten Klasse mit 27 Sitzplätzen in Viererreihen. An jedem Wagenende befand sich eine druckdichte Toilette. Im Messwagen 810 003

TECHNISCHE DATEN

Baureihe:	410/810 (DB)
Verwendungszweck:	ICE-Experimentaltriebzug
Antrieb:	Kardangelenk
Erstes Baujahr:	1985
Achsfolge:	Bo'Bo'+2'2'+2'2'2'2'+Bo'Bo'
Spurweite (mm):	1435
Dienstgewicht (t):	299,1
Vmax (km/h):	350/406,90
Leistung (kW):	7280
Sitzplätze:	87

waren eine Küche, ein Raum für die Messtechnik sowie ein kleines Büro untergebracht.

Am 21. Juni 1985 wurde der neue Hochgeschwindigkeitszug von der DB abgenommen. Am 26. September 1985 war er erstmals als fünfteilige Garnitur auf dem Münchner Nordring im Einsatz. Die erste Publikumsfahrt fand am 27. September 1985 zwischen München und Ingolstadt statt. Die weitere Entwicklung verlief Schlag auf Schlag: Bereits am 14. November 1985 touchierte der 7820 kW starke 410 zwischen Gütersloh und Neubeckum erstmals die 300 km/h-Marke; nur zwölf Tage später erreichte er 316 km/h. Damit überbot der 410 den erst im Vorjahr von der Baureihe 120 mit 265 km/h aufgestellten Geschwindigkeits-Weltrekord für Drehstrom-Fahrzeuge mehr als deutlich. Am 1. Mai 1988 stellte er mit 406,9 km/h einen neuen Weltrekord für Schienenfahrzeuge auf, der bis zur 482,4 km/h schnellen Rekordfahrt des TGV Bestand hatte. Anschließend übernahm der Triebzug einige IC-Umläufe zwischen Fulda und Würzburg, um seine Akzeptanz bei den Fahrgästen zu testen. Am 15. Juni 1989 machte der InterCityExperimental schließlich auch als „Staatskarosse" auf sich aufmerksam, als er eine Delegation um den sowjetischen Ministerpräsidenten Michail Gorbatschow im Rahmen seines Staatsbesuches von Bonn nach Dortmund brachte.

Der InterCityExperimental war im Bw Frankfurt 1 beheimatet und übernahm neben der Basiserprobung für den ICE 1, auch Tests und Abnahmefahrten für neue Fahrzeugkompontenten wie beispielsweise Drehgestelle oder Stromabnehmer späterer ICE-Generationen. 1991 erfolgte die Umbennung in ICE-V. Zwei Jahre später wurde er im Bugbereich verändert, um die für die Baureihe 402 vorgesehenen automatisch zu öffnenden Bugklappen und Kupplungen erproben zu können. Am 4. Mai 1998 wurde der 410 nach Fristablauf ausgemustert. 410 001 und 810 001 wurden vor dem FTZ Minden (ehemals BZA Minden) aufgestellt. 410 002 wurde zunächst in München-Freimann hinterstellt und befindet sich seit 2006 im Deutschen Museum München.

Baureihe 401 – der ICE 1

Wie kein anderes Schienenfahrzeug steht der ICE 1 bis heute für den Aufbruch des deutschen Eisenbahnwesens in ein neues Zeitalter, in dem nicht mehr das Reisen selbst, sondern das schnelle Erreichen des Fahrziels im Vordergrund steht. Basierend auf den Erfahrungen mit dem InterCityExperimental, gab die Deutsche Bundesbahn 1989 zunächst 41 der als Baureihe 401 bezeichneten Züge in Auftrag. Eine Absichtserklärung für ihre Beschaffung hatte es bereits 1987 gegeben, doch war eine verbindliche Bestellung seinerzeit an der noch fehlenden Finanzierungszusage des Bundes gescheitert.

An der Fertigung des mit 19.200 kW stärksten deutschen Triebfahrzeugs waren dieselben Hersteller wie beim InterCityExperimental beteiligt. Bereits am 26. September 1989 fand die feierliche Vorstellung des ersten Serientriebkopfes bei Krauss-Maffei in München statt. Die ersten Mittelwagen standen dagegen erst im Juli 1990 für Probefahrten bereit. Da die ICE entgegen der ursprünglichen Planung auch abseits der Hochgeschwindigkeitsstrassen eingesetzt werden sollten, wurden im selben Monat weitere 19 Triebzüge mit Schweiz-Zulassung bestellt.

Die ersten Fahrversuche fanden im Frühjahr 1990 statt. Wegen der noch fehlenden Mittelwagen wurden die Triebköpfe zunächst mit umgebauten älteren Reisezugwagen gekuppelt und vom Aw Opladen aus für Test- und Einstellfahrten im Großraum Rhein/Ruhr eingesetzt. Für Schnellfahrten kamen dagegen zwei miteinander kurzgekuppelte Triebköpfe zum Einsatz, wobei in der Regel 103 222 als Bremslok fungierte. Am 26. Juni 1990 wurde zwischen Würzburg und Fulda erstmals die zukünftige Höchstgeschwindigkeit von 280 km/h erreicht. Im Spätherbst 1990 standen schließlich die ersten dreizehnteiligen Vollzüge für ihre Abnahmefahrt bereit.

Am 29. Mai 1991 wurde mit einer großen ICE-Sternfahrt zum neu gebauten ICE-Bahnhof Kassel-Wilhelmshöhe das Zeitalter des Hochgeschwindigkeitsverkehrs in Deutschland offiziell eröffnet. Die Aufnahme des fahrplanmäßigen Betriebes erfolgte vier Tage später. Die Fahrzeitersparnis betrug zwischen Hamburg und Stuttgart beachtliche zwei Stunden. Dort, wo die ICE abschnittsweise auch normale Strecken mitbenutzten, fiel der Vorsprung naturgemäß deutlich geringer aus. Der Begeisterung für den neuen Hochgeschwindigkeitszug tat das jedoch keinen Abbruch. Innerhalb kürzester Zeit entwickelte sich der ICE 1 zum Synonym für hohes Tempo, kurze Fahrzeiten und überdurchschnittlichen Reisekomfort.

Da viele Triebzüge direkt ab Werk in den Einsatz geschickt wurden, blieben Mängel nicht aus. Vor allem verstopfte Toiletten, blockierte Einstiegstüren und Probleme mit der Steuerelektronik an heißen Tagen stellten die Geduld von Personal und Fahrgästen in den ersten Jahren auf eine harte Probe und boten noch Raum für Verbesserungen. Dennoch fiel die Gesamtbilanz durchaus positiv aus: der ICE 1 gehört bis heute zu den zuverlässigsten

TECHNISCHE DATEN

Baureihe:	401 (DB)
Verwendungszweck:	Hochgeschwindigkeitstriebzug
Antrieb:	Kardanhohlwelle
Erstes Baujahr:	1989
Achsfolge:	Bo'Bo'+…+Bo'Bo'
Spurweite (mm):	1435
Dienstgewicht (t):	77,5 (je Triebkopf)
Vmax (km/h):	280
Leistung (kW):	2 x 4800
Sitzplätze:	557 (mit 10 Mittelwagen)

Triebfahrzeugen der DB. Beheimatet wurden alle Garnituren im eigens errichteten ICE-Werk Hamburg-Eidelstedt.

Zwischen 2005 und 2008 wurden die ICE 1 einem Redesign unterzogen, bei dem durch den Einbau von schlankeren Sitzen die Fahrgastkapazität um rund 10 Prozent erhöht werden konnte. Ein neues Innenraumdesign, Steckdosen am Platz und eine elektronische Sitzplatzanzeige sorgten zudem für eine Anpassung an den Komfortstandard nachfolgender ICE-Generationen. Seit 2020 läuft zudem eine zweite Modernisierungsphase, in der unter anderem ein optimiertes Fahrgastinformationssystem, geräumigere WC-Anlagen, ein Hubtisch für Rollstuhlfahrer und ein neues Kleinkindabteil die Züge fit für die Zukunft machen sollen.

Haupteinsatzgebiet der ICE 1-Flotte ist weiterhin der stark frequentierte Nord-Süd-Verkehr. Dank der Nachrüstung mit dem Zugbeeinflussungssystem European Train Control System (ETCS) sind die über 30 Jahre alten Hightech-Züge inzwischen auch zukunftsfähig auf den neuen Schnellfahrstrecken Halle/Leipzig – Erfurt und Erfurt – München einsetzbar.

Baureihe 610 – der deutsche Pendolino

Während eine nachträgliche Heraufsetzung der Streckenhöchstgeschwindigkeit vor Erfindung der Neigezugtechnik nur durch eine Veränderung der natürlichen Topografie erreicht werden konnte, ermöglicht die gleisbogenabhängige Wagenkastensteuerung ein höheres Tempo allein durch technische Veränderungen am Fahrzeug. Spätestens seit dem Siegeszug des Individualverkehrs und dem damit verbundenen Ausbau des Schnellstraßennetzes, beschäftigten sich auch die Verantwortlichen von DB und Fahrzeugindustrie mit der Frage, wie sie den Eisenbahnverkehr möglichst kostengünstig beschleunigen konnten.

Der vor allem durch seinen Schienenzeppelin bekannt gewordene deutsche Ingenieur Franz Kruckenberg hatte bereits 1928 ein aktives hydraulisches Neigezugsystem mit selbsttätiger Regelung zum Patent angemeldet. Und auch in den USA beschäftigten sich Ingenieure seit 1941 mit der Entwicklung einer passiven Neigetechnik. Nach dem Krieg führte man ebenso in Frankreich, Großbritannien, Italien, Schweden und Spanien entsprechende Versuche durch.

Um auch selbst entsprechende Praxiserfahrungen zu sammeln, ließ die DB zwischen 1969 und 1972 insgesamt zehn Dieseltriebzüge der Baureihe 624 mit einer gleisbogenabhängigen Luftfederung nachrüsten. Eine weiterentwickelte Version wurde wenig später bei den neu beschafften IC-Triebzügen 403 und den Prototypen der Baureihe 614 verwendet, die allerdings wegen gesundheitlicher Beschwerden der Fahrgäste wieder abgeschaltet werden musste. Das Thema Neigezug war damit bei der DB erst einmal „vom Tisch".

Erst mit der geplanten Einführung des Regionalschnellbahn-Verkehrs (RSB) auf der kurvenreichen Strecke von Nürnberg nach Hof, rückte die gleisbogenabhängige Wagenkastensteuerung Mitte der 1980er Jahre wieder in den Fokus der DB-Verkehrsplaner. Da jedoch die deutschen Fahrzeughersteller die Technik nicht weiterverfolgt hatten, kam hierfür allerdings nur ein ausländisches System infrage. Im Jahr 1987 entschloss sich die DB somit, für ihren in der Planungsphase befindlichen neuen Dieseltriebwagen der Baureihe 610 auf die bereits bewährte Pendolino-Technik des italienischen Anbieters Fiat zu setzen. Nachdem 1988 die Testfahrten mit einem italienischen Zug äußerst zufriedenstellend verlaufen waren, wurde umgehend ein entsprechender Vertrag über die Lieferung von Fiat-Neigetechnik und -Drehgestelle vereinbart. Am 20. April 1989 wurde eine erste Serie von zehn Fahrzeugen in Auftrag gegeben, für deren Entwicklung und Bau die Firmen MAN (mechanischer Teil) und Siemens (elektrischer Teil) als Generalunternehmer verantwortlich waren. Die Firmen Duewag und MBB (Mechanik) sowie ABB und AEG (Elektrik) fungierten als Subauftragnehmer.

TECHNISCHE DATEN	
Baureihe:	610 (DB)
Verwendungszweck:	Regionalverkehrstriebzug
Antrieb:	Gummiring-Kardan
Erstes Baujahr:	1992
Achsfolge:	2'(A1)'+(1A)'(A1)'
Spurweite (mm):	1435
Dienstgewicht (t):	47,9
Vmax (km/h):	160
Leistung (kW):	970
Sitzplätze:	136

Am 31. Mai 1992 nahmen die von der DB offiziell als NeiTech-Fahrzeuge bezeichneten 610 den RSB-Verkehr zwischen Nürnberg und Hof auf. Eine zweite Lieferserie folgte nur ein Jahr später. Die zweiteiligen, stark an die Baureihe 628 angelehnten Schnelltriebwagen erreichten eine Höchstgeschwindigkeit von 160 km/h und reduzierten die Fahrzeiten zwischen Nürnberg und Bayreuth um 23 Minuten und zwischen Nürnberg und Hof sogar um 30 Minuten. Da die 2 x 485 kW starken Neigezüge die in sie gesetzten Erwartungen mehr als erfüllten, kamen sie mit Einführung des Sommerfahrplans 1993 auch nach Schwandorf und Weiden zum Einsatz. Die Fahrzeugbeschaffung und der Aufbau der RSB-Infrastruktur war vom Land Bayern aus Ausgleichsmitteln für die gescheiterte Wiederaufarbeitungsanlage Wackersdorf gefördert worden.

Die 610 bewährten sich im Betriebsalltag ausgezeichnet. Auch die Neigetechnik stieß bei den Fahrgästen auf eine große Akzeptanz. Trotzdem wurde auf eine zunächst geplante Folgebeschaffung verzichtet, da von der Politik die Entwicklung eines Fahrzeugs mit deutscher Neigetechnik gewünscht wurde. Dieses wurde 1995 mit der Baureihe 611 realisiert, deren unausgereifte elektrische Wagenkastensteuerung allerdings für eine hohe Störanfälligkeit sorgte. Ernsthafte Probleme tauchten bei der Fiat-Technik dagegen erst im Jahr 2000 auf, als Risse an der Aufhängung der Schlingerdämpfer zu einer einjährigen Außerbetriebsetzung führten. Nach der Instandsetzung kehrten die Triebwagen ab 2001 wieder in den Plandienst zurück. Im Mai 2007 hatten die 610 bereits über 70 Millionen Kilometer zurückgelegt. Dennoch neigte sich ihr Einsatz buchstäblich dem Ende zu. Mit der von 1998 bis 2003 erfolgten Auslieferung der Baureihe 612, verloren die 610 immer mehr Leistungen an die neuen Neigezüge von ADtranz. Nachdem sich auch die Ersatzteilversorgung als problembehaftet erwiesen hatte, wurden die Baureihe 610 im Dezember 2014 außer Dienst gestellt. 610 011 wurde zum DB Museum Koblenz überführt; 610 012 konnte von der IG Dampflok Nossen übernommen werden. Alle anderen Triebwagen wurden verschrottet.

Baureihe 670 – Doppeldeckerbus auf Schienen

Für viel Aufmerksamkeit sorgte 1994 der von der Deutschen Waggonbau AG vorgestellte Triebwagen 670 000, bei dem man erstmals die Leichtbauweise eines Schienenomnibusses mit dem Raumangebot eines Doppelstockwagens miteinander kombiniert hatte. Ideengeber war der damalige DB-Vorstandsvorsitzende Heinz Dürr, der für einen wirtschaftlicheren Nahverkehr einen kostengünstigen, aber dennoch innovativen Triebwagen mit einer hohen Beförderungskapazität angeregt hatte. Der von einem 250 kW starken MTU-Motor mit hydromechanischer Kraftübertragung angetriebene 670 erreichte eine Höchstgeschwindigkeit von 100 km/h und verfügte über insgesamt 78 Sitz- und 32 Stehplätze. Eine serienmäßige Klimaanlage aus dem Omnibusbau sollte ebenso zum guten Komforteindruck beitragen, wie die mit Stoff bezogenen Einzelsitze oder die beiden großzügig dimensionierten Wendeltreppen zwischen den Etagen. Als Manko wurden dagegen die fehlende Toilette sowie das polternde zweiachsige Fahrwerk bemängelt.

Die DB beschaffte 1996 fünf Fahrzeuge, die sie als 670 001 bis 005 in Dienst stellte. 670 006 wurde dagegen auf Rechnung des Herstellers gebaut und der DB für den Betriebseinsatz zur Verfügung gestellt. Da die Triebwagen in Puncto Festigkeit und Zug-/Stoßeinrichtungen nicht den Bestimmungen der Eisenbahnbau- und Betriebsordnung entsprachen, durften sie nur im artreinen Streckenbetrieb eingesetzt werden, wobei ein Verkehr „von Prellbock zu Prellbock" angestrebt wurde.

Der Einsatz der sechs Serienfahrzeuge erfolgte ab Juli 1996 zunächst auf den Strecken Weimar – Kranichfeld und Bullay – Traben-Trabach. Später kamen noch die Strecken Trier – Perl sowie Stendal – Tangermünde hinzu. Obwohl die Triebwagen bei den Fahrgästen sehr beliebt waren, erwiesen sie sich als wenig zuverlässig. Ausfälle waren fast an der Tagesordnung, sodass die Länder Rheinland-Pfalz und Thüringen weitere Einsätze ablehnten. Lediglich zwischen Stendal und Tangermünde konnten sich die Triebwagen noch bis März 2003 behaupten. Die DB gab daraufhin alle 670 an den Hersteller zurück, der sie instand setzte und an Privatbahnen weiterverkaufte: 670 001, 003 und 004 kamen 2003 zur Prignitzer Eisenbahn GmbH, die sie außerhalb der Prignitz auch auf der von ihr betriebenen Regionalbahnstrecke Duisburg-Ruhrort – Oberhausen Hbf einsetzte. 670 002 (nicht betriebsfähig), 005 und 006 wurden von der Dessauer Verkehrs- und Eisenbahngesellschaft übernommen und zwischen Dessau und Wörlitz eingesetzt. Heute ist mit dem im Jahr 2023 hauptuntersuchten 670 006 „Fürstin Louise" lediglich ein Fahrzeug betriebsbereit.

TECHNISCHE DATEN

Baureihe:	670 (DB)
Verwendungszweck:	Nahverkehrstriebwagen
Antrieb:	hydromechanisch
Erstes Baujahr:	1996
Achsfolge:	1'A'
Spurweite (mm):	1435
Dienstgewicht (t):	34,25
Vmax (km/h):	100
Leistung (kW):	250
Sitzplätze:	78

Regio-Shuttle RS 1 – Erfolg auf der Privatbahn

Der ab 1996 zunächst von ADtranz angebotene Regio-Shuttle RS 1 ist mit 697 Fahrzeugen der bis heute kommerziell erfolgreichste deutsche Privatbahntriebwagen. Entwickelt wurde er 1994 vom Forschungsinstitut für Schienenfahrzeuge VÚKV in Prag speziell für den Regionalverkehr auf nicht elektrifizierten Haupt- und Nebenstrecken mit kurzen bis mittleren Haltestellenabständen. Entsprechend dem Kundenwunsch waren ab Werk sowohl normale Stoß- und Zugvorrichtungen als auch Mittelpufferkupplungen erhältlich. Der RS 1 ist als regelspuriges Vollbahnfahrzeug nach UIC-Norm zertifiziert und kann somit auch als Schlepptriebwagen eingesetzt werden.

TECHNISCHE DATEN

Baureihe:	Stadler Regio-Shuttle RS1
Verwendungszweck:	Nahverkehrstriebwagen
Antrieb:	hydrodynamisch
Erstes Baujahr:	1996
Achsfolge:	B'B'
Spurweite (mm):	1435
Dienstgewicht (t):	40
Vmax (km/h):	120
Leistung (kW):	456-530
Sitzplätze:	71-101

Zudem war auch eine Zulassung nach BOStrab möglich, womit er auch auf Straßenbahninfrastruktur eingesetzt werden kann, wie dies zum Beispiel von der Vogtlandbahn in Zwickau praktiziert wird. Für die Bedienung von Strecken mit niedrigen Bahnsteighöhen verfügt der Triebwagen über niederflurige Einstiege mit einem automatisch ausfahrenden Trittschutz. Ein vollklimatisierter Innenraum, moderne Fahrgastinformationssysteme innen und außen sowie eine behindertengerechte Bordtoilette sorgten bei Inbetriebnahme auf den meisten Nebenstrecken für einen bis dahin nicht gekannten Komfort.

Der Triebwagen verfügt an jedem seiner beiden Drehgestelle über ein komplettes Antriebssystem mit einer Leistung von jeweils 228 bis 275 kW. Als Motorenhersteller konnte bei der Bestellung zwischen IVECO und MAN gewählt werden. Je nach verwendeter Vielfachsteuerung können zwischen drei und fünf Triebwagen zu einem Zugverband zusammengestellt werden.

In Deutschland war der später von Stadler Rail angebotene Regio-Shutte RS 1 in seiner Hochzeit zeitgleich bei über 20 Eisenbahnverkehrsunternehmen im Einsatz. Darunter auch bei der DB AG, die ab 1999 insgesamt 80 Exemplare als Baureihe 650 in Dienst gestellt hat. Auch die tschechische Staatsbahn ČD führt inzwischen 49 RS 1 in ihrem Bestand, die sie zwischen 2020 und 2023 über einen Zwischenhändler von deutschen Privatbahnen übernommen hat.

Parallel zum RS 1 wurden vom Hersteller auch eine zweiteilige (RS 2) und eine dreiteilige (RS 3) Version sowie ein Beiwagen angeboten. Aufgrund der fehlenden Nachfrage wurde jedoch auf ihre Realisierung verzichtet.

Alstom Coradia iLint – der erste Wasserstofftriebwagen der Welt

Mit dem erstmalig auf der Messe Innotrans 2016 in Berlin vorgestellten Coradia iLint betrat Alstom absolutes Neuland. Als erster Hersteller von Schienenfahrzeugen hatte das französische Unternehmen unter Federführung ihrer Kompetenzzentren Salzgitter (Deutschland) und Tarbes (Frankreich) den weltweit ersten Wasserstofftriebwagen zur Serienreife entwickelt, der bereits zwei Jahre später in Norddeutschland die planmäßige Beförderung von Fahrgästen übernahm.

Der lediglich Kondenswasser und Wasserdampf emittierende Zug wird mit einer Wasserstoff-Brennstoffzelle betrieben, die elektrische Energie für den Antrieb erzeugt. Der iLint zeichnet sich durch die Kombination verschiedener innovativer Konzepte aus: saubere Energieumwandlung, flexible Energiespeicherung in Batterien sowie smartes Management von Antriebskraft und verfügbarer Energie. Gezielt entwickelt für den Einsatz auf nicht-elektrifizierten Strecken, ermöglicht er einen sauberen, nachhaltigen Zugbetrieb unter Beibehaltung einer hohen Leistung. Die technische Basis bildet ein konventioneller Lint von Alstom. Die Brennstoffzelle verfügt über eine Leistung von 2 x 200 kW und generiert eine Antriebsleistung von 544 kW. Als Höchstgeschwindigkeit werden 120 km/ erreicht. Abhängig von der gefahrenen Geschwindigkeit, der Beladung und dem Zustand der Schienen, sind Reichweiten mit einer Tankfüllung zwischen 600 und 1000 km möglich.

Für ein Pilotprojekt beschaffte die Landesnahverkehrsgesellschaft Niedersachsen mbH ab 2018 insgesamt 14 Triebwagen, die auf den Strecken der Eisenbahn- und Verkehrsbetriebe Elbe-Weser (EVB) rund um Bremervörde eingesetzt werden. Das gesamte iLint-Projekt hatte ein Auftragsvolumen von über 93 Millionen Euro und diente nicht nur als Wegbereiter für eine neue, umweltschonende Technologie, sondern war auch als Stärkung der heimischen Wirtschaft gedacht.

TECHNISCHE DATEN

Baureihe:	Alstom Coradia iLint
Verwendungszweck:	Nahverkehrstriebwagen
Antrieb:	elektrisch (Brennstoffzelle)
Erstes Baujahr:	2016
Achsfolge:	B'2'+2'B'
Spurweite (mm):	1435
Dienstgewicht (t):	119
Vmax (km/h):	120
Leistung (kW):	2 x 367
Sitzplätze:	155

Triebfahrzeuge aus aller Welt

Als der britische Ingenieur Richard Trevithick im Jahr 1804 die erste Dampflokomotive der Welt in Betrieb nahm, ahnte sicherlich noch niemand, dass die neue Technik eine Schlüsselrolle bei der weltweiten Industrialisierung spielen würde. Bereits 1825 wurde in England die erste öffentliche Eisenbahn der Welt eröffnet, die neben Gütern, auch die Beförderung von Personen übernahm. Die Stockton and Darlington Railroad bildete die technische Keimzelle für ein weltweit umfassendes Schienennetz, das schließlich zum Motor für Wohlstand und einen bis dahin nicht für möglich gehaltenen wirtschaftlichen Aufschwung wurde. Wie keine Erfindung zuvor, veränderte die Eisenbahn das Bewusstsein für Entfernung und Zeit und wirkte zudem als Katalysator für die Entwicklung der Schwerindustrie.

Mit dem industriellen Aufschwung stiegen auch die Anforderungen an die Eisenbahn kontinuierlich an, so dass immer stärkere und leistungsfähigere Lokomotiven und Wagen entwickelt wurden. Stand zunächst ausschließlich die Dampflokomotive als Zugpferd zur Verfügung, setzte man zu Beginn des 20. Jahrhunderts vor allem in der Schweiz erstmals auf elektrisch betriebene Bahnen, die nicht nur weniger personalintensiv waren, sondern dank der Nutzung der regional vorhandenen Wasserkraft zur Stromerzeugung auch ungleich wirtschaftlicher waren. In den 1940er Jahren setzte schließlich in den USA die Verdieselung ein, womit erstmals große Distanzen planmäßig „dampffrei" bewältigt wurden.

Schon bald stand nicht nur der Transport und die Überbrückung von Entfernungen im Vordergrund des Bahnfahrens, sondern auch die Reduzierung der Fahrzeiten. Nachdem die „Fliegenden Züge" in Deutschland bereits 1933 die Ära des Schienenschnellverkehrs eingeläutet hatten, tat sich in den 1960er Jahren vor allem Japan bei der Entwicklung von Hochgeschwindigkeitszügen hervor. Der Shinkansen genannte Rapidzug setzte 1964 neue Maßstäbe für Geschwindigkeit und Pünktlichkeit und wurde schnell zum Vorbild für Hochgeschwindigkeitszüge weltweit. Die aktuell sich noch in der Versuchsphase befindende Shinkansen-Baureihe L0 stellt mit seiner Magnetbahn-Technologie (Maglev) einen weiteren revolutionären Schritt dar. Mit Geschwindigkeiten von bis zu 603 km/h könnte der L0 in Zukunft neue Maßstäbe für den internationalen Hochgeschwindigkeitsverkehr setzen und damit die klassische Rad-Schiene-Technik in Frage stellen.

kkStB Reihe 310 – der Stolz der kaiserlich-königlichen Staatsbahnen

Die zwischen 1911 und 1916 von den kaiserlich-königlichen österreichischen Staatsbahnen (kkStB) für den Schnellzugverkehr beschaffte Baureihe 310 gehört zweifellos zu den elegantesten Dampflokomotiven ihrer Zeit. Obwohl als Flaggschiff der kkStB konzipiert, galten für ihre Konstruktion enge Vorgaben: So sah ihr Lastenheft eine Achslast von lediglich 14,5 t und eine Befahrbarkeit aller gängiger Drehscheiben vor, weshalb sie mit einer Länge über Puffer von 21,40 m vergleichsweise kompakt ausfiel. Hinzu kam, dass sie auch für die Verfeuerung von minderwertiger Kohle geeignet sein sollte, was eine besonders große Rostfläche erforderlich machte. Als Weiterentwicklung der Reihe 210 stellte Chefkonstrukteur Karl Gölsdorf mit der 310 eine beeindruckende 1'C2'-Schlepptenderlokomotive auf die Schienen, deren Herzstück ein modernes Heißdampf-Vierzylinder-Verbundtriebwerk mit einer Leistung von rund 1300 kW war. Trotz der für damalige Verhältnisse großzügig bemessenen Leistung, blieben die 310 wegen ihrer schwergängigen Steuerung auf den Schnellzugdienst im Flachland beschränkt, was einen freizügigen Betrieb im gesamten Kaiserreich unmöglich machte. Haupteinsatzgebiete der hochrädrigen Edelrenner waren somit die Nordbahn, die Franz-Josefs-Bahn und die Westbahn.

Gebaut wurden die insgesamt 90 Maschinen von der Lokomotivfabrik Floridsdorf, der Wiener Neustädter Lokomotivfabrik, der Böhmisch-Mährischen Maschinenfabrik, der Lokomotivfabrik der StEG sowie der böhmischen Lokomotivfabrik Breitfeld & Daněk.

Mit Gründung der BBÖ verblieben 1918 lediglich 43 Lokomotiven auf österreichischem Staatsgebiet, 35 Maschinen wurden als Reihe 375.0 bei der tschechoslowakischen ČSD und 12 Exemplare als Reihe Pn12 bei der polnischen PKP eingereiht.

Nach der deutschen Annexion Österreichs 1938 und der Besetzung Polens ein Jahr später, erfolgte durch die Deutsche Reichsbahn die Umzeichnung in Baureihe 16. Diese Bezeichnung wurde nach dem Krieg von den in ÖBB umbenannten Österreichischen Bundesbahnen übernommen. Aufgrund ihrer wartungsintensiven Konstruktion musterte die ČSD ihre Maschinen bereits 1950 aus. 1957 endete auch der Einsatz bei den ÖBB. Bereits ein Jahr zuvor hatte man 16.08 als Museumsexponat vor dem Technischen Museum Wien aufgestellt. Unter ihrer ursprünglichen Betriebsnummer 310.23 wurde diese Maschine zwischen 1985 und 1987 für das 150-jährige österreichische Eisenbahnjubiläum wieder betriebsfähig aufgearbeitet und fortan für Nostalgiefahrten eingesetzt. Die ehemalige ČSD 375.007 befindet sich heute im Technischen Nationalmuseum in Prag.

TECHNISCHE DATEN

Baureihe:	310 (ÖBB)
Verwendungszweck:	Schnellzuglokomotive
Treibraddurchmesser (mm):	1950
Erstes Baujahr:	11911
Achsfolge:	1'C2'
Spurweite (mm):	1435
Dienstgewicht (t):	86
Vmax (km/h):	100
Leistung (PSi):	1800

FS Baureihe 685 – Italienischer Chic

Die zwischen 1912 und 1927 in Dienst gestellte Baureihe 685 der FS war mit 391 Exemplaren die meist gebaute Schnellzugdampflokomotive Italiens. Konstruktiv auf der Vierzylinder-Verbund-Nassdampflokomotive FS 680 basierend, verfügte die für den leichten Schnellzugdienst konzipierte FS 685 allerdings nur über ein Vierzylinder-Heißdampftriebwerk mit einfacher Dampfdehnung. Gebaut wurden die drei ersten Lieferserien von der Mailänder Maschinenfabrik Breda; für die vierte zeichneten sich Officine Meccaniche Italiane sowie Officine Meccaniche Napoli verantwortlich. Eine fünfte, dreißig Maschinen umfassende Serie mit Caprotti-Ventilsteuerung wurde 1926/27 bei Officine Meccaniche Mailand und Saronno gebaut und zunächst als eigenständige Baureihe FS 686 eingereiht. Erst 1930 erfolgte ihre Umzeichnung in FS 685.955 bis 984.

Haupteinsatzgebiete der sehr elegant wirkenden 1'C1'-Maschinen waren die Flachlandstrecken in Mittel- und Oberitalien. Ab 1935 übernahmen die FS 685 von Catania und Palermo aus auch die Bespannung von Schnellzügen nach Messina und Palermo. Mit der Elektrifizierung der letzten Hauptstrecken in der Po-Ebene wurden sie mehr und mehr in den Nebenbahndienst verdrängt. Letzte planmäßig eingesetzte Lokomotiven waren die in Udine beheimatete FS 685.196, die bis 1974 für einen täglichen Personenzug zwischen Udine und Cervignano vorgehalten wurde sowie FS 685.222, die am 20. Januar 1975 ihren letzten Einsatz vor einem Güterzug von Cremona nach Codogno absolvierte. Erhalten geblieben sind mit FS 685.068, 685.089, 685.600 (Umbau aus 680.100), 685.196, 685.222 insgesamt fünf Maschinen; 685.089 und 196 zeitweise sogar betriebsfähig.

TECHNISCHE DATEN

Baureihe:	685 (FS)
Verwendungszweck:	Schnellzuglokomotive
Treibraddurchmesser (mm):	1850
Erstes Baujahr:	1912
Achsfolge:	1'C1'
Spurweite (mm):	1435
Dienstgewicht (t):	72,7
Vmax (km/h):	120
Leistung (PSi):	1250

SZD Baureihe E – die meistgebaute Dampflok der Welt

Die Dampflokomotiven der Baureihe E wurden ab 1912 für mehrere Bahngesellschaften des Russischen Zarenreichs gebaut und später von der Sowjetischen Eisenbahn (SZD) in atemberaubenden Stückzahlen weiterbeschafft.

TECHNISCHE DATEN

Baureihe:	E (SZD)
Verwendungszweck:	Güterzuglokomotive
Treibraddurchmesser (mm):	1320
Erstes Baujahr:	1912
Achsfolge:	1'E'
Spurweite (mm):	1524
Dienstgewicht (t):	85,6
Vmax (km/h):	65
Leistung (PSi):	1300

Die 955 kW starken D-Kuppler, die bis 1957 in verschiedenen Konfigurationen gebaut wurden, gelten mit rund 11.000 Einheiten als die meistgebaute Dampflokomotivbaureihe der Welt.

Mit ihrer geringen Achslast von anfänglich 16,2 t (spätere Bauserien auch 17,5 t) waren die ab 1915 in Großserie gebauten E freizügig im gesamten Land einsetzbar und somit auch auf Strecken mit leichtem Oberbau zu verwenden. Bereits 1923 hatten mehr als 2800 Maschinen die Fabrikhallen verlassen. Da der enorme Bedarf nicht allein durch die heimische Lokomotivindustrie gedeckt werden konnte, wurden einige Baulose sogar an Hersteller in Deutschland und Schweden vergeben. Bis zu ihrem Fertigungsende wurde die Baureihe kontinuierlich optimiert und dem technischen Fortschritt angepasst.

SBB Ce 6/8 II und III – das schweizerische Krokodil

Für den schweren Güterzugdienst auf der Gotthardstrecke beschafften die Schweizerischen Bundesbahnen (SBB) zwischen 1919 und 1926 insgesamt 51 elektrische Gelenklokomotiven der Baureihen Ce 6/8 II und III, die wegen ihrer langen Vorbauten und ihres dreiteiligen Lokomotivkastens schnell den Spitznamen „Krokodil“ erhielten.

Da der Prototyp Ce 6/8 I noch über einen starren Lokomotivkasten mit Endführerständen verfügte, zeigte sich auf den ersten Versuchsfahrten bereits sehr schnell, dass die geforderte Kurvengängigkeit nur von einer Gelenklokomotive zu erreichen war. Aus diesem Grund wurden die drei noch zur Auslieferung anstehenden Vorserienmaschinen mit einem beweglichen Aufbau und Fahrwerk ausgeführt und mit einem gegenüber dem Schrägstangenantrieb der Ce 6/8 I deutlich leistungsfähigeren Blindwellenantrieb versehen. Durch die Segmentbauweise konnten die Maschinen trotz ihrer stattlichen Länge von 20 m einen Radius von nur 150 m durchfahren, was sie auch für die Bedienung elektrifizierter Anschluss- und Nebengleise tauglich machte. Die eigentliche Besonderheit der E-Lok-Riesen war jedoch ihr auf beiden Fahrwerksgruppen ruhender Mittelteil, der weder Zug- noch Stoßkräfte übertragen musste und somit quasi über den Schienen „schwebte“. Neben dem Führerhaus nahm der stoßgeschützte Mittelteil auch den Transformator inklusive der beiden Stufenschalter, den Hauptschalter, eine rotierende Umformergruppe und die Ventilatoren für die Trafokühlung auf. Zudem waren auf dem Dach die beiden Stromabnehmer montiert.

In Anlehnung an die ebenfalls gelenkig ausgeführten SBB-Mallet-Dampflokomotiven wurden die drei ersten Krokodile zunächst als Fc 2x3/4 eingereiht, was wenig später in Fc 6/8 geändert wurde. Mit Auslieferung der ersten sieben Serienmaschinen wurde die Baureihe in Ce 6/8 II umbenannt, wobei das „C“ für die Höchstgeschwindigkeitsgruppe, das „e“ für den elektrischen Antrieb und die Zahlenkombination für die angetriebenen/vorhandenen Achsen stand. Die Beheimatung der Ce 6/8 II erfolgte zunächst im Depot Erstfeld, wo sie sowohl im Güter- als auch im Personenzugdienst eingesetzt wurden. Da sich die Krokodile nach einigen Anlaufschwierigkeiten sehr gut bewährten, folgten bis 1921 weitere 30 Ce 6/8 II. Die 1800 kW starken Maschinen erreichten eine Höchstgeschwindigkeit von 65 km/h, was sie auch für den Schnellzugdienst interessant machte. Während ein von zwei

Dampflokomotiven gezogener 320 t schwerer Schnellzug bergauf mit maximal 40 km/h verkehren konnte, schaffte dies ein Krokodil im Alleingang. Aufgrund dieser Überlegenheit reifte bei den SBB schon bald der Entschluss, eine für den gemischten Gebirgs- und Flachlandverkehr zweite Krokodil-Generation auf die Schienen zu stellen. Die 1925/26 in einer Stückzahl von 18 Maschinen in Dienst gestellten Ce 6/8 III basierten elektrisch auf den letztgebauten Ce 6/8 II 12466 bis 12483; erhielten mechanisch allerdings den von der Prototypmaschine Ce 6/8 I bekannten einfacheren SLM-Schrägstangenantrieb, der mit zunehmendem Alter durch Stangenbrüche die eine oder andere Maschine außer Gefecht setzen sollte.

Aufgrund des extrem hohen Schmierstoffverbrauchs von 20 bis 30 Liter pro Einsatztag, waren die Krokodile zusätzlich mit einem Lokführergehilfen besetzt, der ähnlich einem Heizer, für die umfangreichen Schmier- und Wartungsarbeiten in den Wendepausen zuständig war. Später wurde ein Teil der Lokomotiven auf Fettschmierung umgestellt, was die Wartung spürbar vereinfachte. Durch den harten Dauereinsatz am Gotthard zeigten die ersten Krokodile nach etwa 20 Einsatzjahren erste Ausfallerscheinungen, sodass die Loks 12451 bis 12265 remotorisiert und für Tempo 75 km/h zugelassen wurden. Hiermit verbunden war auch die Umzeichnung in Be 6/8 II 13251 bis 13265.

Obwohl die Krokodile als die klassischen Gotthard-Maschinen galten, waren sie im Laufe ihrer über 60 Dienstjahre auf nahezu allen SBB-Strecken im Einsatz, wobei sie regelmäßig auch in die Grenzbahnhöfe der benachbarten Staatsbahnen kamen. Nachdem bereits 1965 mit Ce 6/8 I 14266 die erste Lok außer Dienst gestellt wurde, beendete 1982 der letzte Planeinsatz von Schwesterlok 14282 das Zeitalter der SBB-Krokodile. Insgesamt neun Maschinen sind für die Nachwelt erhalten geblieben.

TECHNISCHE DATEN

Lok:	Ce 6/8 II (SBB)	Ce 6/8 III (SBB)
Verwendungszweck:	Güterzuglokomotive	
Antrieb:	Blindwellenantrieb	SLM-Schrägstangenantrieb
Erstes Baujahr:	1919	1925
Achsfolge:	(1'C)(C1')	(1'C)(C1')
Spurweite (mm):	1435	1435
Dienstgewicht (t):	128	131
Vmax (km/h):	65	65
Leistung (kW):	1800	1760

PKP Baureihe OK 22 – die optimierte P8

Die ersten fünf OK 22 der PKP entstanden 1923 bei Hanomag in enger Zusammenarbeit mit polnischen Ingenieuren als verbesserte Version der preußischen P8. Während das Laufwerk unverändert von der preußischen Lokomotivlegende übernommen wurde, erhielten die PKP-Maschinen für die Verfeuerung minderwertigerer Steinkohle eine deutlich größere Rostfläche sowie einen leistungsfähigeren Kessel.

Bis 1934 fertigte der polnische Hersteller Fablok weitere 185 Exemplare der OK 22, die analog zum preußischen Vorbild vorrangig im Personenzugdienst eingesetzt wurden. Anfang der 1980er Jahre wurden die letzten Exemplare ausgemustert. Die im Bahnbetriebswerk Wolsztyn beheimatete OK 22-31 erhielt im Sommer 1987 eine Hauptuntersuchung, um als touristisches Zugpferd wieder in den Plandienst zurückzukehren. Am 2. Mai 2009 wurde auch sie abgestellt. Darüber hinaus blieb mit OK 22-23 eine weitere Maschine museal erhalten.

TECHNISCHE DATEN

Baureihe:	OK 22 (PKP)
Verwendungszweck:	Personenzuglokomotive
reibraddurchmesser(mm):	1750
Erstes Baujahr:	1923
Achsfolge:	2'C'
Spurweite (mm):	1435
Dienstgewicht (t):	78,9
Vmax (km/h):	100
Leistung (PSi):	1340

SNCF Baureihe 241 A – Europas erste Mountain-Lok

Für die Beförderung der durch die Umstellung von Holz- auf Stahlwagenkästen schwerer gewordenen Schnellzüge, benötigte die französische Ostbahn zu Beginn der 1920er-Jahre dringend eine leistungsfähigere Schnellzugbaureihe. Da die bislang eingesetzten Pacific-Lokomotiven weder über die erforderliche Leistung noch über genügend Reibungsmasse verfügten, fiel die Wahl 1924 auf eine Verbundlokomotive mit vier Treibachsen, wodurch die geforderte Achslast von 18,7 t eingehalten werden konnte. Der Prototyp wurde in der bahneigenen Werkstatt in Épernay gebaut und als Est 41.001 in Dienst gestellt. Bereits im Januar 1925 wurde die Maschine auf den Hauptstrecken Paris – Strasbourg und Paris – Mulhouse einem umfangreichen Testprogramm unterzogen, wobei sie zwar grundsätzlich zu überzeugen wusste, aber dennoch viel Raum für Verbesserungen ließ. So zeigte sich, dass nicht nur die Verdampfungsleistung zu gering, sondern auch die Dampfleitungen zu klein bemessen waren. Der zulässige Kesseldruck wurde daher von 16 auf 17 bar erhöht, die Dampfleitungen vergrößert und Niederdruckzylinder mit einem größeren Querschnitt versehen. Zudem wurden die Treibstangen verstärkt, um die um rund 30 Prozent gestiegene Leistung auf die Schienen zu bringen.

Bei den von 1930 bis 1934 gebauten Serienlokomotiven wurden weitere Optimierungen vorgenommen. So wurde nicht nur die Verdampfungsheizfläche vergrößert, sondern auch der maximale Kesseldruck auf 20 bar angehoben und die Achslast auf 19,7 t erhöht. Weitere Verbesserungen betrafen die Kolbenstangen der Hochdruckzylinder, den Achsstand, die Besandungsanlage, die Rauchkammer, den Kamin sowie die Windleitbleche.

Zwischen Mai 1931 und Februar 1932 stellte die Ostbahn mit 241.002 bis 041 insgesamt 40 Maschinen in Dienst, die in zwei Baulosen bei Fives-Lille und der Société française de constructions mécaniques (SFCM) gebaut wurden. Die wegen ihrer Achsfolge 2'D1' auch als „Mountains" bezeichneten Schnellzugmaschinen wurden den Depots Chaumont, Pairs-La Villette und Troyes zugeteilt und fast ausnahmslos im schnellen Reisezugdienst eingesetzt.

Da auch die erste französische Staatsbahn État mit dem Problem der schwerer gewordenen Reisezugwagen zu kämpfen hatte, und daher stark ausgelastete Züge zu den Häfen Cherbourg und Le Havre immer häufiger geteilt werden mussten, suchte auch sie nach einer neuen leistungsfähigen Schnellzuglokomotive. Nachdem Versuche mit anderen Baureihen nicht überzeugen konnten, entschied man sich schließlich für die Beschaffung der 241 A der Ostbahn. Zwischen August 1931 und Juli 1932 lieferten Fives-Lille und SFCM mit 241-001 bis 039 insgesamt 39 Maschinen an die Staatsbahn, die zwischen Dezember 1934 und Juni 1935 durch zehn weitere, von der Société Batignolles-Chatillion gebaute Lokomotiven (241-040 bis 049) ergänzt wurden. Erste Heimatdienststellen waren die Depots Caen, Montrouge und Paris-Batignolles. Zu den Stammleistungen zählte der schwere Reisezugverkehr zwischen Paris und den Atlantik-Häfen sowie zwischen Paris und Basel. Dort gehörte auch der berühmte Arlberg-Orient-Express zu ihren Aufgaben.

TECHNISCHE DATEN

Baureihe:	241 A (SNCF)
Verwendungszweck:	Schnellzuglokomotive
Treibraddurchmesser (mm):	1950
Erstes Baujahr:	1925
Achsfolge:	2'D1'
Spurweite (mm):	1435
Dienstgewicht (t):	125,1
Vmax (km/h):	110
Leistung (PSi):	3495

Alle 80 gebauten 241 A gelangten im Zuge der Verstaatlichung 1938 zur neu gegründeten SNCF, wo sie zunächst als 1-241 A 1 (Vorserie), 1-241 A 2 bis 41 (Ostbahn) und 3-241 A 2 bis 49 (État) eingereiht wurden. Nach dem Krieg erfolgte die Umzeichnung in 241 A 2 bis 41 für die ehemaligen Ostbahn-Maschinen sowie 241 A 50 bis 90 für die ehemaligen État-Lokomotiven.

Mit 241 A 4 gelangte eine Maschine als Kriegsbeute in die DDR, wo sie von der Deutschen Reichsbahn versuchsweise auf Kohlenstaubfeuerung umgebaut und als DR 08 1001 eingereiht wurde. Nach Beendigung der Versuchsreihe wurde die Lokomotive im Dezember 1953 dem Bw Dresden-Altstadt zugeteilt und im Schnellzugdienst zwischen Dresden und Berlin eingesetzt. Da die Lok die in sie gesetzten Erwartungen jedoch nicht erfüllen konnte, wurde sie bereits 1955 nach nur 34.000 km Laufleistung abgestellt und zwei Jahre später verschrottet.

Im Zuge der Elektrifizierung schieden währenddessen bereits zwischen 1952 und 1956 in die ersten 15 Maschinen in Frankreich aus. Zwischen 1959 und 1961 wurden weitere 45 Exemplare Opfer des Traktionswandels. 1964 wurden nur noch sechs 241 A planmäßig eingesetzt; am 18. Februar 1965 quittierte schließlich mit 241 A 61 die letzte Lokomotive ihren Dienst. Mit 241 A 1 im Eisenbahnmuseum Mulhouse sowie 241 A 65 als größte betriebsfähige Dampflok Europas in der Schweiz, konnten lediglich zwei Maschinen für die Nachwelt erhalten werden.

PKP Baureihe Pt 47 – Höhepunkt des polnischen Lokomotivbaus

Das unmittelbar nach Neugründung der polnischen Staatsbahnen PKP im Jahr 1945 verabschiedete Beschaffungsprogramm sah unter anderem eine neue Schnellzuglokomotive der Baureihe Pt 47 vor, mit welcher der fast vollständig zum Erliegen gekommene höherwertige Reisezugverkehr wiederbelebt werden sollte. Bei der Pt 47 handelte es sich um eine Weiterentwicklung der ab 1932 gebauten Pt 31, von der auch das Trieb- und Laufwerk übernommen wurde, während der über eine stählerne Feuerbüchse verfügende Kessel und das geschlossene Führerhaus Neuentwicklungen waren.

Alle Pt 47 wurden zunächst mit Nachbauten deutscher Tender gekuppelt; erst ab 1949 wurden polnische Tender der Bauart 33D48 verwendet, die nach Einbau eines Stokers in 27D48 umgezeichnet wurden. Gebaut wurden die eleganten 1'D1'-Maschinen zwischen 1947 und 1951 in einer Serie von 180 Exemplaren von Fablok in Chrzanów und Cegielsi in Posznan. Ihre Ausmusterung erfolgte erst 1989. Noch im selben Jahr wurde Pt 47-138 von der Brenner & Brenner Dampflokomotiven-Betriebsgesellschaft nach Österreich verbracht und äußerlich der ÖBB-Reihe 919 (baugleich PKP Pt 31) angeglichen und als 919.138 im Sonderzugdienst eingesetzt. Weitere neun Maschinen konnten zudem museal oder als Denkmal erhalten werden.

TECHNISCHE DATEN

Baureihe:	Pt 47 (PKP)
Verwendungszweck:	Schnellzuglokomotive
Treibraddurchmesser (mm):	1950
Erstes Baujahr:	1925
Achsfolge:	1'D1'
Spurweite (mm):	1435
Dienstgewicht (t):	103
Vmax (km/h):	110
Leistung (PSi):	2000

Nach dem „Anschluss" Österreichs wurden die 214 bei der Deutschen Reichsbahn als Baureihe 12 eingereiht. Diese Bezeichnung wurde nach dem Krieg auch von den neu gegründeten ÖBB beibehalten. Mit der Elektrifizierung der Westbahn wurden die meisten Maschinen arbeitslos, sodass einige von ihnen 1953 auf der Südbahn Wien – Villach eine neue Heimat fanden. Die anspruchsvolle Topografie mit ihren engen Radien und starken Steigungen am Semmering schlugen sich allerdings sehr schnell in einem übermäßig hohen Verschleiß nieder, sodass bereits 1956 der letzte Schnellzug befördert wurde.

In der Hoffnung, die noch vergleichsweise jungen Maschinen an ausländische Bahngesellschaften veräußern zu können, wurden sie zunächst in den Heizhäusern im Großraum Wien betriebsfähig abgestellt. Als sich jedoch kein Käufer finden ließ, erfolgte 1961/62 die Verschrottung. Lediglich Lok 12.10 blieb dieses Schicksal erspart, die rollfähig dem Österreichischen Eisenbahnmuseum überlassen wurde. Zudem erwarb 1985 die Österreichische Gesellschaft für Eisenbahngeschichte (ÖGEG) die rumänische 142.063 und ließ sie im Rahmen ihrer betriebsfähigen Aufarbeitung als (fiktive) 12.14 in den ÖBB-Zustand versetzen.

BBÖ Reihe 214 – Österreichs größte Schnellzuglok

Im Jahr 1927 beschlossen die Bundesbahnen Österreichs (BBÖ) die geplante Elektrifizierung ihrer Hauptstrecken vorerst nicht weiter zu verfolgen. Stattdessen wurde die Beschaffung einer besonders leistungsstarken Schnellzugdampflokomotive verabschiedet, die in der Lage sein sollte, die Fahrzeiten einer Elektrolokomotive auf der Westbahn Wien – Salzburg garantieren zu können. Von den zur Auswahl stehenden Prototypen 114.01 (mit Dreizylinder-Triebwerk) und 214.01 (mit Zweizylinder-Triebwerk) erhielt schließlich die Zweizylinder-Version den Zuschlag, von der im Jahr 1931 zunächst sechs Exemplare von der Floridsdorfer Lokomotivfabrik geliefert wurden. 1936 folgten noch einmal sechs 214 in modifizierter Ausführung. Darüber hinaus erwarb Rumänien die Rechte für eine Lizenzfertigung, sodass zwischen 1937 und 1939 weitere 79 Maschinen mit betrieblich notwendigen Adaptionen von der rumänischen Staatsbahn CFR in Dienst gestellt wurden. Unter anderem erhielten die als Baureihe 142 bezeichneten CFR-Maschinen eine Öl-Zusatzfeuerung und ein modifiziertes Blasrohr.

Die formschönen D-Kuppler waren bei ihrer Inbetriebnahme nicht nur die seinerzeit stärksten Schnellzuglokomotiven in Europa, sondern verfügen als Tribut an ihre Achsfolge mit 4,25 m bis heute über die längsten je bei einer Dampflokomotive verwendeten Treibstangen. Bei Versuchsfahrten erreichte eine Lokomotive eine Höchstgeschwindigkeit von 155 km/h, doch reichte auf der 317 km langen kurvenreichen Strecke Wien – Salzburg eine Begrenzung auf 110 km/h vollkommen aus, um die ursprünglich für die Elektrotraktion errechneten Fahrzeiten zu halten.

TECHNISCHE DATEN

Baureihe:	214 (ÖBB)
Verwendungszweck:	Schnellzuglokomotive
Treibraddurchmesser (mm):	1950
Erstes Baujahr:	1925
Achsfolge:	1'D2'
Spurweite (mm):	1435
Dienstgewicht (t):	118
Vmax (km/h):	110
Leistung (PSi):	2940

Indian Railways Class WP – indische Breitspur-Eleganz

Für viele Dampflokenthusiasten in aller Welt gehört sie zu den beeindruckendsten Dampflokomotiven des indischen Subkontinents: die Class WP der Indian Railways. Entworfen von den bahneigenen Ingenieuren, musste der Fertigungsauftrag in Ermangelung indischer Lokomotivfabriken an die US-amerikanische Baldwin Locomotive Works vergeben werden, die 1947 die ersten 16 Vorserienmaschinen lieferte. Im Jahr 1949 schloss sich die Fertigung von 300 Serienmaschinen an, die bei Baldwin, der Canadian Locomotive Company und den Montreal Locomotive Works entstanden. Weitere 180 Maschinen bauten zwischen 1955 und 1957 die Canadian, die österreichische Lokomotivfabrik Floridsdorf und die polnische Firma Fablok. Die restlichen 395 Lokomotiven lieferte zwischen 1963 und 1967 der indische Hersteller Chitteranjan. Da die dort gebauten Maschinen ein rund 5 t höheres Dienstgewicht aufwiesen, wurden sie bahnintern als Class WP/I bezeichnet.

Die einfachen und robusten Breitspurlokomotiven bewährten sich ausgezeichnet und konnten auch von relativ schlecht qualifiziertem Personal bedient werden. Die planmäßige Besatzung einer im Schnellzugdienst eingesetzten WP bestand aus vier Eisenbahnern: Lokführer, Kohlentrimmer und zwei Heizer. Dank ihrer geringen Achsfahrmasse von lediglich 18,5 t konnten die knapp 2000 kW starken C-Kuppler auf nahezu allen Hauptstrecken eingesetzt werden, sodass sie nicht nur wegen ihrer hohen Stückzahl den Schnellzugdienst dominierten. Die Ausmusterung der durch ihre halbkugelförmige Rauchkammertür äußerst charakteristisch wirkenden Maschinen begann in den 1980er-Jahren mit der verstärkten Beschaffung von Diesellokomotiven und endete 1994 nach der Elektrifizierung der wichtigsten Hauptbahnen. Sieben WP können heute in indischen Eisenbahnmuseen besichtigt werden.

TECHNISCHE DATEN	
Baureihe:	241 A (SNCF)
Verwendungszweck:	Schnellzuglokomotive
Treibraddurchmesser (mm):	1705
Erstes Baujahr:	1925
Achsfolge:	2'C1'
Spurweite (mm):	1676
Dienstgewicht (t):	103,1
Vmax (km/h):	110
Leistung (kW):	k.A.

JDŽ Baureihe 06 – die Gebirgsspezialistin

Für die Vereinheitlichung ihres noch von den österreichischen, ungarischen und serbischen Rechtsvorgängerinnen stammenden Lokomotivbestands, legten die Jugoslawischen Staatsbahnen (JDŽ) Ende der 1920er Jahre ein Neubauprogramm auf, das sich an den Einheitsdampflokomotiven der Deutsche Reichsbahn-Gesellschaft orientierte.

1929 erging deshalb an die beiden Berliner Lokomotivhersteller Borsig und Schwartzkopff der Auftrag für die Konstruktion und den Bau von drei neuen Dampflokbaureihen, mit denen ein möglichst breites Einsatzspektrum abgedeckt werden sollte. Neben einer 2'C1-Schnellzuglok (Baureihe 05) und einer 1'E-Güterzugmaschine (Baureihe 30), wurde auch eine 1'D1'-Mehrzweckbaureihe für den schweren Personen- und Eilgüterdienst bestellt. Die D-Kuppler sollten vorrangig auf den Gebirgsstrecken im westlichen Jugoslawien sowie auf den nicht weniger anspruchsvollen Strecken nach Bulgarien und Griechenland eingesetzt werden. Alle drei Baureihen basierten auf dem Grundgerüst der DRG-Einheitslokomotiven, so dass auch hier eine Vielzahl von technischen Komponenten untereinander austauschbar waren.

Während Borsig und Schwarzkopff bei der Entwicklung gemeinsame Wege gingen, erfolgte die Herstellung getrennt: Schwartzkopff übernahm die Fertigung der 2'C1-Maschinen; Borsig die der beiden anderen Baureihen.

Borsig lieferte 1930 insgesamt 30 der zunächst als Baureihe 486 eingereihten 06. Die 1470 kW starken Maschinen übernahmen nicht nur den Personen- und Güterverkehr, sondern bespannten auf den Gebirgsstrecken rund um Zagreb auch so namhafte Schnellzüge wie den Simplon-Orient-Express. 1945 befanden sich bei Kriegsende sechs 06 in Österreich und eine in Deutschland, die bei der Deutschen Reichsbahn als Baureihe 39.4 eingereiht waren. Alle sieben Maschinen mussten bis 1947 an Jugoslawien zurückgegeben werden. Noch bis zu ihrem Ausscheiden Ende 1970er Jahre wurden die 06 von Maribor aus vor Schnellzügen eingesetzt, wobei sie auch planmäßig bis in den ÖBB-Bahnhof Spielfeld-Straß kamen. Drei Maschinen konnten nach ihrer Ausmusterung durch das Eisenbahnmuseum Ljubljana übernommen werden.

TECHNISCHE DATEN	
Baureihe:	06 (JZ)
Verwendungszweck:	Schnellzuglokomotive
Treibraddurchmesser (mm):	1600
Erstes Baujahr:	1929
Achsfolge:	1'D1'
Spurweite (mm):	1435
Dienstgewicht (t):	108
Vmax (km/h):	85
Leistung (PSi):	2000

LMS und BR Class 5 – die universelle Britin

Die Class 5 der britischen London, Midland and Scottish Railways (LMS) geht auf einen Entwurf des LMS-Chefkonstrukteurs William Stanier zurück und wurde zwischen 1934 und 1951 für den gemischten Personen- und Güterzugdienst beschafft. Die Schlepptenderlokomotiven mit der Achsfolge 2'C erwiesen sich als ebenso wirtschaftlich wie universell einsetzbar und kamen sogar vor Schnellzügen zum Einsatz. Aufgrund ihrer enormen Zuverlässigkeit waren die wegen ihres schwarzen Anstrichs (die anderen LMS-Schnellzugloks waren rot) auch als „Black Five" bezeichneten Maschinen bei Personal und Werkstätten gleichermaßen beliebt und zählten mit 842 Exemplaren zu den meist gebauten britischen Dampflokomotiven.

Bis 1938 fertigten die LMS-Werkstätten sowie Vulcan Foundry und Amstrong-Whitworth zunächst 472 Maschinen. Ab 1943 folgten weitere 370 Exemplare, wobei auch nach der Verstaatlichung der britischen Privatbahnen im Jahr 1948 die Beschaffung fortgesetzt wurde. Aufgrund der positiven Erfahrungen stellten die British Railways (BR) zudem zwischen 1951 und 1957 weitere 172 Maschinen einer modifizierten Version in Dienst. Sichtbarste Unterschiede der bei Derby Works und Doncaster Works gebauten BR Standard Class 5MT 4-6-0 waren ihre größeren Antriebsräder sowie ein dadurch bedingter höherer Umlauf um den Lokomotivkessel. Mit der ab 1960 begonnenen Umstellung auf Dieseltraktion wurden 1961 die ersten Class 5 abgestellt. Die letzten Maschinen schieden 1968 aus dem aktiven Dienst aus und gehörten damit zu den letzten im Plandienst eingesetzten Dampflokomotiven des Inselreichs.

Insgesamt 18 „Black Five" konnten vor dem Schneidbrenner gerettet werden, von denen heute zehn betriebsfähig vor Sonder- und Museumszügen zum Einsatz kommen. Von der modifizierten Ausführung sind fünf Maschinen erhalten geblieben; unter ihnen auch die betriebsfähige 73050 der Nene Valley Railways.

TECHNISCHE DATEN

Baureihe:	Class 5 (LMS/BR)
Verwendungszweck:	Personenzuglokomotive
Treibraddurchmesser (mm):	1829
Erstes Baujahr:	1934
Achsfolge:	2'C'
Spurweite (mm):	1435
Dienstgewicht (t):	73,2
Vmax (km/h):	145
Leistung (kW):	k.A.

F-Series – „die“ amerikanische Diesellok

Wie keine andere Baureihe verkörperte die F-Series „die“ amerikanische Diesellokomotive schlechthin. Die von der Electro Motive Company (EMC) entwickelten Maschinen bestimmten nicht nur über 30 Jahre den Betriebsmaschinendienst in den USA, sondern auch im benachbarten Kanada und Mexiko. Mit der FT genannten ersten Lieferserie präsentierte EMC 1939 erstmals ein für Mehrfachtraktion ausgelegtes Lokomotivkonzept, bei dem ein oder zwei Hauptlokomotiven („A-Units“), fest oder bedarfsweise mit bis zu zwei führerstandslosen Boosterlokomotiven („B-Units“) gekuppelt werden konnten. Die A-Units waren optisch als Triebkopf gestaltet, so dass sich in Verbindung mit den dazu passenden Reisezugwagen ein geschlossenes Zugbild ergab, aber dennoch eine Verwendung im Güterzugdienst möglich war.

Jede der 106 t schweren Lokomotiven verfügte über einen von Winton gebauten 16-Zylinder-Zweitakt-Dieselmotor, der über einen direkt angeflanschten Gleichstromgenerator die Energie für die elektrischen Fahrmotoren lieferte. Mit 1500 englischen Pferdestärken (HP, circa 1120 kW) entsprach der Motor der Leistungsklasse F, was namensgebend für die Baureihe wurde.

Im Jahr 1941 wurden EMC und die Winton Energy Company von General Motors übernommen und unter dem Dach der neu gegründeten Electro Motive Division (EMD) zusammengefasst. Zeitgleich wurde mit dem Type 567 ein neues Antriebsaggregat vorgestellt, das die Grundlage für die Weiterentwicklung der F-Serie bilden sollte.

Nach der FT folgte bereits 1946 mit der F3 eine jetzt 1750 HP starke modifizierte Ausführung, der drei Jahre später mit der F7 bzw. der in einem Dampfkessel für die Zugheizung ausgerüsteten FP 7 eine 1900 HP leistende dritte Lieferserie zur Seite gestellt wurde. 1954 folgte die finale Lieferserie F9 mit umfangreichen Modifikationen an Aufbau und Fahrwerk. Insgesamt entstanden zwischen 1939 und 1960 7592 Maschinen, von denen 2904 als Boosterlokomotive ohne Führerstand ausgeliefert wurden. Sämtliche F-Serien waren maßgeblich an der Ablösung der Dampftraktion im Streckendienst beteiligt und bildeten noch bis in die 1970er Jahre hinein das Rückgrat des nordamerikanischen Eisenbahnverkehrs. Legendär ist bis heute die Bespannung der SantaFe-Fernreisezüge „Chief“, „Super Chief“ und „El Capitan“, die mit ihrer eleganten „Warbonnet“-Lackierung zum Inbegriff des US-amerikanischen Fernreisezugverkehrs wurden. Doch nicht nur in Amerika war die F-Serie erfolgreich: Mit insgesamt 97 in Australien als Class B 60 abgeleiteten FP7-Nachbauten sowie 203 in Europa als „Nohab-Loks“ bekannt gewordenen GM-Lizenznahmen, gehören die im Eisenbahnerjargon als „Bulldog nose“ betitelten Rundnasen bis heute zu den kommerziell erfolgreichsten Dieselfahrzeugen der US-Lokomotivindustrie.

TECHNISCHE DATEN

Baureihe:	EMD FT-/F-Unit
Verwendungszweck:	Universallokomotive
Antrieb:	dieselelektrisch
Erstes Baujahr:	1939
Achsfolge:	Bo'Bo'
Spurweite (mm):	1435
Dienstgewicht (t):	103,4 bis 104,3
Vmax (km/h):	120 bis 160
Leistung (kW):	1000 bis 1342

Union Pacific Class 4000 – „Big Boy“

Ein wahrer Mythos auf Schienen ist die mehr unter ihrem Spitznamen „Big Boy“ bekannte Class 4000, die nicht nur die größte und leistungsfähigste Dampflokomotivbaureihe der Union Pacific Railroad war, sondern bis heute auch die größte betriebsfähige Dampflokomotive der Welt ist.

Ihre Entwicklung geht auf das Bestreben der Union Pacific zurück, den material- und personalintensiven Betrieb mit Vorspann- und Schiebelokomotiven auf den Steigungsabschnitten in den Rocky Mountains auf ein Minimum zu reduzieren. So sollte eine neu zu beschaffende Güterzuglokomotive die legendäre 15,5-Promille-Steigung über den Sherman Hill mit einem 3600 short ton (ca. 3300 t) schweren Zug im Alleingang schaffen und in der Lage sein, die Gesamtstrecke Cheyenne – Ogden ohne Lokwechsel zurücklegen zu können. Das von der Union Pacific aufgestellte Lastenheft sah hierfür eine Gelenklokomotive mit der bis heute einmaligen Achsfolge (2'D)D2' h4 (US-Bezeichnung 4-8-8-4) vor, die jedoch im Gegensatz zu den meisten europäischen Gelenklokomotiven nicht der Mallet-Bauart entsprach, sondern mit ihrer einfachen Dampfdehnung ohne Verbundwirkung dem in den USA gängigen Simple-articulated-Konstruktionsprinzip folgen sollte.

In den Jahren 1941 und 1944 lieferte die American Locomotive Company (ALCO) insgesamt 25 Class 4000 aus, die unter Federführung des Chefingenieurs Otto Jabelmann aus der als „Challenger“ bekannten Vorgängerbaureihe Class 3900 abgeleitet worden war. Der Spitzname „Big Boy“ stammt angeblich von einem unbekannt gebliebenen ALCO-Mitarbeiter, der diesen mit Kreide an der Rauchkammer der ersten ausgelieferten Maschine angeschrieben haben soll.

Die Class 4000 gehörte mit einem Gesamtgewicht von 548,3 t und einer Zughakenleistung von 4625 kW zu den schwersten und leistungsstärksten jemals gebauten Dampflokomotiven. Mit einer zulässigen Höchstgeschwindigkeit von 70 mph (ca. 110 km/h) reihte sie sich zudem in den Reigen der weltweit schnellsten Gelenklokomotiven ein. Um die schwere Baureihe überhaupt einsetzen zu können, musste der Oberbau zwischen Ogden (Utah) und Green River (Wyoming) nicht nur verstärkt, sondern die Strecke abschnittsweise auch neu trassiert werden, damit sich die Dampflokgiganten in den Kurven gefahrlos begegnen konnten. Im Alltagsbetrieb zogen die in Cheyenne beheimateten Big Boys bis zu 6000 t schwere Güterzüge durch die atemberaubende Gebirgslandschaft und markierten damit den letzten Höhepunkt der US-amerikanischen Dampfära. Ab 1958 wurden die Class 4000 auf der anspruchsvollen Strecke über die Wasatch Moutains durch moderne Gasturbinenlokomotiven ersetzt, so dass die letzten zehn Maschinen fortan ausschließlich über den Sherman Hill von Laramie nach Cheyenne zum Einsatz kamen. Doch auch hier übernahm schon bald die Dieseltraktion ihre Zugleistungen. Am 21. Juli 1959 bespannte Big Boy 4015 den letzten Planzug. Im September 1962 wurden schließlich die letzten, nur noch als Dieselreserve vorgehaltenen vier Maschinen abgestellt. Insgesamt acht Big Boys blieben der Nachwelt erhalten. Mit Lok 4014 ist ein Exemplar seit 2019 wieder betriebsfähig.

TECHNISCHE DATEN

Baureihe:	UP 4000 (Union Pacific)
Verwendungszweck:	Güterzuglokomotive
Treibraddurchmesser (mm):	1727
Erstes Baujahr:	1941
Achsfolge:	(2'D)D2'
Spurweite (mm):	1435
Dienstgewicht (t):	350,2
Vmax (km/h):	130
Leistung (PSi):	6290

SNCF Baureihe 141 R – „Liberation“

Für den Wiederaufbau des im Zweiten Weltkrieg stark dezimierten Fahrzeugbestandes benötigte die SNCF schnellstmöglich Ersatz, zumal von den im August 1939 inventarisierten 13.212 Lokomotiven nach Abzug der deutschen Besatzungsmacht nur noch 5824 Maschinen betriebsfähig vorhanden waren. Da die französische Lokomotivindustrie aufgrund der erlittenen Kriegsschäden nicht in der Lage war, die Verluste zeitnah zu kompensieren, entschied sich die Provisorische Regierung Frankreichs bereits 1944, eine größere Anzahl Mikado-Lokomotiven in den USA und Kanada in Auftrag zu geben.

Bereits im Frühjahr 1944 hatte eine Findungskommission die Eckdaten für einen Großauftrag festgelegt und sich bei Reisen nach Übersee über die technischen Möglichkeiten zur Anpassung an die französischen Gegebenheiten informiert. Das im Januar 1945 von der Kommission aufgestellte Lastenheft sah eine besonders zugkräftige, einfach zu bedienende und schnell zu liefernde 1'D1'-Güterzuglokomotive vor, die zudem auch noch günstig in der Anschaffung und Unterhaltung sein sollte. Zudem wurde die Verwendung von Normteilen für Kessel und Rauchkammer, eine Schmierung durch Öl statt Fett sowie Linkssteuerung und die Verwendung metrischer Gewinde gefordert.

Auf Grundlage der tausendfach bewährten USRA Light Mikado konstruierten die Baldwin Locomotive Works eine an die Bedürfnisse der SNCF angepasste schwere Güterzuglokomotive, die jedoch wie im Lastenheft gefordert, als D-Kuppler ausgeführt wurde. Die Anpassungen an die französischen Standards umfassten zudem das Lichtraumprofil, die Zug- und Stoßeinrichtungen und die Bremsanlage.

Das erste, 700 Lokomotiven umfassende Baulos wurde im Februar 1945 erteilt. Auftragnehmer waren die drei größten US-amerikanischen Lokomotivfabriken Baldwin Locomotive Works, American Locomotive Company und Lima Locomotive Works. Dank der mit der Automobilproduktion vergleichbaren Serienfertigung konnten sämtliche Maschinen in einem Zeitraum von Juli 1945 bis Mai 1946 fertiggestellt werden.

Die Maschinen wurden entsprechend dem SNCF-Baureihenschema als 141 R eingereiht, wobei die erste Ziffer für die Anzahl der Laufachse, die zweite für die Anzahl der Kuppelachsen und die dritte für die hintere Laufachse steht. Der Buchstabe R weist zudem auf den kodierten Zeitpunkt der ersten Übergabe an die SNCF hin.

Insgesamt wurden 1340 Exemplare der 141 R gebaut. Hersteller der von April 1946 bis Juli 1947 ausgelieferten zweiten Lieferserie waren auch die kanadische Montreal Locomotive Works und die Canadian Locomotive Company, die sich für die Fertigung von 100 bzw. 40 Maschinen verantwortlich zeichneten. Siebzehn Maschinen (1220 bis 1235 und 1241) erreichten jedoch nie französisches Territorium, da sie im April 1947 beim Untergang des Frachters Belpamela vor Neufundland verloren gingen.

Die von den Personalen auch als „Liberation“ bezeichneten 141 R waren bis 1974 fast auf dem gesamten SNCF-Netz heimisch, wo sie vorrangig im Güterzugdienst eingesetzt wurden. Aber auch vor Personenzügen waren sie zu finden. Legendär ist die bis 1965 planmäßige Beförderung des nur die erste Wagenklasse führenden Fernreisezuges „Mistral“ zwischen Marseille und Ventimiglia, für die die Lokomotiven an der Rauchkammertür eigens ein Schild mit dem Zugnamen trugen. Neun 141 R zeugen noch heute von der französisch-amerikanischen Kooperation; davon drei betriebsfähig in Frankreich und zwei in der Schweiz.

TECHNISCHE DATEN

Baureihe:	141 R (SNCF)
Verwendungszweck:	Güterzuglokomotive
Treibraddurchmesser (mm):	1950
Erstes Baujahr:	1945
Achsfolge:	1'D1'
Spurweite (mm):	1435
Dienstgewicht (t):	115,5
Vmax (km/h):	100
Leistung (PSi):	2900

SZD Baureihe L – Lebedjanskis großer Wurf

Wie bei allen am Zweiten Weltkrieg beteiligten Nationen herrschte auch in der Sowjetunion nach 1945 ein enormer Bedarf an neuen Lokomotiven, der nur durch ein umfassendes Neubauprogramm kompensiert werden konnte.

TECHNISCHE DATEN

Baureihe:	L (SZD)
Verwendungszweck:	Güterzuglokomotive
Treibraddurchmesser (mm):	1500
Erstes Baujahr:	1945
Achsfolge:	1'E'
Spurweite (mm):	1524
Dienstgewicht (t):	103
Vmax (km/h):	80
Leistung (PSi):	2200

Für den mittelschweren Güterzugdienst entwickelte die Lokomotivfabrik Kolmna unter Leitung ihres Chefingenieurs Lew Lebedjanski eine universell einsetzbare Zweizylinderlokomotive mit rund 1600 kW Leistung und der Achsfolge 1'E, die bis 1955 in 4200 Einheiten gemeinsam mit der Lokomotivfabrik Luhansk gebaut wurde.

Technisch bemerkenswert waren die hohe Kessellage und die Verkleidung zwischen Dampfdom und Kamin, unter der sich eine Dampftrocknerleitung befand. Lebedjanski entschied sich zudem für die Verwendung von bis dahin nur in Amerika heimischen Boxpok-Radsätzen, die später zum Standard für SZD-Dampflokomotiven werden sollten. Durch ihre relativ geringe Achsfahrmasse von 18,2 t waren die bulligen E-Kuppler landesweit einsetzbar und überzeugten zudem durch eine hohe Wirtschaftlichkeit und einen hohen Gesamtwirkungsgrad. Die Breitspurmaschinen zeigten sich zudem als äußerst langlebige Konstruktion, sodass die letzten erst Mitte der 1970er Jahre den modernen Diesel- und Elektrolokomotiven Platz machen mussten.

Indian Railways Class YP – indische Schmalspur-Pacific

Kaum ein anderes Eisenbahnnetz der Welt hatte eine annährend große Typenvielfalt wie die Indian Railways aufzuweisen. Hinzu kamen vier verschiedene Spurweiten von 1676 mm, 1000 mm, 762 mm und 610 mm, die eine Vereinheitlichung des eingesetzten Rollmaterials deutlich erschwerten. Erst nach der Unabhängigkeit von Großbritannien im Jahr 1947 begannen erste Anstrengungen, den Lokomotiv- und Wagenpark zu standardisieren. Zwischen 1949 und 1970 beschaffte die Bahngesellschaft für ihre Meterspurstrecken insgesamt 871 leistungsfähige Pacific-Lokomotiven der Reihe YP, die damit zu den weltweit letzten für den Personenzugdienst gebauten Dampflokomotiven gehörten. Für ihre Entwicklung zeichnete sich der US-Hersteller Baldwin Locomotive Works verantwortlich, der 1949 auch die ersten 20 Maschinen baute. 100 YP lieferte 1952 die North British Locomotive Company in Glasgow; 200 Stück entstanden zwischen 1952 und 1954 bei Krauss-Maffei in München. Die restlichen 551 Maschinen fertigte zwischen 1954 und 1970 die indische Tata Engineering and Locomotive Company.

Die YP waren ein nahezu technisch exakter Nachbau der für die indische Breitspur konstruierten WP, allerdings ohne die für diese Baureihe typische halbkugelförmige Rauchkammertür. Außerdem verfügten die YP über alle Insignien der modernen Dampftraktion: aus Stahl gefertigten Feuerroste, sich schnell erhitzende Siederohre und Verbrennungskammern sowie einen großflächigen Überhitzer. Da die Lokomotiven überwiegend auf Strecken mit leichtem Oberbau zum Einsatz kamen, wurden die Seitenverkleidungen und das Führerhaus zur Gewichtseinsparung aus Aluminium gefertigt.

Die immerhin 90 km/h schnellen C-Kuppler gehörten zu den weltweit größten und leistungsstärksten Meterspurmaschinen und bildeten noch bis weit in die 1990er Jahre hinein das Rückgrat des indischen Reisezugverkehrs abseits der Breitspur. Einsatzschwerpunkte waren die Bundesstaaten Rajasthan, Assam und Tamil Nadu.

Mehrere YP konnten vor der Verschrottung bewahrt werden und befinden sich heute in diversen indischen Eisenbahnmuseen. YP 2257 und 2684 wurden 1990 an die US-Railroad Development Corporation verkauft und haben seitdem in Togo eine neue Heimat gefunden.

TECHNISCHE DATEN

Baureihe:	YP (IR)
Verwendungszweck:	Schnellzuglokomotive
Treibraddurchmesser (mm):	1372
Erstes Baujahr:	1949
Achsfolge:	2'C1'
Spurweite (mm):	1000
Dienstgewicht (t):	99,2
Vmax (km/h):	90
Leistung (kW):	k.A.

SNCF X 3800 – Picasso auf Schienen

Die von 1950 bis 1961 in Dienst gestellten Dieseltriebwagen X 3800 der SNCF gehörten mit ihrer hochliegenden Führerstandskanzel zu den optisch skurrilsten Eisenbahnfahrzeugen der Nachkriegszeit, was ihnen in Anlehnung an den surrealistischen Maler auch den Spitznamen „Picasso" einbrachte.

Die 1947 für die Bedienung von Neben- und schwach frequentierten Hauptbahnen entwickelten „Autorails" hatten einen entscheidenden Anteil an der Ablösung der Dampftraktion und trugen so zum wirtschaftlichen Überleben vieler Bahnstrecken bei.

TECHNISCHE DATEN

Baureihe:	X 3800 (SNCF)
Verwendungszweck:	Nahverkehrstriebwagen
Antrieb:	mechanisch
Erstes Baujahr:	1950
Achsfolge:	B'2'
Spurweite (mm):	1435
Dienstgewicht (t):	31,5
Vmax (km/h):	120
Leistung (kW):	250
Sitzplätze:	62

Da der Antriebsmotor am Fahrzeugende über dem Drehgestell angeordnet war, verfügten die Triebwagen über einen tiefliegenden Wagenboden, der wie bei heutigen modernen Niederflurfahrzeugen, einen bequemen Ein- und Ausstieg ermöglichte. Der Bereich über dem Antrieb bot zudem genügend Raum für ein Gepäckabteil und den Zugang zur Führerkanzel, sodass der Fahrgastraum mit bis zu 67 Sitzplätzen für diese Fahrzeuggröße ausgesprochen großzügig bestuhlt werden konnte. Gebaut wurden die insgesamt 251 X 3800 von Renault, ANF, De Dietrich und SACM. Die 250 kW leistenden Antriebsmotoren stammten von Saurer und Renault. Für eine freizügige Verwendung mit anderen Eisenbahnfahrzeugen erhielten die X 3800 normale Stoß- und Zugeinrichtungen, sodass sie nicht nur gemeinsam mit ihren größeren Schwesterbaureihen X 5500 und X 5800 eingesetzt werden konnten, sondern auch für das Mitführen von Güterwagen geeignet waren. Eingesetzt wurden die „Picassos" nahezu in ganz Frankreich. Im grenzüberschreitenden Nahverkehr mit Deutschland waren sie regelmäßig auch in Saarbrücken zu Gast. 1988 erfolgte ihre Ausmusterung. 36 Triebwagen konnten vor dem Schneidbrenner bewahrt werden und befinden sich heute bei Museumsbahnen im In- und Ausland.

BR Standard Class 4MT 4-6-0 – die kleine Black Five

Ähnlich wie bei der Deutschen Bundesbahn stellten die British Railways nach dem Zweiten Weltkrieg ein zwölf Baureihen umfassendes standardisiertes Neubauprogramm auf, das unter anderem eine leichtere Variante der BR Standard Class 5MT 4-6-0 vorsah. Zwischen 1951 und 1957 lieferte Swindon Works insgesamt 80 Exemplare der als BR Standard Class 4MT 4-6-0 eingereihten Mehrzwecklokomotive, die dank ihrer Achslast von nur 17,25 t auch im Nebenbahndienst einsetzbar war. Einsatzschwerpunkte waren die Nebenbahnen in der London Midland Region sowie der Western Region.

Im Gegensatz zu der mit der gleichen Achsfolge aufwartenden Class 5, erhielt die Class 4 einen kleineren Kessel und niedrigere Treibräder. Die Maschinen bewährten sich im Betrieb ausgezeichnet und trugen bis zum Ende des Dampfbetriebes im Jahr 1968 zusammen mit den Class 5 die Hauptlast des noch nicht verdieselten Reisezugverkehrs. Sechs Maschinen konnten museal erhalten werden; darunter auch die betriebsfähige 75078 der Keighley and Worth Valley Railways.

TECHNISCHE DATEN

Baureihe:	Class 4 (BR)
Verwendungszweck:	Personenzuglokomotive
Treibraddurchmesser (mm):	1727
Erstes Baujahr:	1951
Achsfolge:	2'C'
Spurweite (mm):	1435
Dienstgewicht (t):	69
Vmax (km/h):	125
Leistung (kW):	k.A.

SNCF BB 9004 – die Weltrekordlok

Die 1952 und 1954 von der SNCF in Dienst gestellten BB 9003 und 9004 gehörten zu den Pionieren des Hochgeschwindigkeitsverkehrs und beeinflussten wie kaum ein anderes Triebfahrzeug die Entwicklung einer ganz neuen Generation von Schnellfahrlokomotiven und Hochgeschwindigkeitstriebzügen in Europa. Als Versuchsträger sollten die beiden Lokomotiven vor allem die Grenzen schnelllaufender laufachsloser Drehgestelle aufzeigen, deren Entwicklung zu jener Zeit noch in den Kinderschuhen steckte. Zudem erhofften sich die Ingenieure Erkenntnisse über das Stromabnahmeverhalten bei hohen Geschwindigkeiten, das als eines der Haupthindernisse für die Aufnahme eines planmäßigen Hochgeschwindigkeitsverkehrs galt.

Basierend auf den noch in der Schweiz bei SLM Winterthur gebauten ersten Versuchsträgern BB 9001 und 9002, stellte die französische Lokomotivfabrik Jeumont-Schneider in enger Zusammenarbeit mit der SNCF die beiden teilverkleideten BB 9003 und 9004 auf die Schienen, die als erste französische E-Lokomotiven mit einem Kardanantrieb ausgerüstet wurden. Auch die geschweißten Drehgestelle waren Neukonstruktionen und stammten aus der Feder von André Jacquemin.

Mit allen vier Versuchslokomotiven wurden umfangreiche Testfahrten durchgeführt, wobei BB 9004 am 29. März 1955 nach einer über einjährigen Vorbereitungsphase mit 331 km/h einen neuen Geschwindigkeitsrekord für Schienenfahrzeuge aufstellte. Die ab Werk montierten Speichenräder wurden hierfür eigens gegen speziell angefertigte Monobloc-Räder getauscht und die Stromabnehmer für eine gesicherte Stromübertragung mit vier Schleifleisten bestückt. Die Montageanordnung der Stromabnehmer wurde zuvor im Windkanal erprobt, da man befürchtete, dass diese durch den Luftwiderstand abreißen könnten. Zudem wurde die Absenkzeit der Stromabnehmer für einen etwaigen Notfall von zwölf auf eine Sekunde reduziert und das Hochfahren von zehn auf sechs Sekunden verkürzt worden. Gefahren wurde der Rekordversuch mit nur einem angelegten Bügel, so dass nach dem Durchbrennen des ersten, blitzschnell der zweite hochgefahren werden konnte, was letztlich den Rekorderfolg garantierte. Nur zwei Tage nach dem Weltrekord verkehrte Schwestermaschine BB 9003 zwischen Paris und Dijon als weltweit erste Lok ferngesteuert und schlug damit ein weiteres neues Kapitel in der Geschichte der Eisenbahn auf.

Nach Abschluss der Versuchsreihe wurden BB 9003 und 9004 als Reservelokomotiven vorgehalten und 1973 ausgemustert. Weltrekordlok BB 9004 wurde nach einem Schaden am Lokkasten mit Teilen der BB 9003 instandgesetzt und kann heute im Eisenbahnmuseum Mulhouse besichtigt werden.

TECHNISCHE DATEN

Lok:	9403 (SNCF)	9404 (SNCF)
Verwendungszweck:	Schnellfahrlokomotive	
Antrieb:	Hohlwelle	Hohlwelle
Erstes Baujahr:	1952	1954
Achsfolge:	Bo'Bo'	Bo'Bo'
Spurweite (mm):	1435	1435
Dienstgewicht (t):	80	82
Vmax (km/h):	140	331 (regulär 140)
Leistung (kW):	3400	3400

SAR 3450 – „Red Devil“

Vor dem Hintergrund der ersten Ölkrise zu Beginn der 1970er Jahre und der verstärkten Ausmusterung von kohlegefeuerten Dampflokomotiven, suchte der für die South African Railways (SAR) tätige britische Ingenieur David Wardale nach einer Möglichkeit, die Kohlelokomotiven durch eine deutliche Optimierung ihres Wirkungsgrades bei gleichzeitiger Brennstoffersparnis weiterbetreiben zu können. Nach der erfolgreichen Modifizierung einer Lokomotive der Reihe 19, erhielt er 1979 die Genehmigung zum Umbau einer 2'D'2-Maschine der Reihe 25 NC. Wardale wollte beweisen, dass die seinerzeit modernste Dampflok der SAR soweit zu optimieren ist, dass sie hinsichtlich des Wirkungsgrads einer Diesellok mindestens gleichwertig und einer konventionellen Dampflok deutlich überlegen ist.

Der 1981 abgeschlossene Umbau der 1953 von Henschel gebauten 25 NC umfasste umfangreiche Modifikationen am Verbrennungsraum, an den Ventilen, der Saugzuganlage und dem Überhitzer. Die Verwendung einer doppelten Saugzuganlage machte zudem mit ihrem zweiten Schornstein eine Verlängerung der Rauchkammer erforderlich, was im Zusammenspiel mit dem roten Anstrich und dem höher gelegten Umlauf für ein gänzlich neues Erscheinungsbild sorgte. Die Lok wurde unter der neuen Betriebsnummer 3450 eingereiht und erhielt angesichts ihrer roten Lackierung den Beinamen „Red Devil“.

Die Umbaumaßnahmen zeigten gegenüber den herkömmlichen 25-NC-Lokomotiven einen deutlich optimierten Wirkungsgrad. Die indizierte Leistung stieg von 2200 kW auf 3670 kW, womit die „Red Devil“ zur weltweit leistungsstärksten Schmalspurlokomotive aufstieg. Außerdem verringerte sich ihr Kohleverbrauch um 30 Prozent bei niedrigen Geschwindigkeiten und bis zu 60 Prozent bei hohem Tempo. Gleiches galt für den Wasserverbrauch, der sich abhängig von der Geschwindigkeit um 20 bis 40 Prozent verringerte.

Zudem wäre die Maschine nach den Berechnungen Wardales mühelos in der Lage gewesen, einen Zug mit 100 mph (160 km/h) zu befördern, doch verweigerte die SAR die für Testfahrten nötige Genehmigung.

Im Planeinsatz wies die „Red Devil“ schließlich eine durchschnittliche Kohleersparnis von 15 Prozent, eine Reduzierung des Wasserverbrauchs von durchschnittlich 21,5 Prozent und eine Einsparung von Schmiermittel um durchschnittlich 26 Prozent auf.

Trotz der beachtlichen Minderverbräuche konnte sich die SAR nicht zum Umbau weiterer Maschinen durchringen, sondern gab der modernen Traktion den Vorzug. Wardale verließ daraufhin enttäuscht Südafrika und wandte sich ähnlichen Projekten in China und den USA zu. Somit blieb die „Red Devil“ ein viel beachtetes Einzelstück, das zunächst bis 2003 im Sonderzugdienst eingesetzt wurde. Nachdem die Maschine fast 15 Jahre aus Kostengründen abgestellt war, erfolgte 2018 ihre Wiederinbetriebnahme.

TECHNISCHE DATEN

Lok:	3450 „Red Devil“ (SAR)
Verwendungszweck:	Schmalspurlokomotive
Treibraddurchmesser (mm):	1524
Erstes Baujahr:	1953 (Umbau 1981)
Achsfolge:	2'D2'
Spurweite (mm):	1067
Dienstgewicht (t):	136,1
Vmax (km/h):	160
Leistung (PSi):	4000

NS/SBB DE4/RAm TEE I – Europas einziger Gemeinschafts-TEE

Während Deutschland, Frankreich und Italien bei der Entwicklung der ersten TEE-Fahrzeuggeneration völlig getrennte Wege gingen und damit die Grundidee des TEE-Initiators Dr. den Hollander eigentlich ad absurdum führten, verständigten sich die Staatsbahnen der Niederlande und der Schweiz auf die Konstruktion eines gemeinsamen TEE-Zuges.

Das Lastenheft sah einen vierteiligen Dieseltriebzug vor, der ab 1955 von einem niederländisch-schweizerischen Konsortium entwickelt und gebaut wurde. Für die damalige Zeit technisch bemerkenswert war die selbsttragende, verwindungssteife Rohrkonstruktion des Aufbaus, die sich an die bekannten schweizerischen Leichtstahlreisezugwagen anlehnte. Der Maschinenwagen unterschied sich deutlich von den anderen Wagen und stützte sich auf zwei dreiachsige Drehgestelle, die bei Werkspoor N.V. in Amsterdam nach Lizenzen des US-Herstellers Baldwin gebaut wurden. Vier vollständig abgefederte Gleichstrommotoren mit einer Leistung von jeweils 292 kW trieben die äußeren Radsätze an und sorgten für die im TEE-Verkehr geforderte Höchstgeschwindigkeit von 140 km/h. Den Fahrstrom lieferten zwei BBC-Generatoren, die mit je einem 735 kW leistenden 16-Zylinder-Dieselmotor von Werkspoor gekuppelt waren. Die Versorgung des Bordnetzes übernahm ein externer Drehstromgenerator mit Hilfsdieselantrieb.

Da der enge Zeitrahmen bis zur Aufnahme des TEE-Verkehrs keinen Raum für den Bau eines Prototyps und ausgiebige Testfahrten zuließ, mussten sich die Ingenieure bei der Entwicklung ganz auf die Erfahrungen mit technisch vergleichbaren Fahrzeugen verlassen. Entsprechend häufig hatten die als DE4 1001 bis 1003 (NS) und RAm TEE I 501 und 502 (SBB) eingereihten Luxustriebwagen in den ersten Betriebsjahren mit Kinderkrankheiten zu kämpfen, weshalb sie in ihrem Heimatdepot nicht sonderlich beliebt waren.

Erst Mitte Mai 1957 stand der erste Triebzug für Präsentationszwecke bereit; bereits zwei Wochen später läutete die legendäre Sternfahrt nach Luxemburg das Zeitalter des TEE-Verkehrs ein. Da sich die NS- und SBB-Züge lediglich in der farblich unterschiedlich gestalteten Innenausstattung voneinander unterschieden, konnten sie untereinander freizügig eingesetzt werden. Scharfenbergkupplungen an den Stirnseiten und eine Vielfachsteuerung stellten dabei den bedarfsweisen Einsatz von Doppelgarnituren sicher. Die Wagen waren durch starre Kupplungen miteinander verbunden, wobei die asymmetrisch angeordneten Übergänge nur die Reihung Motorwagen-Abteilwagen-Speisewagen-Steuerwagen zuließen.

Trotz dieser Einschränkungen nahmen die Triebzüge am 2. Juni 1957 ihren Plandienst als TEE Edelweiss (Zürich – Amsterdam), TEE Étoile du Nord (Paris – Amsterdam) und TEE Oiseau Bleu (Paris – Brüssel) auf. Hierbei konnten die neuen Paradezüge gleich zwei Rekorde für sich verbuchen: Während der TEE Edelweiss auf fünf Staatsbahnnetzen die meisten Länder durchquerte, war der TEE Oiseau Bleu mit einer Durchschnittsgeschwindigkeit von 113,5 km/h der seinerzeit schnellste Reisezug Europas.

Obwohl sich das niederländisch-schweizerische Gemeinschaftsprodukt technisch nicht mit dem deutschen VT 11.5 messen konnte, waren die Fahrgäste mit den DE4/RAm äußerst zufrieden: Der Fahrkomfort wusste

TECHNISCHE DATEN

Baureihe:	DE 4/RAm TEE I (NS/SBB)
Verwendungszweck:	TEE-Triebwagen
Antrieb:	dieselektrisch
Erstes Baujahr:	1957
Achsfolge:	(A1A)(A1A)+2'2'2+2'+2'2'
Spurweite (mm):	1435
Dienstgewicht (t):	228,8
Vmax (km/h):	140
Leistung (kW):	1350
Sitzplätze:	114 + 32 im Speisewagen

zu überzeugen und die überaus bequemen 114 Sitzplätze hielten auch einen Vergleich mit den neuesten Flugzeugmodellen stand. Dennoch wurden die Einsätze zum Sommerfahrplan 1964 stark beschnitten. Zeitgemäßere, mit E-Loks bespannte Wagenzüge übernahmen die TEE Etoile du Nord und Oiseau Bleu; die NS/SBB-Triebzüge wechselten auf die bislang von FS-Triebwagen bediente Relation Paris - Zürich (TEE Arbalète). Mit der Hochstufung des D 93/94 Bavaria zum gleichnamigen TEE, kamen die DE/RAm mit Beginn des Winterfahrplans 1969 auch zwischen Zürich und München zum Einsatz. Nachdem die Premierenrückfahrt ab München bereits wegen eines Defekts mit einer Vorspannlokomotive erfolgen musste, erlangte der TEE Bavaria am 9. Februar 1971 durch ein schweres Zugunglück traurige Berühmtheit, bei dem RAm 501 bei Aitrang mit 130 km/h in ein Bachbett stürzte. Die Bilanz waren 29 Tote und über 20 Verletzte. Wegen angeblicher Sicherheitsmängel verweigerte die DB daraufhin den weiteren Einsatz der Triebzüge, sodass als letzte TEE-Leistung der von 1957 bis 1974 durchgehend mit DE4/RAm gefahrene TEE Edelweiß verblieb. Nach dessen Umstellung auf Lokomotivbetrieb wurden die vier verbliebenen Garnituren nach einer längeren Abstellzeit 1977 an die kanadische Ontario Northland Railroad verkauft, wo sie bis 1992 planmäßig zwischen Toronto und Timmins verkehrten. Nachdem bereits alle Motorwagen dem Schweißbrenner zum Opfer gefallen waren, gelang es der Vereinigung TEE-Classics im Jahr 1998, zwei Steuerwagen, zwei Sitzwagen und einen Speisewagen in die Schweiz zurückzuholen. Da sich die geplante Aufarbeitung jedoch als zu kostspielig erwies, wurden die Wagen schließlich nach Holland verkauft, wo vier von ihnen im staatlichen Eisenbahnmuseum als nicht betriebsfähige Ausstellungsstücke aufgearbeitet werden sollen.

SJ Dm3 – die weltweit größte Stangen-E-Lok

Für die immer schwerer werdenden Erzzüge auf der Bahnstrecke Luela – Kiruna – Narvik beschafften die Schwedischen Staatsbahnen (SJ) zwischen 1953 und 1957 insgesamt 14 Doppellokomotiven der Serie Dm, die seinerzeit die größte und leistungsfähigste E-Lok-Baureihe der Welt darstellte. Jede einzelne Maschine verfügte über einen Stangenantrieb mit Vorgelegewelle und vier gekuppelten Antriebsachsen mit Speichenrädern, was im Zusammenspiel mit den vergleichsweise langen Lokomotivkästen für ein äußerst markantes Erscheinungsbild sorgte. Da der westliche Teil der Erzbahn durch Norwegen verläuft, stellten auch die norwegischen Staatsbahnen NSB zwischen 1954 und 1957 vier baugleiche Doppellokomotiven in Dienst, die dort als El14 bezeichnet wurden.

Mit einer Traktionsleistung von bis zu 3400 t übertrafen die Stangenlokomotiven sämtliche Erwartungen, sodass in den 1960er Jahren weitere 25 Dm-Doppeleinheiten beschafft wurden. Um die Tonnagen weiter steigern zu können, wurden zwischen 1960 und 1970 zudem 19 Zwischenlokomoti-

TECHNISCHE DATEN

Baureihe:	Dm 3 (SJ/LKAB)
Verwendungszweck:	Güterzuglokomotive
Antrieb:	Stangenantrieb mit Vorgelegewelle
Erstes Baujahr:	1960
Achsfolge:	1'D+D+D1'
Spurweite (mm):	1435
Dienstgewicht (t):	273,2
Vmax (km/h):	75
Leistung (kW):	7200

ven gebaut, mit denen das Zuggewicht auf 5200 t erhöht werden konnte. Bei den als Dm3 bezeichneten zusätzlichen Kraftpaketen handelte es sich um normale Dm ohne Führerstände, die fest zwischen die Doppellokomotiven eingestellt wurden. Zur besseren Unterscheidung wurden später die Dreifachlokomotiven analog zum Mittelteil in Dm3 umgezeichnet, während die Doppelausführung weiterhin Dm hieß. Die dreiteiligen Maschinen waren nicht nur die weltweit letzten mit Stangenantrieb gebauten elektrischen Lokomotiven, sondern bis zur Indienststellung der Serienlokomotiven der DB-Baureihe 103 auch die leistungsstärksten Elektrolokomotiven.

Da man auf die äußerst zuverlässigen und an die schwierigen klimatischen Verhältnisse perfekt angepassten Maschinen noch lange nicht verzichten konnte, wurde ab 1979 ein umfangreiches Modifizierungsprogramm aufgelegt, bei dem einige Lokomotiven nicht nur neue Fahrmotoren erhielten, sondern auch Änderungen am Führerhaus und an der Stirnbeleuchtung vorgenommen wurden. Mit dem Rückgang des Erzverkehrs wurden um 1985 die meisten zweiteiligen Dm in den Großraum Bergslag im Süden Schwedens verlegt, wo sie sich bis zu ihrem Ausscheiden zu Beginn der 1990er Jahre im normalen Güterzugdienst ihr Gnadenbrot verdienten.

Alle Dm3 kamen 1997 zur Malmtrafik i Kiruna AB (MTAB), die als Tochtergesellschaft der LKAB den Erzverkehr fortan in Eigenregie durchführte. 2004 wechselte Dm3 976-977-978 in das Norbotten Railway Museum, das bereits über eine baugleiche norwegische Lokomotive verfügte. Mit der vollständigen Auslieferung der Nachfolgebaureihe IORE wurden 2013 die letzten Dm3 abgestellt. Noch im selben Jahr fand Dm3 1246-1247-1248 im Schwedischen Eisenbahnmuseum eine neue Heimat.

SBB RAe TEE II – Europas einziger Mehrsystem-TEE

TECHNISCHE DATEN	
Baureihe:	RAe TEE II (SBB)
Verwendungszweck:	TEE-Triebwagen
Antrieb:	elektrisch
Erstes Baujahr:	1961
Achsfolge:	2'2'2+2'+(A1A)(A1A)+2'2'+2'2
Spurweite (mm):	1435
Dienstgewicht (t):	296
Vmax (km/h):	160
Leistung (kW):	2310
Sitzplätze:	126 bis 168 + 54 im Speisewagen

Da die Zukunft des TEE-Verkehrs eindeutig in seiner elektrischen Durchführung gesehen wurde, begannen die SBB bereits 1957 mit der Entwicklung eines Viersystem-Triebzuges, der ganz im Sinne des TEE-Gedankens, unter allen europäischen Fahrleitungen einsetzbar sein sollte. Eine Ausnahme bildete lediglich das italienische Drehstromnetz, dessen Umbau allerdings schon damals zur Disposition stand.

Für die Entwicklung des RAe TEE II genannten fünfteiligen Zuges zeichnete sich die Maschinenfabrik Oerlikon verantwortlich, die auch gemeinsam mit der Schweizerischen Industrie-Gesellschaft die Fertigung übernahm. Aufgrund der Erfahrungen mit den gerade in Dienst gestellten dieselelektrischen TEE-Triebzügen der Reihe DE4/RAm, entschieden sich die Konstrukteure wiederum für einen mehrfach gekuppelten Triebzug, dessen Maschinenwagen allerdings in den mittleren Fahrzeugbereich rückte. Hiervon versprach man sich nicht nur ein verbessertes Anfahrverhalten im Schiebebetrieb, sondern auch eine bessere Zugänglichkeit der umfangreichen elektrischen Ausrüstung.

Das erste Baulos umfasste vier Garnituren, die im Frühjahr 1961 als RAe TEE II 1051 bis 1054 an die SBB übergeben und im Depot Zürich G beheimatet wurden. Mit einer Stundenleistung von 2376 kW waren die neuen TEE-Triebzüge mehr als ausreichend motorisiert und erreichten nahezu mühelos ihre Höchstgeschwindigkeit von 160 km/h. Der Antrieb erfolgte dabei auf die beiden Drehgestelle des Maschinenwagens, der über vier Gleichstrommotoren mit vorschaltbaren Widerständen und Umformern verfügte. Hierdurch konnten die RAe sowohl unter Gleichstrom (1500 und 3000 V) als auch unter Wechselstrom (15000 V 2/3 Hz und 25000 V/50 Hz) verkehren, was sie im TEE-Verkehr einzigartig machte. Doch nicht nur die Technik war auf dem neuesten Stand; auch der Komfort stellte sämtliche andere TEE-Fahrzeuge deutlich in den Schatten: elektrisch betätigte Lamellenvorhänge, durchlaufende Lichtbänder über den Sitzen und eine fein dosierbare Klimaanlage setzten im TEE-Verkehr neue Maßstäbe.

Nach Abschluss der Test- und Einstellfahrten übernahmen die RAe ab 1. Juli 1961 die TEE Cisaplin (Paris – Mailand), Gottardo und Ticino (beide Zürich – Mailand). Wegen der großen Resonanz mussten die SBB ab Oktober 1966 einen zusätzlichen Großraumwagen einreihen, wodurch die Kapazität von 126 auf 168 Sitzplätze erweitert werden konnte. Zudem wurde mit RAe 1055 ein fünfter Zug in Auftrag gegeben, der ab 1967 die Doppelführung des TEE Cisalpin ermöglichte.

Bis zum Sommerfahrplan 1974 blieben die drei TEE-Leistungen das Standardrepertoire der RAe. Erst jetzt übernahm ein lokbespannter Zug den Cisalpin, während der Ticino ganz aus dem Fahrplan gestrichen wurde. Die freigesetzten Triebzüge liefen fortan zwischen Zürich und Amsterdam, wo sie bis 1979 bzw. 1981 als TEE Edelweiss und Iris verkehrten. Nachdem der Umlauf nur noch einen Plantag umfasste, begannen die SBB mit dem schrittweisen Umbau in zweiklassige Züge mit der Baureihenbezeichnung RABe EC, um sie zukünftig im EC-Verkehr einsetzen zu können. Mit der Umwandlung des TEE Gottardo im Mai 1988 in einen EC, war das Kapitel TEE für die Viersystem-Züge beendet. Nachdem technische Probleme auch den Rückzug aus dem EC-Verkehr bewirkt hatten, kamen die einstigen SBB-Paradezüge bis zu ihrer Ausmusterung 1999 nur noch im TGV-Zubringerverkehr zwischen Bern und Frasne zum Einsatz. Triebzug 1053 wurde von 2003 bis 2009 wieder in den Ablieferungszustand zurückversetzt und befindet sich heute in der Obhut von SBB Historic.

EMD DDA 40X – der US-Gigant

Die insgesamt 47 in den Jahren 1969 bis 1971 für die Union Pacific Railroad gebauten dieselelektrischen EMD DDA 40X waren mit einer Leistung von 4919 kW die größten und stärksten Diesellokomotiven der Welt und wurden in Mehrfachtraktion mit bis zu acht Maschinen eingesetzt. Als Güterzugbaureihe für die Gebirgsstrecken der Union Pacific projektiert, sollten die Maschinen zum 100-jährigen Jubiläum der ersten Transkontinentaleisenbahn zugleich ein neues Highlight setzen. Auf der technischen Basis von jeweils zwei der bewährten GP35, entstand eine auch für US-amerikanische Verhältnisse beeindruckende Lokomotive, die von der General Motors Electro-Motive Division in La Grange/Illinois gebaut wurde. Die als 6900 bis 6946 eingereihten Großdiesel verfügten über zwei 16-Zylinder-Motoren, die insgesamt acht Tatzlagermotoren mit Antriebsenergie versorgten. Der erzeugte Strom wurde erstmals im Lokomotivbau durch Silizium-Dioden gleichgerichtet, womit der Hersteller Pionierarbeit für das später weltweit praktizierte Umwandlungsverfahren leistete.

Haupteinsatzgebiet der EMD DDA 40X war der beschleunigte Güterverkehr auf steigungsreichen Strecken. Mit dem Rückgang des Transportvolumens wurden 1980 die ersten Maschinen konserviert abgestellt. 1984 wurden 25 Maschinen reaktiviert, aber bereits 1986 wieder außer Dienst gestellt. Insgesamt 13 von ihnen sind bis heute erhalten geblieben; darunter mit 6936 auch eine von der Union Pacific für Sonderfahrten vorbehaltene betriebsfähige Maschine.

TECHNISCHE DATEN

Baureihe:	EMD DDA 40X (UP)
Verwendungszweck:	Güterzuglokomotive
Antrieb:	dieselelektrisch
Erstes Baujahr:	1969
Achsfolge:	Do'Do'
Spurweite (mm):	1435
Dienstgewicht (t):	257,4
Vmax (km/h):	144
Leistung (kW):	4920

Shinkansen – der Stolz Japans

Nachdem bereits 1932 in der von Japan annektierten Mandschurei eine mit stromlinienverkleideten Dampflokomotiven betriebene Neubaustrecke die Ära des japanischen Schnellverkehrs eingeläutet hatte, reifte in der wirtschaftlich boomenden Nachkriegszeit der Entschluss, eine Hochgeschwindigkeitsstrecke zwischen den Metropolen Tokio und Osaka zu errichten. Da ein Reisetempo jenseits der 200 km/h angestrebt wurde, kamen hierfür nur neu zu entwickelnde elektrische Triebzüge infrage, die abweichend von der in Japan üblichen Kapspur, auf der bereits in der Mandschurei bewährten 1435 mm breiten Regelspur verkehren sollten.

Als schließlich am 1. Oktober 1964 der erste „Bullet Train", später offiziell umbenannt in „Shinkansen" (japanisch für „neue Normalspur") erstmals die 515,4 km lange Neubaustrecke zwischen Tokio und Osaka in knapp drei Stunden Fahrzeit bewältigte, staunte nicht nur die internationale Fachwelt über die ingenieurstechnische Meisterleistung der Japaner. Heute umfasst das Shinkansen-Netz knapp 2900 Streckenkilometer; weitere Neubaustrecken stehen kurz vor der Fertigstellung bzw. befinden sich in Planung. Das kurvenarme und daher aufwendig mit Brücken und Tunnels trassierte Streckennetz wurde zum Vorbild für technisch vergleichbare Hochgeschwindigkeitsstrecken in aller Welt und bot die Blaupause für das konzeptionell identisch aufgebaute TGV-Netz in Frankreich.

Herzstücke des pünktlichsten Eisenbahnverkehrs der Welt sind neben den akribisch einstudierten Betriebsabläufen, vor allem die beständig weiterentwickelten Hochgeschwindigkeitstriebzüge, die von 1964 bis heute insgesamt 20 unterschiedliche Baureihen umfassten, wobei die Bandbreite von der legendären ersten Baureihe 0 (Vmax 220 km/h) über die erste 320 km/h schnelle Baureihe E5 von 2009 bis zur 2022 eingeführten Baureihe E 8 mit 300 km/h Spitzengeschwindigkeit reicht. Hinzu kommt die bis zu 603 km/h schnelle Baureihe L0 „Maglev", die als Magnetschwebebahn zwar den Weltrekord als schnellstes landgebundenes Verkehrsmittel unter Realbedingungen hält, jedoch seit ihrer Indienststellung 2013 nicht über das Versuchsstadium hinausgekommen ist.

TECHNISCHE DATEN

Baureihe:	0
Verwendungszweck:	Hochgeschwindigkeitszug
Antrieb:	64 MT200A oder MT200B (Gleichstrom)
Erstes Baujahr:	1963
Achsfolge:	Bo'Bo' (bei jedem Einzelwagen)
Spurweite (mm):	1435
Dienstgewicht (t):	967
Vmax (km/h):	220
Leistung (kW):	11.840

TECHNISCHE DATEN

Baureihe:	200
Verwendungszweck:	Hochgeschwindigkeitszug
Antrieb:	64 MT201 Gleichstrom-Motoren
Erstes Baujahr:	1972
Achsfolge:	Bo'Bo'
Spurweite (mm):	1435
Dienstgewicht (t):	1088
Vmax (km/h):	275
Leistung (kW):	14.720

TECHNISCHE DATEN

Baureihe:	500
Verwendungszweck:	Hochgeschwindigkeitszug
Antrieb:	64 Drehstrom-Asynchronmotoren
Erstes Baujahr:	1995
Achsfolge:	Bo'Bo' (bei jedem Einzelwagen)
Spurweite (mm):	1435
Dienstgewicht (t):	702
Vmax (km/h):	320
Leistung (kW):	17.600

TECHNISCHE DATEN

Baureihe:	N700
Verwendungszweck:	Hochgeschwindigkeitszug
Antrieb: 65 (Variante Z/N)/32 (Variante S/R) Wechselstrommot.	
Erstes Baujahr:	2000
Achsfolge:	Bo'Bo' (bei jedem Einzelwagen)
Spurweite (mm):	1435
Dienstgewicht (t):	715
Vmax (km/h):	300
Leistung (kW):	17.080

TECHNISCHE DATEN

Baureihe:	E5/H5
Verwendungszweck:	Hochgeschwindigkeitszug
Antrieb:	32 Motoren
Erstes Baujahr:	2009 (E5)/2014 (H5)
Achsfolge:	2'2' (Endwagen), Bo'Bo' (Mittelwagen)
Spurweite (mm):	1435
Dienstgewicht (t):	453,5
Vmax (km/h):	320
Leistung (kW):	9960

TECHNISCHE DATEN

Baureihe:	E6
Verwendungszweck:	Hochgeschwindigkeitszug
Antrieb:	20 MT207 Wechselstrom-Motoren
Erstes Baujahr:	2008
Achsfolge:	2'2' (Endwagen), Bo'Bo' (Mittelwagen)
Spurweite (mm):	1435
Dienstgewicht (t):	453,2
Vmax (km/h):	320
Leistung (kW):	6000

TECHNISCHE DATEN

Baureihe:	L0
Verwendungszweck:	Hochgeschwindigkeits-Magnetschwebe-Versuchszug
Antrieb:	Linearmotor, elektrodyn. Schwebesystem
Erstes Baujahr:	1963
Achsfolge:	k.A.
Spurweite (mm):	k.A.
Dienstgewicht (t):	k.A.
Vmax (km/h):	603
Leistung (kW):	k.A.

SNCF TGV – Frankreichs Superzug

Obwohl die Weltrekordfahrt der SNCF-E-Lokomotive 9004 bereits 1955 die technische Machbarkeit eines elektrisch betriebenen Hochgeschwindigkeitsverkehrs bestätigt hatte, setzten die Franzosen bei dem geplanten Aufbau eines für mehr als 250 km/h ertüchtigten Streckennetzes zunächst ausschließlich auf fossilbetriebene Züge. Somit wurde der erste TGV-Prototyp TGV 001 im Jahr 1972 als reiner Gasturbinenzug konzipiert, bei dem über einen Generator und einen Gleichrichter die Leistung elektrisch auf die insgesamt zwölf Fahrmotoren übertragen wurde. Das von Jaques Cooper entworfene Design des Zuges nahm bereits die Optik der späteren elektrischen TGV vorweg und orientierte sich ganz an den Grundlehren der Aerodynamik. Bis 1978 wurden insgesamt 5227 Testfahrten absolviert, bei denen der Versuchszug bis zu einer Höchstgeschwindigkeit von 331 km/h gefordert wurde. Bedingt durch die Ölkrise und der daraus resultierenden Forcierung der französischen Atomindustrie, wurde schließlich die Gasturbinentechnik als nicht zukunftsträchtig eingestuft und stattdessen 1978 zwei elektrische TGV-Vorserientriebzüge in Dienst gestellt. Nach diversen technischen Anpassungen stand ab 25. April 1980 der erste Serien-Train A Grand Vitesse für Testfahrten zur Verfügung. Parallel dazu wurde bereits seit 1976 an der ersten Hochgeschwindigkeitsstrecke Paris – Lyon gebaut, der nach japanischem Vorbild weitere, auf die Hauptstadt ausgerichtete Schnellfahrstrecken folgen sollten.

Am 22. September 1981 konnte die erste europäische Hochgeschwindigkeitsverbindung feierlich eröffnet und zum Fahrplanwechsel am 27. Februar 1982 planmäßig in Betrieb genommen werden. Durch die direkte, weitgehend bogenfreie Trassierung konnte die Streckenlänge zwischen Paris und Lyon von 512 auf 429 km reduziert werden, was im Zusammenspiel mit der hohen Reisegeschwindigkeit für eine Halbierung der Fahrzeit sorgte. Durch den großen betrieblichen und kommerziellen Erfolg bestärkt, wurden bis 1994 vier weitere TGV-Strecken eröffnet, so dass nach Inbetriebnahme der aktuell letztgebauten Verbindung 2017, heute insgesamt 2734 km Neubaustrecke zur Verfügung stehen. Das gesamte TGV-Netz umfasst knapp 7000 km und ist wie das deutsche ICE-Netz, in das konventionelle Fernverkehrsnetz eingebunden.

Auf allen TGV-Verbindungen kommen von Alstom entwickelte Triebzüge zum Einsatz, die über die Jahre hinweg beständig weiterentwickelt und teilweise für die speziellen Anforderungen der befahrenen Strecken optimiert worden sind. Die technische Evolution der insgesamt acht Baureihen wird vor allem bei der Antriebstechnik deutlich, die von Gleichstrommotoren mit Thyristorgleichrichtern bei der TGV Sud-Est genannten ersten Generation, über Drehstrom-Synchronmotoren bei den Serien TGV Atlantique, Réseau und Duplex, bis hin zu Drehstrom-Asynchronmotoren bei Eurostar und POS reicht. Während letzterer über die erstmals verwendete halbleitergesteuerte Leistungsübertragung IGBT verfügt, befinden sich in allen anderen Drehstromversionen Umrichter mit GTO-Thyristoren.

Eine TGV-Einheit besteht grundsätzlich aus zwei Triebköpfen und acht oder zehn fest gekuppelten Mittelwagen, die je nach Bauart ein- oder doppelstöckig ausgeführt sein können. Durch die an den Stirnseiten vorhandenen Mittelpufferkupplungen können zwei TGV-Garnituren mechanisch und elektrisch miteinander verbunden werden.

TECHNISCHE DATEN

Baureihe:	TGV (SNCF)
Verwendungszweck:	Hochgeschwindigkeitstriebzug
Antrieb:	elektrisch
Erstes Baujahr:	1981
Achsfolge:	Bo'Bo'+2'2'2'2'2'2'2'2'2'+Bo'Bo'
Spurweite (mm):	1435
Dienstgewicht (t):	383 bis 444
Vmax (km/h):	270 bis 320
Leistung (kW):	6450 bis 9280
Sitzplätze:	345 bis 512

Alle Angaben ohne Typ Eurostar

GE AC 6000 CW – die stärkste einmotorige Diesellok der Welt

Mit einer Leistung von 4470 kW hält die zwischen 1995 und 2000 vom US-Hersteller GE Transportation Systems gebaute AC 6000 CW bis heute den Rekord für die leistungsstärkste einmotorige Diesellokomotive der Welt. Wie bei Dieseltriebfahrzeugen dieser Leistungsklasse üblich, erfolgt die Leistungsübertragung auch bei der 6000 dieselelektrisch. Der 16-Zylinder-Dieselmotor treibt hierbei einen Drehstrom-Synchrongenerator an, der die Energie für die Drehstrom-Asynchronmotoren liefert. Die in den Drehgestellen gelagerten Fahrmotoren werden jeweils einzeln durch einen Inverter angesteuert. Die 193 t schweren Maschinen wurden speziell für den transkontinentalen Schwergüterverkehr entwickelt und erreichen eine Höchstgeschwindigkeit von umgerechnet 121 km/h. Neben den US-Bahngesellschaften Union Pacific und CSX Transportation werden acht Exemplare auch in Australien von der BHP Billiton eingesetzt.

TECHNISCHE DATEN

Baureihe:	GE AC 6000 CW (CSX, UP)
Verwendungszweck:	Güterzuglokomotive
Antrieb:	dieselelektrisch
Erstes Baujahr:	1995
Achsfolge:	Do'Do'
Spurweite (mm):	1435
Dienstgewicht (t):	193
Vmax (km/h):	121
Leistung (kW):	4470

IORE – der schwedische E-Lok-Gigant

Um die in die Jahre gekommenen Altlokomotiven Dm3 ersetzen zu können, beschaffte das schwedische Bergbauunternehmen LKAB zwischen 2000 und 2013 insgesamt 17 IORE (Kunstwort für Eisenerz) genannte Doppellokomotiven, die technisch weitgehend der Lokfamilie Traxx H 80 entsprachen und von ADtranz bzw. dessen Rechtsnachfolger Bombardier in Kassel gebaut wurden. Mit einer Zugkraft von 1700 kN und einer Motorleistung von 10.800 kW gelten die knapp 46 m langen Lokgiganten bis heute als die leistungsstärksten Elektrolokomotiven der Welt.

Für eine überdurchschnittlich hohe Längssteifigkeit sorgen unter anderem 18 mm starke Seitenwände, die mit den 25 mm starken Stirnwänden eine fest verschweißte Einheit bilden. Speziell gegossene Stoßbalken und Querträger im Bereich der Sekundärfedern über den Drehgestellen und im Bereich der Transformatoren wirken zudem festigkeitsunterstützend und erhöhen zusammen mit den rund 36 t schweren Ballastgewichten je Lokhälfte die passive Traktionsfähigkeit.

Die IORE-Lokomotiven verkehren von den Erzgruben in Kiruna, Svappavaara und Malmberget zu den Umschlaghäfen Narvik und Lulea. Wegen der topgrafisch und klimatisch äußerst anspruchsvollen Strecken, sind alle Maschinen mit einer speziellen Wärmeisolierung, einer Notheizung und -beleuchtung sowie einer kleinen Küchenzeile samt Radiogerät ausgestattet. Im Maschinenraum ist zudem eine WC-Anlage untergebracht.

Mit der vollständigen Auslieferung aller IORE-Lokomotiven konnte für einen wirtschaftlicheren Betriebsablauf der Wageneinsatz von 52 auf 68 Wagen erhöht werden, was einer Zuglänge von 750 m und einem Zuggewicht von 8160 t entspricht. Um diese gewaltigen Massen auch bewegen zu können, setzt man als Zug- und Stoßeinrichtung eine Mittelpufferkupplung sowjetischer Bauart vom Typ SA3 ein.

TECHNISCHE DATEN

Baureihe:	IORE (LKAB)
Verwendungszweck:	Güterzuglokomotive
Antrieb:	Drehstrom-Asynchron
Erstes Baujahr:	2000
Achsfolge:	Co'Co'+Co'Co'
Spurweite (mm):	1435
Dienstgewicht (t):	2 x 180 (inkl. Ballastgewichte)
Vmax (km/h):	80
Leistung (kW):	2 x 5400

Stadler He 4/4 – Kraftpaket mit Zahnradtechnik

Die ab 2011 in einer Kleinserie von sieben Stück für die MRS Logística in Brasilien gebaute Stadler He 4/4 ist mit einer Dauerleistung von 5000 kW die leistungsstärkste Zahnradlokomotive der Welt. Eingesetzt wird die als Mittelführerstandslok ausgeführte Baureihe im schweren Erzverkehr auf der 1600 mm-Strecke Santos – Jundiaí, die zwischen Raiz da Serra und Paranapiacaba einen knapp acht Kilometer langen Zahnstangenabschnitt nach dem System Abt aufweist. Eine Besonderheit der mit 3 kV Gleichstrom betriebenen He 4/4 ist der quer zur Fahrrichtung liegende Führerstand, der für eine gute Sicht bei schiebender Fahrt mit 2450 mm über Gleisniveau vergleichsweise hoch angeordnet ist.

Die He 4/4 verfügt für jede angetriebene Achse und jedes angetriebene Zahnrad über einen eigenen Fahrmotor. Auch bei Zahnstangenbetrieb laufen die Achsmotoren weiter mit und generieren dabei rund ein Viertel der benötigten Zug- und Bremskraft. Eine Rückspeisung der Bremsenergie in den Fahrdraht ist ebenso möglich, wie die Einspeisung externer Energie durch einen Generator; etwa bei einem Defekt oder Wartungsarbeiten an der Oberleitung. Der Rahmen der etwas „grobschlächtig" wirkenden Drehgestelllokomotiven ist für eine Längsdruckkraft von 5000 kN berechnet, womit die He 4/4 auch zu den verwindungsfestesten Zahnradmaschinen weltweit gehört.

TECHNISCHE DATEN

Baureihe:	He 4/4
Verwendungszweck:	Zahnradlokomotive
Antrieb:	je 2 Adhäsions- und Zahnradmotoren
Erstes Baujahr:	2012
Achsfolge:	Bozz'Bozz'
Spurweite (mm):	1600
Dienstgewicht (t):	121
Vmax (km/h):	60 (Zahnradbetrieb 30)
Leistung (kW):	5000

Glossar: Das kleine Eisenbahner-ABC

Ablaufberg
Ein Ablaufberg ist ein künstlich angelegtes Gefällegleis in einem Rangier- oder Güterbahnhof, das der Sortierung von Güterwagen nach ihren Bestimmungsorten unter Ausnutzung der Schwerkraft dient.

Bedarfshaltepunkt
Als Bedarfshaltepunkt wird eine Haltestelle des öffentlichen Personennahverkehrs oder einer Museumseisenbahn bezeichnet, an welcher der Zug nur auf Verlangen des Fahrgastes hält. Der Grund für einen Bedarfshaltepunkt kann z.B. ein geringes Fahrgastaufkommen oder eine saisonale Nutzung sein.

CargoBeamer
CargoBeamer ist ein innovatives Verladesystem für den kombinierten Eisenbahnverkehr, das den vollautomatischen Umschlag an allen Wagen eines Zuges zur gleichen Zeit ermöglicht. Voraussetzung hierfür ist die Verwendung eines speziellen Waggontyps.

Durchrutschweg
Als Durchrutschweg wird der Abstand von einem Haupt- oder Zwischensignal bis zum maßgebenden Gefahrpunkt bezeichnet.

Einfahrsignal
Bei einem Einfahrsignal handelt es sich um ein mechanisch, elektrisch oder elektronisch gesteuertes Hauptsignal, das die Grenze zwischen der freien Strecke und dem Bahnhof kennzeichnet.

Fahrdienstleiter
Ein Fahrdienstleiter ist ein Eisenbahner des Betriebsdienstes, der eigenverantwortlich die Zugfahrten in einem Bahnhof regelt und diese mit den Zugdisponenten und den benachbarten Betriebsstellen abstimmt.

Gleissperre
Als Gleissperre wird eine mechanische Schutzvorrichtung bezeichnet, die ein unautorisiertes Befahren eines bestimmten Gleisabschnittes durch einen auf den Schienenkopf aufliegenden Entgleisungsschuh verhindert.

Hilfszug
Ein Hilfszug ist ein speziell vorgehaltener Sonderzug, der ausschließlich bei Eisenbahnunfällen oder technischen Betriebsstörungen zum Einsatz kommt und zu diesem Zweck mit Spezialgerät, wie z.B. Aufgleiseinrichtung oder Erdungsstangen, beladen ist.

Indusi
Die Induktive Zugsicherung (kurz „Indusi") ist ein 1934 eingeführtes Dreifrequenz-Zugsicherungssystem, das beim Überfahren eines Halt zeigenden Hauptsignals eine Zwangsbremsung auslöst. Sie wird heute offiziell als Induktive Zugbeeinflussung bezeichnet.

Jakobs-Drehgestell
Das Jakobs-Drehgestell ist eine nach seinem Erfinder Wilhelm Jakob benannte Drehgestell-Bauart, bei der sich zwei benachbarte Wagenkästen auf ein gemeinsames Drehgestell abstützen. Hierdurch werden Bewegungen um die Längs- und Querachse besser ausgeglichen, was für ein insgesamt ruhigeres Fahrverhalten gegenüber konventionellen Drehgestellen sorgt.

Kurswagen
Einen Kurswagen nennt man einem im Normalfall am Zugende eingereihten Reisezugwagen, der an einem bestimmten Bahnhof vom übrigen Zugverband getrennt und einem Zug mit einem anderen Laufweg beigestellt wird.

Lokrangierführer
Als Lokrangierführer werden Triebfahrzeugführer bezeichnet, die neben der (funkferngesteuerten) Bedienung der Rangierlok, sämtliche zum Rangierdienst gehörende Tätigkeiten wie z.B. die Bedienung von Gleisanschlüssen, das Erstellen von Wagenlisten und Bremszetteln sowie die Kommunikation mit Disponenten und Endkunden übernehmen.

Mehrsystemlokomotive
Eine Mehrsystemlokomotive ist eine Elektrolokomotive, die aufgrund ihrer elektrischen Ausrüstung auf Strecken mit unterschiedlichen Stromsystemen eingesetzt werden kann (z.B. Wechselstrom/Gleichstrom oder Wechselstrom 50 Hz/Wechselstrom 16 2/3 Hz).

Normalspur
Als Normalspur werden Eisenbahnen mit einer Spurweite von 1435 mm bezeichnet, was dem in den Anfangstagen des Eisenbahnzeitalters festgelegten englischen Nennmaß von 4 Fuß, 8 ½ Zoll/4'8" entspricht. Kleinere Spurweiten werden als Schmalspur; größere als Breitspur bezeichnet.

Oberbau
Unter dem Begriff „Oberbau" versteht man bei der Eisenbahn den Fahrweg, der aus den Gleisen und der Gleisbettung besteht. Letztere dient der Aufnahme und Verteilung der durch die Radsätze, Beschleunigung, Sinuslauf und Umwelteinflüsse entstehenden Kräfte auf den Unterbau (Fundament).

Pantograph
Der Pantograph dient bei elektrischen Schienenfahrzeugen der Übertragung der elektrischen Energie aus der Oberleitung. Die auch als Stromabnehmer bezeichnete Vorrichtung kann sowohl auf dem Dach, als auch seitlich montiert sein, wie dies z.B. bei Grubenanschlussbahnen für das Befahren von Ladegleisen der Fall ist.

Quertragwerk
Unter dem Begriff „Quertragwerk" versteht man bei der Eisenbahn eine zwei oder mehr Gleise überspannende brückenähnliche Konstruktion zur Befestigung von Oberleitungen. Da bei einem Schaden alle überspannten Gleise betroffen sind, werden Quertragwerke seit einigen Jahren nur noch in Ausnahmefällen errichtet.

Rangierfunk
Der Rangierfunk ist ein örtlich begrenztes Funknetz, das der Kommunikation aller am Rangierdienst beteiligter Bahnmitarbeiter dient. Er besteht aus einer ortsgebundenen Funkanlage, die zumeist in einem Stellwerk untergebracht ist und mobilen Funkgeräten, die vom Rangierpersonal mitgeführt werden.

Sifa
Als Sicherheitsfahrschaltung (kurz Sifa) wird eine auf dem Führerstand installierte Schutzeinrichtung bezeichnet, die eine Zwangsbremsung auslöst, falls der Triebfahrzeugführer während der Fahrt handlungsunfähig wird. Die Überwachung erfolgt mit Hilfe eines in regelmäßigen Abständen zu betätigenden Hebels oder Pedals.

Trapeztafel
Die zu den Nebensignalen gehörende Trapeztafel kennzeichnet die Stelle, an der bestimmte Züge vor einer Betriebsstelle zu halten haben. Ursprünglich nur auf Nebenbahnen als vereinfachtes Einfahrsignal verwendet, findet die Trapeztafel inzwischen auch auf Hauptbahnen als Ersatz für nicht vorhandene Einfahrsignale am Gegengleis Verwendung.

Unterwerk
Als Unterwerk wird bei der Eisenbahn ein Umspannwerk bezeichnet, das Strom aus dem öffentlichen Stromnetz oder dem Bahnstromnetz entnimmt und für die Eisenbahninfrastruktur bereitstellt.

Vielfachsteuerung
Die Vielfachsteuerung ist eine technische Einrichtung um zwei oder mehr Triebfahrzeuge von einem Führerstand aus zu steuern. Darüber hinaus wird sie bei Wendezügen auch für die Steuerung des Triebfahrzeugs aus dem Steuerwagen heraus verwendet.

Wendezug
Ein Wendezug ist ein Personen- oder Güterzug, der an beiden Zugenden über einen Führerstand verfügt und somit ein Fahrtrichtungswechsel ohne ein Umsetzen des Triebfahrzeugs erfolgen kann. In der Schweiz wird er auch als Pendelzug bezeichnet.

X-Weiche
Eine X-Weiche ist die umgangssprachliche Bezeichnung für eine einfache Kreuzungsweiche, die im Gegensatz zur Doppelkreuzungsweiche nur über zwei Zungenpaare verfügt und somit nur eine abzweigende Fahrt ermöglicht.

Y-Schwelle
Die Y-Schwelle ist eine besonders flache Bauart der Stahlschwelle, die durch ihre Y-ähnliche Form einen hohen Längs- und Querwiderstand bei gleichzeitig geringem Gewicht aufweist.

Zwergsignal
Der Begriff „Zwergsignal" steht in Deutschland und Österreich umgangssprachlich für alle neben dem Gleis angebrachten Lichtsignale niedriger Bauart ohne Mast. In der Schweiz findet die Bezeichnung dagegen auch im offiziellen Regelwerk Verwendung.